André Petras | Vazrik Bazil

Wie die Marke zur Zielgruppe kommt

André Petras | Vazrik Bazil

Wie die Marke zur Zielgruppe kommt

Optimale Kundenansprache
mit Semiometrie

Bibliografische Information Der Deutschen Nationalbibliothek
Die Deutsche Nationalbibliothek verzeichnet diese Publikation in der
Deutschen Nationalbibliografie; detaillierte bibliografische Daten sind im Internet über
<http://dnb.d-nb.de> abrufbar.

1. Auflage 2008

Alle Rechte vorbehalten
© Betriebswirtschaftlicher Verlag Dr. Th. Gabler | GWV Fachverlage GmbH, Wiesbaden 2008

Lektorat: Manuela Eckstein

Der Gabler Verlag ist ein Unternehmen von Springer Science+Business Media.
www.gabler.de

Umschlaggestaltung: Nina Faber de.sign, Wiesbaden
Druck und buchbinderische Verarbeitung: Wilhelm & Adam, Heusenstamm
Gedruckt auf säurefreiem und chlorfrei gebleichtem Papier
Printed in Germany

ISBN 978-3-8349-0596-3

Vorwort

Kommunikation zwischen Menschen vollzieht sich neben der inhaltlich-sachlichen immer auch auf einer emotionalen Ebene. Die Wirkung beim Empfänger wird dabei meist durch die emotionale Ebene bestimmt.

Erfolgreiche Kommunikation muss daher immer den ganzen Menschen erreichen. Dies gilt in der Politik genauso wie in der Wirtschaft und selbstverständlich auch für den gesamten Bereich der zwischenmenschlichen Kommunikation.

Das Verhalten der Menschen wird stark von den irrationalen Kräften bestimmt, die in uns schlummern. Grundlegende Werteorientierungen spielen dabei eine wichtige Rolle. Im Marketing weiß man das schon lange und versucht, mit speziellen Marktforschungsinstrumenten die verborgenen Wünsche der Konsumenten aufzudecken und zu verstehen. Denn nur wer weiß, was seine Zielgruppen wirklich bewegt, kann diese angemessen und erfolgreich ansprechen.

Was für die Massenkommunikation als Mittel zur Produktvermarktung gilt, ist in ganz ähnlicher Form auch auf die politische Überzeugungsarbeit übertragbar. Denn auch Politiker können Menschen letztlich nur dann für ihre Positionen und Überzeugungen gewinnen, wenn die jeweiligen Zuhörer sich in ihren Werteorientierungen verstanden fühlen.

Dieses Buch beschäftigt sich in sehr eindrucksvoller Weise mit der Interaktion zwischen dem Sender und den Empfängern von Kommunikationsbotschaften.

Anhand einer Vielzahl konkreter Beispiele aus verschiedenen Bereichen der Wirtschaft sowie der Politik wird gezeigt, wie erfolgreiche Kommunikationsstrategien und Markenführungskonzepte funktionieren.

Ein besonderes Augenmerk liegt dabei auf dem Aspekt der Sprache. Denn die Sprache ist eine zentrale Brücke, über die Marken ihre Zielgruppen erreichen und umgekehrt die Zielgruppen sich mit ihren Marken identifizieren können. Konsequente Markenführung bedarf daher immer auch einer einheitlichen Markensprache.

Auch wenn sich dieses Buch in erster Linie an Verantwortliche aus Marketing und Produktvermarktung richtet, können viele der dargestellten Zusammenhänge doch auch gleichermaßen auf die Politik übertragen werden. Ich kann die Lektüre daher allen empfehlen, die sich in ihrer täglichen Praxis mit Strategien zur erfolgreichen Ansprache von Zielgruppen beschäftigen.

Prof. Dr. Roland Wöller
Staatsminister für Umwelt und Landwirtschaft

Inhaltsverzeichnis

1.   Einleitung

1.1   Dynamik in den Märkten und im Konsumentenverhalten

In den meisten Märkten ist die Situation heute durch einen intensiven Wettbewerb der Anbieter um immer anspruchsvollere Konsumenten geprägt. Die Verbraucher sind meist sehr preis- und qualitätsbewusst. Sie erwarten einen hohen Service sowie eine große Auswahl aus einem variantenreichen und aktuellen Produktangebot. Das Nachfrageverhalten verändert sich dabei zum Teil sehr kurzfristig. Die Ursachen für diese Verhaltensänderungen sind vielfältig.

So werden zum Beispiel in vielen technologischen Produktbereichen die Entwicklungszyklen immer kürzer. Was gestern noch dem aktuellen Stand der Technik entsprach, ist nach wenigen Jahren oftmals bereits veraltet. Wettbewerber drängen mit Produktinnovationen auf den Markt und setzen neue Standards. In der Folge verändern sich dann auch die Bedürfnisstrukturen der Konsumenten, was wiederum zu neuen Herausforderungen für die eigene Produkt- und Vermarktungspolitik führt. Unternehmen, die auf solche Veränderungen nicht adäquat reagieren können, geraten in Schwierigkeiten, wie das Beispiel der Firma Agfa zeigt.

> Agfa war über Jahrzehnte hinweg einer der größten europäischen Hersteller von fotografischen Filmen, wurde dann aber Ende der 90er Jahre von der einsetzenden digitalen Revolution im Fotobereich regelrecht überrollt. Das Unternehmen konnte auf die technologischen Veränderungen nicht angemessen reagieren und musste schließlich im Jahr 2004 für die Fotosparte, die früher das Kerngeschäft des Unternehmens ausmachte, Insolvenz anmelden.

Ein ähnliches Beispiel, allerdings mit einem deutlich positiveren Ausgang für das Unternehmen und die Mitarbeiter, lieferte die Firma Loewe.

> Das bayerische Traditionsunternehmen war im Jahr 2003 durch den rasanten Wechsel des Fernsehermarkts von Bildröhren- zu Flachdisplaygeräten in eine existenzbedrohende Krise geraten. Durch ein radikales Sanierungsprogramm, das eine grundlegende Modernisierung der Produktpalette beinhaltete und zudem von einem Lohnverzicht der Mitarbeiter unterstützt wurde, konnte die Krise aber schließlich überwunden werden. Anfang 2006 schüttete Loewe dann knapp 3 Mio. Euro an seine rund 1000 Beschäftigten aus und zahlte die auf dem Höhepunkt der Unternehmenskrise gestundeten Löhne damit zuzüglich 25 Prozent Zinsen wieder zurück.

Aber nicht nur technologische Entwicklungen führen zu Veränderungen in der Nachfrage. Auch der allgemeine Zeitgeist unterliegt kontinuierlichen Wandlungen, die sich entsprechend auf das Konsumentenverhalten auswirken. An mehr oder weniger kurzlebigen Sport-, Mode- und Freizeittrends, beispielsweise Aerobic, Inline-Skaten, Techno-Welle, Bauchfrei-Mode, Tattoos etc., hängen zum Teil ganze Zweige der Sportartikel-, Mode- und Freizeitindustrie. Werden neue Trends hier nicht früh genug erkannt und wird die Produktpalette nicht rechtzeitig an die sich verändernden Kundenerwartungen angepasst, drohen zumindest temporär empfindliche Absatzeinbrüche. Selbiges gilt in noch viel stärkerem Maße für die so genannten Megatrends, die wesentlich langfristiger angelegt sind, zudem meist breitere Schichten der Bevölkerung erreichen und somit eine noch größere Auswirkung auf das Nachfrageverhalten haben. Als Beispiel sei hier die zunehmende Gesundheitsorientierung genannt. Angefangen von einem immer breiteren Angebot an Bio-Lebensmitteln, über spezielle Natur-Kosmetikprodukte bis hin zu einer Vielzahl von Wellness-Angeboten im Freizeit- und Reisebereich findet sich hier mittlerweile ein breites Spektrum von Angeboten, die speziell auf das zunehmende Bedürfnis nach einer gesundheitsbewussten Lebensführung zugeschnitten sind.

Besonders weit reichende und anhaltende Effekte auf die Bedürfnisstruktur und das Nachfrageverhalten von Konsumenten ergeben sich zudem aus Veränderungen der allgemeinen gesellschaftlichen Rahmenbedingungen. Beispiele hierfür sind etwa der Klimawandel oder die demografische Entwicklung. Nach Berechnungen des Statistischen Bundesamts wird im Jahr 2030 annähernd die Hälfte aller Deutschen 50 Jahre und älter sein. Diese Zielgruppe stellt neben ihrem zunehmenden quantitativen Potenzial auch ein enormes wirtschaftliches Potenzial dar. Und diese Zielgruppe hat spezifische Bedürfnisse, auf die sich die Anbieter in Zukunft immer stärker werden einstellen müssen. Schon heute finden sich in vielen Bereichen speziell auf die so genannten „Best Ager" zugeschnittene Produkte, wie etwa Pro-Aging-Produkte in der Kosmetik, einfach zu bedienende Telefone mit größeren Tasten und Displays oder auch spezifische Reiseangebote, welche die für die Zielgruppe typischen hohen Erwartungen an Service und Komfort bedienen.

Die vorangegangenen Beispiele verdeutlichen, dass das Nachfrageverhalten von Konsumenten aufgrund verschiedener Einflüsse und Effekte einem kontinuierlichen Wandel unterliegt. Für Unternehmen, die mit ihren Produkten langfristig am Markt erfolgreich sein wollen, ergibt sich daraus die Notwendigkeit, Trends und Entwicklungen kontinuierlich zu beobachten und insbesondere zu prüfen, welche Auswirkungen externe Veränderungen auf die Bedürfnisstruktur der eigenen Kunden bzw. Produkt-Zielgruppen haben.

1.2   Marktsegmentierung und Denken in Zielgruppen

Mit den Veränderungen, die sich kontinuierlich in vielen Märkten vollziehen, verändern sich häufig auch die anzusprechenden Produkt-Zielgruppen. Als Reaktion auf solche Veränderungen wird dann von Seiten der Anbieter meist versucht, die eigenen Produkte und Kommunikationsmaßnahmen dem sich wandelnden Zeitgeist anzupassen. Nicht selten geht es dabei um komplette Neupositionierungen von Produkten (so genannte Relaunches), in deren Rahmen dann häufig auch bislang nicht erreichte Zielgruppen neu erschlossen werden sollen. Aber was sind überhaupt die für eine Marke relevanten Zielgruppen? Wie können diese identifiziert werden, und wie lassen sie sich trennscharf abgrenzen? Welche spezifischen Charakteristika weisen sie auf? Und wie können sie im Rahmen der Kommunikation inhaltlich optimal und ohne unnötige Streuverluste angesprochen werden?

Das Denken in Zielgruppen resultiert aus der Tatsache, dass die Nutzer von Produkten in der Regel keine homogene Einheit bilden, sondern sich zum Beispiel in ihren Bedürfnissen, Präferenzen und finanziellen Möglichkeiten unterscheiden. Aus diesem Grunde werden Märkte in der Regel nicht als undifferenzierte Einheit betrachtet, sondern in einzelne Gruppierungen von Abnehmern (Cluster, Segmente) unterteilt, die sich bezüglich bestimmter nachfragerelevanter Merkmale unterscheiden und auf die Marketing-Aktivitäten dann segmentspezifisch ausgerichtet werden können (vgl. Nieschlag u.a., 1991, S. 835). Auch in Märkten mit hoher Konkurrenzsituation, in denen Mitbewerber funktional äquivalente Produkte anbieten, wird zielgruppenorientiertes Marketing notwendig, um sich von den Angeboten der Mitbewerber entsprechend abheben zu können. Eine Segmentierung des Gesamtmarktes in Teilmärkte setzt aber immer voraus, dass nachfragerelevante Unterschiede im Konsumentenverhalten auch tatsächlich vorliegen. Diese Voraussetzung kann in den meisten Märkten allerdings als gegeben angesehen werden. In kaum einem Produktbereich sind tatsächlich alle Teile der Bevölkerung gleichermaßen als Vermarktungszielgruppe relevant. Vielmehr konzentriert sich die Vermarktung meist auf bestimmte Kernzielgruppen, die eine besondere Affinität zu einem Produkt aufweisen und die aufgrund ihres wirtschaftlichen Potenzials als hinreichend vermarktungsrelevant eingestuft werden können.

Aber wie lassen sich diese Kernzielgruppen im Einzelnen identifizieren? Und was sind die jeweils relevanten Indikatoren für die Zielgruppenabgrenzung? In der Praxis wird hier gerne auf soziodemografische Merkmale zurückgegriffen. Sie sind leicht erfassbar, meist eindeutig messbar und gut vergleichbar. Und in der Tat lassen sich in vielen Produktbereichen auch Zusammenhänge zwischen beobachtbarem Konsumentenverhalten und soziodemografischen Eigenschaften nachweisen. So werden zum Beispiel in Baumärkten überwiegend Männer anzutreffen sein, während der Bereich Kosmetik von einer eher weiblichen Kundschaft dominiert wird. Nun sind aber bei weitem nicht alle Männer in Baumärkten unterwegs, und auch nicht jede Frau hat eine besondere Affinität zum Thema Kosmetik. Soziodemografische Merkmale sind daher im Zusammenhang mit der Abgrenzung und Charakterisierung von Zielgruppen zwar häufig hilfreich, für eine trennscharfe Zielgruppendefinition aber in den meisten Fällen nicht ausreichend. Zudem erklären sie das Verhalten auch nicht. Dies wird besonders dann deutlich, wenn beispielsweise innerhalb eines bestimmten Altersegments große Unterschiede im Konsum- oder Mediennutzungsverhalten beobachtbar sind oder wenn sich umgekehrt die Nutzer eines Produkt- oder Medienangebots von den Nutzern eines anderen Angebots soziodemografisch kaum unterscheiden.

Für dieses Phänomen der „soziodemografischen Zwillinge", die sich aber in ihren Einstellungen, Lebensstilen sowie in ihrem Konsum- und Mediennutzungsverhalten grundlegend voneinander unterscheiden, werden gerne auch prominente Beispiele herangezogen.

> Einen besonders anschaulichen Vergleich bietet beispielsweise die Gegenüberstellung des designierten englischen Thronfolgers Prince Charles mit dem Rock-Sänger Ozzy Osbourne. Beide Männer wurden 1948 geboren, sind in Großbritannien aufgewachsen, beide sind verheiratet und haben inzwischen fast erwachsene Kinder, beide sind beruflich erfolgreich und sehr vermögend. Trotzdem dürften sich beide in ihren persönlichen Vorlieben sowie in vielen Bereichen der Lebensführung grundlegend voneinander unterscheiden.

Moderne Segmentierungsverfahren berücksichtigen daher neben produktgattungsspezifischen Verhaltensmerkmalen auch Informationen zu Einstellungen und Lebensstil sowie psychografische Charakterisierungsmerkmale. Gerade die psychografischen Merkmale, und dabei insbesondere soziokulturelle Werthaltungen, haben sich in vielen Produktbereichen als wichtige Indikatoren zur Zielgruppenabgrenzung und -charakterisierung sowie zur Kauf- und Verhaltensprognose herauskristallisiert. Trommsdorff (1989, S. 147 ff.) beschreibt Werte zum Beispiel als besonders geeignete Breitband-Prädiktoren für Verhaltensmuster, und Gaus (2000, S. 199) kommt in einer umfangreichen Studie für den Automobilmarkt zu dem Schluss, dass die Kenntnis der Wertesysteme von Konsumenten die Präzision des Einsatzes der Marketinginstrumente und ihre Feinabstimmung auf die Zielgruppensegmente erheblich erhöhen kann.

2. Werteorientierung

2.1 Der Einfluss von Werten auf das (Konsum-)Verhalten

Innerhalb der Sozialwissenschaften beschäftigt sich gleich eine ganze Reihe von Disziplinen mit der Werteforschung. Wertedefinitionen finden sich in der Philosophie, Soziologie, Psychologie, Ökonomie und in den Naturwissenschaften. Aus soziologischer Sicht steht dabei meist die gesamtgesellschaftliche Funktion und Bedeutung von Werten im Vordergrund. Werte gelten in diesem Zusammenhang als ein zentrales Merkmal für die Organisation einer Gesellschaft. Die Integration einer Gesellschaft lässt sich nach diesem Verständnis am Grad der Verbindlichkeit übergeordneter Werte für ihre Mitglieder erkennen (vgl. Friedrichs 1995, S. 739). Während die soziologisch geprägte Werteforschung also stärker auf die Gesellschaft insgesamt fokussiert, ist der psychologisch geprägte Forschungszweig eher auf das Individuum ausgerichtet. Die subjektive, individuelle Werteebene kann dabei allerdings nicht losgelöst von der gesellschaftlich-kulturellen Ebene betrachtet werden, da auch die individuellen Wertesysteme kulturell und sozial determiniert sind. Die auf der übergeordneten kulturellen Ebene existierenden Kern- oder Grundwerte einer Gesellschaft bilden sozusagen den „Wegweiser" für die individuellen Werte des Einzelnen (vgl. Klages 1998, S. 698). Auf der Ebene individueller Werte müssen zudem auch „gesellschaftsbezogene Werte" (z.B. Meinungsfreiheit, Solidarität, Chancengleichheit) und „persönliche Lebenswerte" (z.B. Selbstverwirklichung, Wertschätzung der Familie, materialistische Werte) voneinander abgegrenzt werden (vgl. Rafée/Wiedmann 1987, S. 21). Im Zusammenhang mit der Erklärung des Konsumentenverhaltens stehen dabei eindeutig die persönlichen Lebenswerte im Vordergrund, die im Folgenden auch als „Wertehaltungen" bezeichnet werden.

Die bekannteste und sicherlich am häufigsten zitierte Wertedefinition stammt von Kluckhohn (1951), der Werte als „conceptions of the desirable" bezeichnet (S. 395). Diese Definition findet sich auch bei Kroeber-Riel (1992, S. 580 f.): „Werte sind Vorstellungen vom Wünschenswerten, (...) die eine Vielzahl von Motiven und Einstellungen und in Abhängigkeit davon eine Vielzahl von beobachtbaren Verhaltensweisen bestimmen."

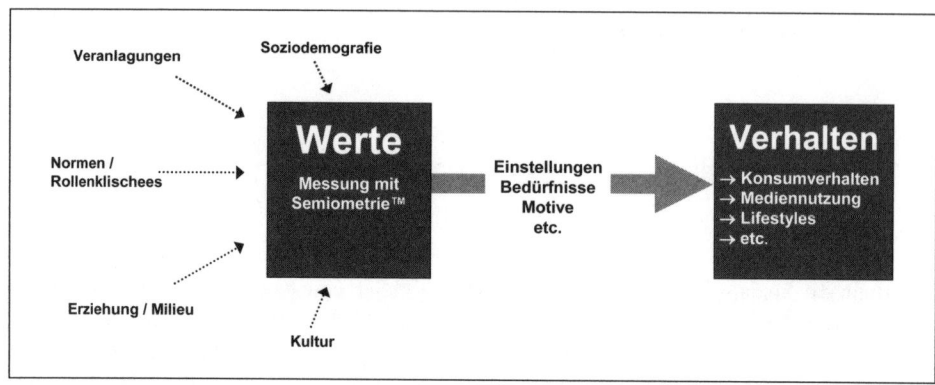

Quelle: TNS Infratest
Abbildung 1:   *Wertehaltungen und Verhalten*

Es wird also deutlich, dass die individuellen Wertehaltungen eine fundamentale Einflussgröße unseres Verhaltens sind. Bezüglich der hohen Verhaltensrelevanz von Werten herrscht in der Werteforschung breite Übereinstimmung. Die diesbezüglichen Definitionen und Beschreibungen sind vielfältig. So definiert z.B. Kmieciak (1976, S. 47) Werte als „innere Führungsgrößen des menschlichen Tuns und Lassens" und Maag (1991, S. 23) schreibt ihnen eine Orientierungsfunktion für die Selektion bei der Einstellungsbildung und bei der Entscheidung über Handlungsalternativen zu. Detaillierte Ausführungen zur Hierarchie von Werten, Einstellungen und Verhaltensweisen finden sich bei Schuppe (1988, S. 24-26). Im Vergleich zu Einstellungen werden Werte dort als zentraleres, stabileres, allgemeineres und die Einstellungen somit dominierendes Konstrukt verstanden. Ein Wert geht einer Einstellung zeitlich voraus, das heißt, Werte existieren bereits, bevor sich Einstellungen bilden. Werte beeinflussen somit Einstellungen, welche sich dann in konkreten Verhaltensweisen von Gesellschaften, Gruppen und Individuen widerspiegeln (vgl. S. 24-30).

Bei Schuppe (vgl. S. 21) findet sich auch eine Unterteilung der zentralen Funktionen von Werten:

1. **Selektion:** Werte beeinflussen die Ausbildung von Wahrnehmungs- und Bewertungsmustern sowie die Auswahl verschiedener Handlungsalternativen.

2. **Strukturierung:** Werte bringen durch ihre Selektivität eine Ordnung in die Umwelt, die eine permanente Orientierung ermöglichen kann.

3. **Stabilisierung:** Werte beeinflussen die Stetigkeit und Regelhaftigkeit des Verhaltens.

4. **Konformisierung:** Werte dienen als Mittel der sozialen Kontrolle. Das individuelle Verhalten kann durch einen Vergleich in das Gesellschaftssystem eingebettet werden.

Wie kommt es nun aber, dass verschiedene Menschen auch sehr unterschiedliche individuelle Wertehaltungen entwickeln oder, salopp formuliert: Warum „ticken" Personen so verschieden?

Wie entstehen individuelle Wertesysteme überhaupt, und was sind die wesentlichen Bestimmungsfaktoren?

2.2   Entwicklung individueller Wertesysteme

Die Entwicklung individueller Wertesysteme wird durch das Zusammenwirken einer Vielzahl von Faktoren und Rahmenbedingungen beeinflusst. Kulturelle Einflüsse, die Erziehung, das Milieu, in dem eine Person aufwächst, aber auch allgemeine Normen und Rollenklischees und nicht zuletzt genetische Veranlagungen haben Einfluss auf die Ausbildung individueller Wertesysteme. Der Einfluss genetischer Prädispositionen auf die Entwicklung individueller Persönlichkeitsmerkmale ist zum Beispiel aus der Zwillingsforschung bekannt. Wachsen eineiige Zwillinge mit nahezu identischem Erbgut getrennt voneinander in unterschiedlichen Lebensumfeldern auf, so können bei einem späteren Zusammentreffen häufig dennoch erstaunliche Übereinstimmungen in der Persönlichkeitsstruktur und Lebensführung festgestellt werden.

Auch allgemeine Normen und Rollenklischees beeinflussen die individuelle Ausbildung von Wertesystemen. Normen sind Regelungen des sittlichen oder konventionellen Verhaltens der Menschen, die innerhalb einer gesellschaftlichen Gruppe gelten. Dazu gehören beispielsweise Sitten und Gebräuche, Verbote und Gesetze. Sie dienen dem Schutz von Werten und ermöglichen das Zusammenleben in der Gemeinschaft. Für den Einzelnen haben sie eine Entlastungsfunktion, da sie ihm Orientierung geben und ihn von dem dauernden Druck befreien, sich selbst Verhaltensregeln suchen zu müssen. In offenen Gesellschaften sind Normen allerdings nicht ein für allemal festgelegt, sondern unterliegen einem stetigen Legitimationsdruck. Sittliche und moralische Normen stehen dabei häufig in unmittelbarem Zusammenhang mit soziodemografischen Merkmalen, insbesondere dem Geschlecht (z.B. Männer weinen nicht). Inwieweit eine Handlungsnorm als individuell verpflichtend akzeptiert wird, liegt allerdings immer im Ermessen und in der Bewertung des Einzelnen.

Neben der Frage nach den Einflussfaktoren für die Entwicklung individueller Wertesysteme stellt sich auch die Frage nach dem Entstehungsprozess sowie der Stabilität persönlicher Wertehaltungen. In der sozialwissenschaftlichen Literatur finden sich diesbezüglich drei zentrale Erklärungsansätze.

Die **Sozialisationsthese** besagt, dass insbesondere die formativen Jahre einen primären Einfluss auf die Entwicklung individueller Werte beziehungsweise Wertesysteme haben. Nach Ingelhart (1984, S. 279 ff.) prägen vor allem die Lebensbedingungen in der Zeit des Heranwachsens bis zum Erwachsenenalter die persönlichen Wertepräferenzen. Individuen, die unter vergleichbaren historischen und sozialen Bedingungen aufwachsen, gelangen demnach auch zu sehr ähnlichen Wertesystemen. Dieses einmal ausgebildete Wertesystem bleibt dann im Zeitablauf sehr stabil. Werteprioritäten von erwachsenen Individuen passen sich – wenn überhaupt – erst mit großer Zeitverzögerung an veränderte Lebensumstände an. Folglich erfährt eine Gesellschaft dadurch einen Wertewandel, dass eine neue Generation unter anderen Lebensbedingungen aufwächst.

Im Rahmen der Zielgruppen- und Werteforschung von TNS Infratest finden sich durchaus Hinweise für die Gültigkeit dieser These. So zeigt beispielsweise eine pauschaler Vergleich der Vor- und Nachkriegsgenerationen mit dem Semiometrie-Modell, dass Wertehaltungen wie Traditionsverbundenheit, Pflichtbewusstsein oder auch Religiosität bei Vertretern früherer Generationen deutlich häufiger und ausgeprägter anzutreffen sind als bei jüngeren Personen. Tiefer gehende Analysen zu den zukünftig nachrückenden so genannten „Best Agern" (Personen im Alter 50+) zeigen zudem, dass diese im Vergleich zur vorherigen Generation durch eine deutlich hedonistischere und erlebnisorientiertere Grundhaltung geprägt sein wird (vgl. Petras 2006). Man kann hier also in Bezug auf den sich vollziehenden Wertewandel durchaus von einem Generationen-Effekt sprechen.

Die **Lebenszyklusthese** postuliert, dass Werteerwerbs- und Veränderungsprozesse durch Faktoren beeinflusst werden, die mit sich verändernden Lebensphasen zusammenhängen. Lebenszyklische Effekte, wie etwa die Familiengründung, der Berufsstart oder der Eintritt in das Rentenalter, können dann auch entsprechende Veränderungen in den individuellen Wertesystemen von Personen bewirken (Maag 1991, S. 34). Im Unterschied zur Sozialisationsthese können einmal erworbene Werte demnach also im Zeitverlauf durchaus stärkeren Veränderungen unterliegen.

Auch für die Gültigkeit der Lebenszyklusthese finden sich in der empirischen Werteforschung diverse Belege. So kann zum Beispiel für verschiedene Produktgattungen, die sehr eng mit der Phase der Familiengründung zusammenhängen (z.B. Babywindeln, spezifische PKW-Typen) mit Hilfe des Semiometrie-Modells gezeigt werden, dass die entsprechenden Nutzerprofile deutlich von einer überdurchschnittlich familiären und sozialen Wertehaltung geprägt sind.

Die **Fixationsthese** weist sowohl Ähnlichkeiten mit der Sozialisations- als mit der Lebenszyklusthese auf. Mit der Sozialisationsthese ist ihr gemein, dass auch sie die formativen Jahre als entscheidend für die Ausprägung eines Wertesystems ansieht. Im Gegensatz zur Sozialisationsthese – und hier besteht die Ähnlichkeit zur Lebenszyklusthese – können sich die Werte allerdings im Laufe eines Lebens anpassen. Diese Anpassung ist dadurch gekennzeichnet, dass die Werte, die in der Zeit des Heranwachsens bis zum Erwachsenenalter (formative Phase) ausgebildet werden, im Laufe des Lebens und mit wachsender Lebenserfahrung eine Verstärkung erfahren. Es kommt also nicht zu einer Veränderung oder Werteverschiebung – wie es die Lebenszyklusthese postuliert –, sondern zu einer Verfestigung der im Kindesalter erlernten Werte (vgl. Maag, S. 34).

Die oben aufgeführten empirischen Beispiele zeigen aber bereits, dass sich die drei Theorieansätze nicht gegenseitig ausschließen müssen. Vielmehr finden sich in der empirischen Forschung für alle drei Theoriemodelle entsprechende Belege. Die Entstehung individueller Wertesysteme muss daher wohl als ein äußerst vielschichtiger Entwicklungsprozess angesehen werden, bei dem eine Vielzahl unterschiedlicher Einflussfaktoren simultan zusammenwirken.

3. Messung von Wertehaltungen mit dem Semiometrie-Modell

3.1 Hintergründe zur Messung psychografischer Merkmale

Anhand der bisherigen Darstellungen wurde verdeutlicht, warum es für ein tiefgreifendes Verständnis des (Konsum-)Verhaltens von Personen so wichtig ist, die zugrunde liegenden individuellen Wertesysteme zu ergründen. Denn erst wenn wirklich klar ist, wie eine Zielgruppe tatsächlich „tickt", lassen sich darauf aufbauend zielgruppenadäquate Marketingmaßnahmen entwickeln. Aber wie kann das geschehen? Wie ist es möglich, zu einem möglichst objektiven Bild vom Wertesystem einer Person bzw. Zielgruppe zu gelangen?

Die Ergründung der psychischen Determinanten des Käuferverhaltens ist eine der zentralen Aufgaben der empirischen Markt- und Meinungsforschung. Allerdings entziehen sich gerade diese so wichtigen psychischen Bestimmungsfaktoren des menschlichen Verhaltens den Möglichkeiten einer direkten Messung oder Beobachtung. Als Ursache hierfür sind vor allem drei Aspekte anzuführen:

- **Rationalisierungseffekte**: Spricht man Befragungspersonen unmittelbar auf die emotionalen Beweggründe ihres Verhaltens an, so findet beim Befragten ein kognitiver Bewertungsprozess statt. Die Befragungsperson versucht, eigentlich unbewusst gesteuerte Handlungen rational zu erklären.

- **Diskrepanz von Selbst- und Fremdeinschätzung**: Das Selbstbild bezeichnet die Vorstellung, die jemand von seiner eigenen Person hat. Diese Selbsteinschätzung kann sich unter Umständen deutlich vom Fremdbild, also der Außenwahrnehmung durch andere Personen, unterscheiden.

- **Effekte sozialer Erwünschtheit**: In Befragungssituationen neigen Probanden gelegentlich dazu, im Hinblick auf die (vermeintliche) soziale Erwünschtheit eines Beurteilungsgegenstandes oder aus Prestigegründen falsche Antworten zu geben. So haben Tests gezeigt, dass männliche Befragungspersonen sich gegenüber weiblichen Interviewern deutlich seltener zur Nutzung der Zeitschrift „Playboy" bekennen als gegenüber männlichen Interviewern.

Um entsprechende Verzerrungen aufgrund der oben genannten Effekte zu vermeiden, empfehlen sich daher gerade im Zusammenhang mit der Erhebung psychografischer Merkmale *indirekte* Messtechniken. Im Vergleich zu direkten Messverfahren ist der Erkenntnishintergrund der einzelnen Fragen dabei für den Probanden nicht unmittelbar ersichtlich. Die individuellen Persönlichkeitsprofile der Befragungspersonen werden in der Regel erst im Anschluss an die Datenerhebung im Rahmen der Datenanalyse erstellt. Meist wird dazu ein relativer Vergleich der Antwortmuster eines Probanden mit dem Durchschnitt der Befragten in der Grundgesamtheit angestellt.

Das Semiometrie-Modell von TNS Infratest bedient sich genau solch einer indirekten Vorgehensweise. Die Grundidee des Modells besteht darin, dass sich die Wertehaltungen von Personen anhand der individuellen Bewertung von 210 Begriffen bestimmen lassen. Wörter dienen in diesem Ansatz also als Indikatoren zur indirekten Messung von Wertehaltungen.

3.2   Entwicklung des Semiometrie-Modells

Das Semiometrie-Modell wurde Mitte der 80er Jahre von dem Statistiker und Autor Jean-Francois Steiner in Zusammenarbeit mit dem französischen Markt- und Meinungsforschungsinstitut Sofres (heute Teil der internationalen Marktforschungsgruppe TNS Taylor Nelson Sofres) entwickelt. Steiner (1992) sah in dem Modell die Möglichkeit, das Wertesystem einer Kulturgemeinschaft mittels eines semantischen Bedeutungsraums zu erfassen und diesen mit mathematisch-statistischen Methoden zu beschreiben. Dabei ließ er sich von zwei zentralen Hypothesen leiten:

1. Die Menschen einer Kulturgemeinschaft verbindet ein gemeinsames Wertesystem, das durch die Bewertung von Worten konkret darstellbar ist. Man kann den durchschnittlichen Abstand (des Sinngehalts) zweier Wörter mathematisch bestimmen und erhält dadurch ein repräsentatives assoziatives Netzwerk.

2. Die affektive Sinndimension eines Wortes ist ein geeignetes Kriterium, um den „Bedeutungsabstand" zu erfassen. An dem Grad des Gefallens oder Missfallens, den eine Kulturgemeinschaft einzelnen Wörtern zuweist, erkennt man, was die Wörter voneinander trennt. Wenn man eine Person Begriffe anhand einer bipolaren Skala mit den Ausprägungen „angenehm – unangenehm" bewerten lässt, dann bewertet diese Person die Gesamtheit aller Gedanken und Erfahrungen, die mit dem zu bewertenden Begriff zusammenhängen.

Neben der Möglichkeit, das Wertesystem einer gesamten Kulturgemeinschaft zu beschreiben, erkannte Sofres in dem Ansatz eine geeignete Methodik zur psychografischen Charakterisierung von (Konsumenten-)Zielgruppen. Vor diesem Hintergrund wurde das Semiometrie-Modell dann Mitte der 80er Jahre von Sofres und Steiner gemeinsam weiterentwickelt und validiert.

Im ersten Schritt stellte sich dabei die Frage nach der Auswahl geeigneter Begriffe zur repräsentativen Abbildung des semantischen Werteraumes der untersuchten Kulturgemeinschaft. Steiner stellte in diesem Zusammenhang die Forderung auf, dass die Begriffe so zu wählen seien, dass sie ein möglichst breites Spektrum menschlicher Erfahrungsbereiche abdecken, um somit die „Gesamtheit menschlicher Empfindungen" erfassen zu können.

Für die Wortauswahl legte er vier grundsätzliche Anforderungskriterien fest:

1. **Denotative Eindeutigkeit:** Alle Wörter sollten eine eindeutige Denotation haben.

2. **Emotionale Sensibilität:** Die Wörter sollten eine „affektive Ladung" besitzen, das heißt, sie sollten nicht nur „Gleichgültigkeit" auslösen.

3. **Konnotative Vielfalt:** Die Wörter sollten offen für verschiedene Konnotationen sein und nicht generell und unabhängig von den befragten Personen als angenehm oder unangenehm empfunden werden; das heißt, sie sollten über eine gewisse Trennschärfe verfügen.

4. **Semantische Stabilität:** Es sollten keine Modewörter verwendet werden, sondern ausschließlich Begriffe, die innerhalb einer Kulturgemeinschaft schon lange verwendet werden und die daher auch jeder kennt – unabhängig von Geschlecht, Alter, Bildung, Beruf etc.

In einer ersten, eher intuitiv geprägten Phase, versuchte Steiner durch Brainstorming und die Sichtung von Lexika und Wörterbüchern eine geeignete Wortliste zusammenzustellen. In dieser Phase wurden zudem bereits erste empirische Validierungstest gemeinsam mit Sofres durchgeführt. Später bekam Steiner dann von einem Bekannten einen entscheidenden Hinweis auf die Bibel: 90 Prozent des Inhalts der fünf Bücher Mose seien aus nur ca. 300 verschiedenen Wortstämmen des Hebräischen gebildet. Steiner untersuchte daraufhin intensiv die fünf Bücher Mose nach Begriffen. Tatsächlich fand er 294 Worte, auf welche die vier Kriterien der Wortauswahl zutrafen und die nach seiner Meinung alles widerspiegeln, was in der Erlebniswelt eines Menschen wichtig ist. Bei einigen Wörtern handelte es sich dabei um verschiedene hebräische Bezeichnungen für „Gott", sodass schließlich eine Liste von 286 Wörtern übrig blieb.

Auf Basis dieser Begriffsliste wurden dann gemeinsam mit Sofres sehr umfangreiche Validierungsstudien durchgeführt, in deren Verlauf die Wortliste in einem iterativen Prozess um redundante Begriffe bereinigt bzw. um fehlende Werteindikatoren erweitert wurde. Am Ende dieses Prozesses kristallisierte sich die Liste der 210 Semiometrie-Begriffe heraus, die zeitlich stabil zur umfassenden Abbildung des Wertesystems abendländisch geprägter Kulturgemeinschaften verwendet werden kann. Hier die Liste der von Steiner identifizierten 210 Semiometrie-Begriffe:

Tabelle 1:   *210 Semiometrie-Begriffe*

abbrechen	die Ironie	ein Strom
absolut	die Jagd	ein Tier
alt werden	die Kindheit	ein Unbekannter
anbeten	die Kühnheit	eine Anstrengung
angreifen	die Kunst	eine Belohnung
anschmiegsam	die Leere	eine Blume
auf dem Land	die Leichtigkeit	eine Flucht

barmherzig	die List	eine Frage
bauen	die Logik	eine Gefühlsbewegung
befehlen	die Macht	eine Grenze
befragen	die Mäßigung	eine Heirat
befruchten	die Mode	eine Herausforderung
beherrschen	die Moral	eine Insel
beschützen	die Musik	eine Liebkosung
bewundern	die Nacktheit	eine Maske
blau	die Poesie	eine Mauer
das Eigentum	die Präzision	eine Regel
das Feuer	die Reinheit	eine Zeremonie
das Geld	die Rüstung	erben
das Gesetz	die Sanftheit	erobern
das Gold	die Schlankheit	ewig
das Misstrauen	die Schule	gehorchen
das Sexuelle	die Seele	Gott
das Theater	die Standhaftigkeit	grün
das Unendliche	die Tradition	hartnäckig
das Vaterland	die Treue	heilen
das Verlangen	die Unordnung	heilig
das Vertrauen	die Veränderung	herrlich
das Wasser	die Vernunft	hochklettern
demütig	die Verzeihung	intim
der Aufstand	die Vollkommenheit	kaufen
der Ehrgeiz	die Vorsicht	konkret
der Friede	die Wissenschaft	kritisieren
der Glaube	die Wüste	lachen
der Handel	die Zärtlichkeit	lustvoll
der Humor	die Zuneigung	männlich
der Krieg	dynamisch	materiell
der Mond	edel	metallisch
der Mut	ehrlich	miteinander

der Ozean	eigenartig	mütterlich
der Reichtum	eigenwillig	nachdenken
der Respekt	ein Abenteuer	pflegen
der Ruhm	ein Baum	praktisch
der Sieg	ein Berg	produzieren
der Tod	ein Buch	robust
der Zauber	ein Erbauer	rot
der Zweifel	ein Erfinder	schlau
die Angst	ein Fehler	schreiben
die Arbeit	ein Forscher	schwarz
die Bequemlichkeit	ein Fremder	schwimmen
die Bescheidenheit	ein Geheimnis	sinnlich
die Besinnung	ein Geschenk	souverän
die Distanz	ein Gewehr	sparen
die Disziplin	ein Gewitter	starr
die Ehre	ein Gipfel	strafen
die Eleganz	ein Haus	träumen
die Elite	ein Held	trösten
die Familie	ein Knoten	tüchtig
die Freundschaft	ein Labyrinth	unbeweglich
die Fröhlichkeit	ein Lebenskünstler	unentgeltlich
die Geburt	ein Mysterium	unermesslich
die Geduld	ein Nest	unterrichten
die Gefahr	ein Opfer	verbieten
die Gerechtigkeit	ein Parfüm	verfeinert
die Geschmeidigkeit	ein Priester	verführen
die Geschwindigkeit	ein Schmuckstück	verraten
die Gewißheit	ein Schöpfer	verschieden
die Haut	ein Schrei	weiblich
die Höflichkeit	ein Soldat	wertvoll
die Industrie	ein Spiel	wild

Diese Wortliste wurde in der Folge in verschiedene Sprachen übersetzt und von der TNS-Gruppe in einer Vielzahl europäischer und außereuropäischer Länder getestet und validiert (u.a. Großbritannien, USA, Deutschland, Frankreich, Italien, Norwegen). Die Ergebnisse dieser Studien zeigen, dass die Grundstruktur des Werteraumes in allen getesteten Ländern ausgesprochen ähnlich ist, auch wenn die Bedeutung einzelner Wertedimensionen (z.B. Religiosität) länderspezifisch durchaus unterschiedlich ausfallen kann. Eine ausführliche Gegenüberstellung der Ergebnisse dieses Vergleichs findet sich bei Lebart, Piron und Steiner (2003; S. 124ff.).

3.3 Der semiometrische Werteraum

Die Bewertung der 210 Semiometrie-Begriffe erfolgt anhand einer siebenstufigen, bipolaren Skala. Die Befragungspersonen werden gebeten, die einzelnen Begriffe entsprechend ihrer unmittelbaren Assoziation und emotionalen Empfindungen möglichst spontan zwischen den Ausprägungen – 3 (sehr unangenehm) und + 3 (sehr angenehm) zu bewerten. Den Nullpunkt der Skala bildet die Markierung „keinerlei Empfindungen".

Auf den nachfolgenden Seiten finden Sie eine Liste von Wörtern. Wir bitten Sie, diese auf einer Skala von -3 bis +3 zu bewerten, je nachdem, ob Sie in Ihnen ein sehr unangenehmes (-3) oder sehr angenehmes Gefühl (+3) wachrufen. Mit den Zwischennoten können Sie Ihre Bewertungen abstufen.

Sehr unangenehm	Ziemlich unangenehm	Ein wenig unangenehm	Keinerlei Empfindungen	Ein wenig angenehm	Ziemlich angenehm	Sehr angenehm
-3	-2	-1	0	+1	+2	+3

Folgendes sollten Sie beim Ausfüllen beachten: Bestimmte Wörter können bei Ihnen gemischte Reaktionen auslösen und Sie zögern lassen. In diesem Fall sollten Sie nicht zu lange nachdenken, sondern spontan die Bewertung vergeben, die Ihrem Gefühl am ehesten entspricht!

Es ist uns sehr wichtig, dass Sie das Schema für alle Begriffe vollständig ausfüllen.

Noch einige Hinweise:

Denken Sie daran, jedem Wort jeweils nur eine Note zu geben!

Füllen Sie diese Fragen auf einmal aus!

Prüfen Sie nach, ob keine Seite übersprungen wurde!

Vielen Dank!

	Sehr unange-nehm	Ziemlich unange-nehm	Ein wenig unange-nehm	Keinerlei Empfin-dungen	Ein wenig angenehm	Ziemlich angenehm	Sehr angenehm
	-3	-2	-1	0	+1	+2	+3
mütterlich	☐	☐	☐	☐	☐	☐	☐
Vertrauen	☐	☐	☐	☐	☐	☐	☐
Glaube	☐	☐	☐	☐	☐	☐	☐
Eigentum	☐	☐	☐	☐	☐	☐	☐
Insel	☐	☐	☐	☐	☐	☐	☐
	-3	-2	-1	0	+1	+2	+3
verführen	☐	☐	☐	☐	☐	☐	☐
Abenteuer	☐	☐	☐	☐	☐	☐	☐
Kunst	☐	☐	☐	☐	☐	☐	☐
Zweifel	☐	☐	☐	☐	☐	☐	☐
Vaterland	☐	☐	☐	☐	☐	☐	☐

Quelle: TNS Infratest

Abbildung 2: *Fragebogen zur Bewertung von Semiometrie-Begriffen*

Um das Wertesystem einer spezifischen Kulturgemeinschaft (i.d.R. Bevölkerung eines Landes) mit Hilfe des Semiometrie-Modells abbilden zu können, wird eine entsprechend repräsentative Erhebung der 210 Semiometrie-Begriffe benötigt. In Deutschland betreibt TNS
Infratest zu diesem Zweck seit 1998 ein kontinuierliches Semiometrie-Panel mit 4 300 Teil-
nehmern, das die deutschsprachige Wohnbevölkerung ab 14 Jahren repräsentiert. Innerhalb
dieses Panels wird neben den regelmäßigen Monatswellen auch einmal jährlich eine umfangreiche Basisbefragung durchgeführt. Im Rahmen dieser jährlichen Basisbefragung werden
von jedem Panelisten neben einer Vielzahl weiterer Informationen auch die Bewertungen der
210 Semiometrie-Begriffe erhoben. Auf Grundlage dieser Bewertungen kann dann mittels
multivariater statistischer Analysemethoden der semantische Werteraum aufgespannt werden,
über den sich das Wertesystem der deutschen Bevölkerung abbilden lässt. Die Berechnung
des semantischen Werteraumes erfolgt mittels einer multivariaten Hauptkomponentenanalyse.
Die Hauptkomponentenanalyse gehört zu den faktoranalytischen Analysemethoden. Fakto-
renanalysen werden eingesetzt, wenn die Vermutung besteht, dass das Beziehungsgeflecht in
einer Menge von Variablen (hier: die 210 Semiometrie-Bewertungen) durch eine überschau-
bare Anzahl übergeordneter Faktoren (hier: grundlegende Wertehaltungen) determiniert wird.
Dieser Denkansatz entspricht somit genau der Ausgangshypothese des Semiometrie-Modells:
Grundlegende Wertehaltungen spiegeln sich in der Bewertung der 210 Semiometrie-Begriffe
wider. Anhand der beiden Faktoren mit der höchsten Varianzaufklärung kann somit das semiometrische Basismapping definiert werden, das den semantischen Bezugsrahmen des Wertesystems der deutschen Bevölkerung darstellt.

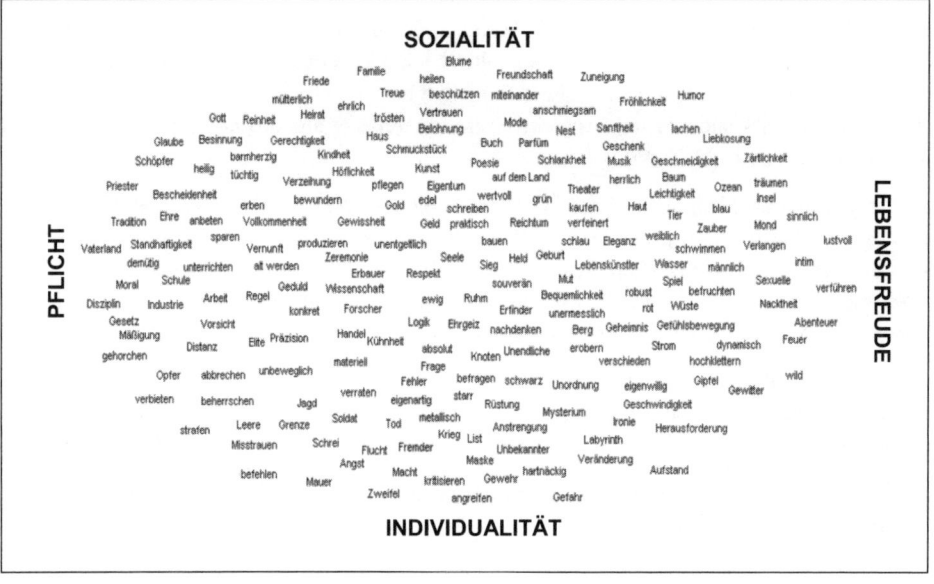

Quelle: TNS Infratest
Abbildung 3:   *Semiometrie-Basismapping*

Die Hauptachsen werden von den beiden Faktoren „Sozialität – Individualität" sowie „Pflicht – Lebensfreude" gebildet. Innerhalb des Basismappings weist die Position der einzelnen Begriffe auf deren statistischen Zusammenhang (=Korrelation) mit den jeweiligen Achsen hin. Der Begriff „Freundschaft" ist zum Beispiel dicht am Pol „Sozialität" angesiedelt und steht damit stellvertretend für ein eher altruistisch geprägtes Menschenbild, in dem der Einzelne als integrativer Bestandteil einer Gemeinschaft, einer Familie, eines Freundeskreises etc. verstanden wird. Dem entgegen spiegelt der Pol „Individualität" ein eher individualistisch geprägtes Selbstverständnis des Menschen wider, der sich in seiner Umwelt durchsetzt, der offensiv ist, Konflikte annimmt und seine Umwelt kritisch hinterfragt. Der Pol „Lebensfreude" repräsentiert Hedonismus und Emotionalität. Hier finden sich insbesondere extrovertierte und stark bedürfnisorientierte Zielgruppen wieder, während der Pol „Pflicht" für eine eher traditionell-konservative Grundhaltung steht.

Steiner (1992) liefert in Anlehnung an Freuds Strukturmodell und Trieblehre zudem auch eine psychoanalytische Interpretation der beiden Hauptachsen. Er sieht sie als gegensätzliche, sich zum Teil sogar ausschließende Wünsche, die als innere Konflikte die Wertesysteme von Individuen strukturieren. Das Gegensatzpaar „Pflicht – Lebensfreude" steht in seiner Interpretation für den psychischen Konflikt zwischen Über-Ich und Es. In Freuds strukturellem Persönlichkeitsmodell ist das Es der triebgesteuerte Pol der Persönlichkeit, der nach Freiheit und nach dem Ausleben von Trieben strebt. Das Über-Ich, gebildet durch die Verinnerlichung elterlicher Verbote und Forderungen, ist demgegenüber eine moralische Instanz, die urteilt und kritisiert (vgl. Freud 1994, Laplanche & Pontalis 1998). In dem Gegensatzpaar „Sozialität – Individualität" sieht Steiner ebenfalls eine Parallele zu den psychischen Kräften in Freuds Trieblehre (vgl. Freud 1994), in welcher der Konflikt zwischen dem Trieb der Lebenserneuerung und -erhaltung (Eros/Sexualtrieb) sowie dem Destruktionstrieb beschrieben wird: „Ziel des ersten ist, immer größere Einheiten herzustellen und so zu erhalten, also Bindung, das Ziel des anderen im Gegenteil, Zusammenhänge aufzulösen und so die Dinge zu zerstören." (Freud 1997, S. 45).

Neben den beiden Hauptachsen des Basismappings lassen sich anhand der Faktorenanalyse aber auch noch weitere, grundlegende Werteebenen identifizieren. Diese werden innerhalb des Semiometrie-Systems über die 14 Wertefelder abgebildet. Jedes Wertefeld wird dabei über die zehn Begriffe definiert, die auf dem entsprechenden Faktor die höchste Ladung aufweisen und die folglich die jeweilige Wertorientierung am stärksten repräsentieren.

■ **Familiäres Wertefeld:**
Orientierung an der Familie als Basis menschlichen Miteinanders, mit der Werte wie Geborgenheit, Frieden und Stabilität assoziiert werden.

Charakteristische Wörter: *Kindheit, Familie, Heirat, Geburt, mütterlich, Geduld, Sanftheit, alt werden, Mut* und *Friede.*

■ **Soziales Wertefeld:**
Orientierung an vertrauensvollen zwischenmenschlichen Beziehungen und einem harmonischen Leben in Gemeinschaft; Solidarität und gegenseitige Hilfe.

Charakteristische Wörter: *Fröhlichkeit, Treue, Freundschaft, miteinander, Vertrauen, Zuneigung, lachen, heilen, beschützen* und *ehrlich.*

■ **Religiöses Wertefeld:**
Orientierung am Glauben, an Gott sowie an Ritualen und moralischen Werten, die damit verbunden sind; christliche Solidarität.

Charakteristische Wörter: *Gott, Glaube, heilig, Priester, Schöpfer, anbeten, Seele, barmherzig, bewundern* und *ewig.*

■ **Materielles Wertefeld:**
Orientierung an Besitz, Konsum und finanzieller Sicherheit; Demonstration von Wohlstand; Streben nach materiellem Eigentum, Prestige und Status.

Charakteristische Wörter: *Reichtum, Gold, Geld, Eigentum, Schmuckstück, kaufen, Eleganz, Mode, wertvoll* und *Ruhm.*

■ **Verträumtes Wertefeld:**
Orientierung an idealistischen Werten und Suche nach einem positiven Gegenstück zur Realität; ein Leben im Einklang mit der Natur; eine sozial-romantische Grundhaltung.

Charakteristische Wörter: *Ozean, Insel, Wasser, schwimmen, Mond, Tier, Spiel, Baum, Strom* und *träumen.*

■ **Lustorientiertes Wertefeld:**
Hedonistische Orientierung, die mit einem Streben nach sinnlich-leidenschaftlichen Erfahrungen einhergeht. Darüber hinaus zeigt sich ein positives Verhältnis zum Körperlichen und zur Sexualität.

Charakteristische Wörter: *Intim, das Sexuelle, verführen, Nacktheit, lustvoll, Verlangen, Zärtlichkeit, männlich, sinnlich* und *Liebkosung.*

■ **Erlebnisorientiertes Wertefeld:**
Orientierung an neuen Herausforderungen und Abenteuern. Suche nach Erfahrungen mit starker emotionaler Erlebnisqualität.

Charakteristische Wörter: *Abenteuer, wild, Geschwindigkeit, Gewitter, Anstrengung, Gipfel, Berg, hochklettern, Wüste* und *Feuer.*

■ **Kulturelles Wertefeld:**
Intellektuelle Orientierung, die ihren Ausdruck unter anderem im Interesse an Theater, Kunst und Literatur findet; ein positives Verhältnis zu Ritualen und Symbolen.

Charakteristische Wörter: *Kunst, Theater, Poesie, Buch, Musik, Lebenskünstler, Leichtigkeit, Zeremonie, souverän* und *nachdenken.*

■ **Rationales Wertefeld:**
Orientierung an dem, was man sehen, fühlen, messen und beweisen kann. Entscheidungen und Verhaltensweisen orientieren sich anhand objektiv nachvollziehbarer Kriterien. Pragmatismus und das Streben nach wissenschaftlicher Präzision sind charakterisierend.

Charakteristische Wörter: *Wissenschaft, Forscher, Logik, Erfinder, Erbauer, Industrie, produzieren, Handel, konkret* und *Präzision.*

■ **Kritisches Wertefeld:**
Orientierung an kritischer Vernunft und am Abwägen von Alternativen; ein positives Verhältnis zu Distanz, Zweifel und Misstrauen; ausgeprägtes Selbstbewusstsein.

Charakteristische Wörter: *Misstrauen, Zweifel, Fehler, Angst, Leere, kritisieren, hartnäckig, Gefahr, Aufstand, Schrei.*

■ **Dominantes Wertefeld:**
Orientierung an sozialen Hierarchien sowie Streben nach Einfluss, aber auch Bereitschaft zur Unterordnung und Akzeptanz von gesellschaftlichen Rangordnungen.

Charakteristische Wörter: *Beherrschen, befehlen, Macht, strafen, verbieten, List, gehorchen, erobern, Maske* und *eigenwillig.*

■ **Kämpferisches Wertefeld:**
Streben nach Veränderungen und Auflösung von verkrusteten Zuständen; offensive und konfliktfreudige Grundhaltung.

Charakteristische Wörter: *Soldat, Gewehr, Krieg, Rüstung, Jagd, angreifen, Mauer, Elite, Sieg* und *metallisch.*

■ **Pflichtbewusstes Wertefeld:**
Wertehaltung, die durch Disziplin, Pflichterfüllung und Arbeitsmoral geprägt ist. Positive Einstellung zur bestehenden Ordnung, tüchtig und gleichzeitig bescheiden.

Charakteristische Wörter: *Disziplin, Gesetz, Arbeit, tüchtig, Schule, schreiben, unterrichten, sparen, Vernunft* und *Regel.*

■ **Traditionsverbundenes Wertefeld:**
Orientierung an traditionellen Tugenden wie Heimatverbundenheit, Ehre, Moral und Standhaftigkeit.

Charakteristische Wörter: *Vaterland, Tradition, Ehre, Moral, Gerechtigkeit, Vorsicht, Reinheit, Standhaftigkeit, Vollkommenheit* und *Respekt.*

Es ist wichtig, die 14 Wertefelder nicht mit „Wertetypen" zu verwechseln, wie sie zum Beispiel in Lebensstil-Typologien verwendet werden. Denn im Semiometrie-Modell werden Personen nicht einem einzigen Wertesegment zugeordnet, sondern es wird vielmehr zu jedem der 14 Wertefelder die individuelle Affinität oder Distanz beschrieben. Genau wie in der Realität, ist es also im Semiometrie-Modell durchaus möglich, dass eine Person A gleichermaßen eine soziale wie auch kulturelle Grundhaltung aufweist, während eine andere Person B zwar ebenfalls sozial, zudem aber nicht kulturell, sondern vielmehr ausgeprägt lustorientiert ist. „Den Sozialen" gibt es daher im Semiometrie-Modell streng genommen nicht, sondern lediglich Personen, die eine ausgeprägt soziale Grundhaltung haben. Diese kann je nach individueller Charakteristik mit verschiedenen anderen Wertehaltungen einhergehen.

3.4   Zielgruppen im Semiometrie-Modell

Im Rahmen der bisherigen Ausführungen wurde erläutert, welche grundlegenden Überlegungen und Analysen zur Ableitung der 210 Semiometrie-Begriffe, des Basismappings und der 14 Wertefelder geführt haben. Aus diesem Prozess resultiert der semiometrische Referenzrahmen, der das Wertesystem der Bevölkerung widerspiegelt. Wie aber lassen sich nun innerhalb dieses Systems die spezifischen Wertehaltungen einzelner Zielgruppen identifizieren?

Erinnern wir uns in diesem Zusammenhang noch einmal an die Bedeutung **indirekter Messtechniken** zur Vermeidung antwortbedingter Verzerrungen im Zusammenhang mit der Erhebung psychografischer Merkmale. Das Semiometrie-Modell greift diese Prämisse auf und ermittelt die Wertehaltungen indirekt anhand der individuellen Bewertung der 210 Begriffe. Die 210 Begriffe dienen also als Indikatoren zur **indirekten Messung der Wertehaltungen**.

Aber wie geht das genau vor sich? Wie lässt sich mit dieser Methodik das spezifische Werteprofil einer Zielgruppe ermitteln? Das Vorgehen soll im Folgenden einmal exemplarisch am Beispiel der Waschmittelmarke *Persil* verdeutlicht werden. Dazu werden die Stammkunden von Persil einer semiometrischen Zielgruppenanalyse unterzogen. Die zugrunde liegenden Daten entstammen der Semiometrie-Basisbefragung 2006. Bei der Semiometrie-Basisbefragung handelt es sich um eine jährlich von TNS Infratest durchgeführte Markt-/Mediastudie, bei der jeweils n=4.300 Personen, repräsentativ für die deutsche Wohnbevölkerung ab 14 Jahren, befragt werden. Neben einem breiten Spektrum von Konsum- und Media-Nutzungsdaten (u.a. 450 Marken, 110 TV-Formate, 60 Print-Titel) werden von jedem Befragten außerdem die Bewertungen der 210 Semiometrie-Begriffe abgefragt. Die Erhebung der Markennutzungsdaten erfolgt mittels des so genannten „Marken-Fünfklangs".

33a. Bitte kreuzen Sie in Spalte 1 alle Marken bzw. Anbieter an, die Sie zumindest dem Namen nach kennen.
33b. In Spalte 2 kreuzen Sie bitte nur die Marken an, die für Sie innerhalb des jeweiligen Produktbereiches zur Nutzung in Frage kommen.
33c. In Spalte 3 kreuzen Sie bitte alle Marken an, die Sie zumindest gelegentlich verwenden.
33d. In der Spalte 4 kreuzen Sie bitte die Marke(n) an, die Sie im jeweiligen Produktbereich hauptsächlich verwenden. Wenn Ihre hauptsächlich verwendete(n) Marke(n) nicht aufgeführt ist / sind, kreuzen Sie bitte keine Marke an.
33e. Bitte kreuzen Sie in der Spalte 5 die Marken an, die Ihnen sympathisch sind.

	Spalte 1 Kenne Marke (zumindest dem Namen nach)	Spalte 2 Marke kommt in Frage	Spalte 3 Verwende Marke mind. gelegentlich	Spalte 4 Verwende Marke(n) hauptsächlich	Spalte 5 Marke ist mir sympathisch
VOLLWASCHMITTEL					
Ariel	☐ 1489	☐ 1739	☐ 1989	☐ 2239	☐ 2489
Persil	☐ 1490	☐ 1740	☐ 1990	☐ 2240	☐ 2490
Rei	☐ 1491	☐ 1741	☐ 1991	☐ 2241	☐ 2491
Sanso	☐ 1492	☐ 1742	☐ 1992	☐ 2242	☐ 2492
Spee	☐ 1493	☐ 1743	☐ 1993	☐ 2243	☐ 2493
Weißer Riese	☐ 1494	☐ 1744	☐ 1994	☐ 2244	☐ 2494

Abbildung 4:   *Markenfünfklang Waschmittel*

Im Falle der Marke Persil haben n=1.244 Personen (29 Prozent der Bevölkerung ab 14 Jahren) angegeben, dass Persil ihre persönliche Hauptmarke im Bereich Waschmittel ist. Aus dieser Zuordnung ergibt sich unmittelbar die Definition der entsprechenden Gegengruppe (=Restbevölkerung). Bei der Gegengruppe handelt es sich nämlich genau um die n=3.056 Personen (71 Prozent der Bevölkerung ab 14 Jahren), für die Persil eben nicht die persönliche Hauptmarke im Bereich Waschmittel ist. Das spezifische Werteprofil der Persil-Verwender ergibt sich dann aus einem semiometrischen Vergleich der Persil-Verwender mit den Nicht-Verwendern. In der Praxis wird die betrachtete Grundgesamtheit dabei oftmals noch vorab durch Filtervariablen (z.B. Haushaltsführende) auf das relevante Kernvermarktungssegment eingegrenzt. Da es an dieser Stelle aber erst einmal nur um eine grundsätzliche Veranschaulichung des methodischen Vorgehens einer semiometrischen Analyse geht, werden derartige Überlegungen hier zunächst vernachlässigt.

Der Vergleich zwischen Ziel- und Gegengruppe findet im Rahmen der semiometrischen Analyse mittels einer Gegenüberstellung der gruppenspezifischen Bewertungen der 210 Semiometrie-Begriffe statt. In diesem Vorgehen spiegelt sich somit auch die **indirekte** Vorgehensweise bei der Ermittlung der zielgruppenspezifischen Wertehaltungen wider. Der Vergleich der Begriffsbewertungen zwischen Ziel- und Gegengruppe erfolgt über einen statistischen Signifikanztest. Die maximal zwanzig Begriffe, die von der Zielgruppe im Vergleich zur Gegengruppe am stärksten signifikant angenehmer (=überbewertet) beurteilt werden, erhalten innerhalb des Semiometrie-Mappings eine schwarze Hinterlegung. Entsprechend werden die maximal 20 Begriffe, bei denen die Bewertungen innerhalb der Zielgruppe im Vergleich zur Gegengruppe am stärksten in die unangenehme Richtung abweicht (=unterbewertet), mit einer transparenten Hinterlegung gekennzeichnet.

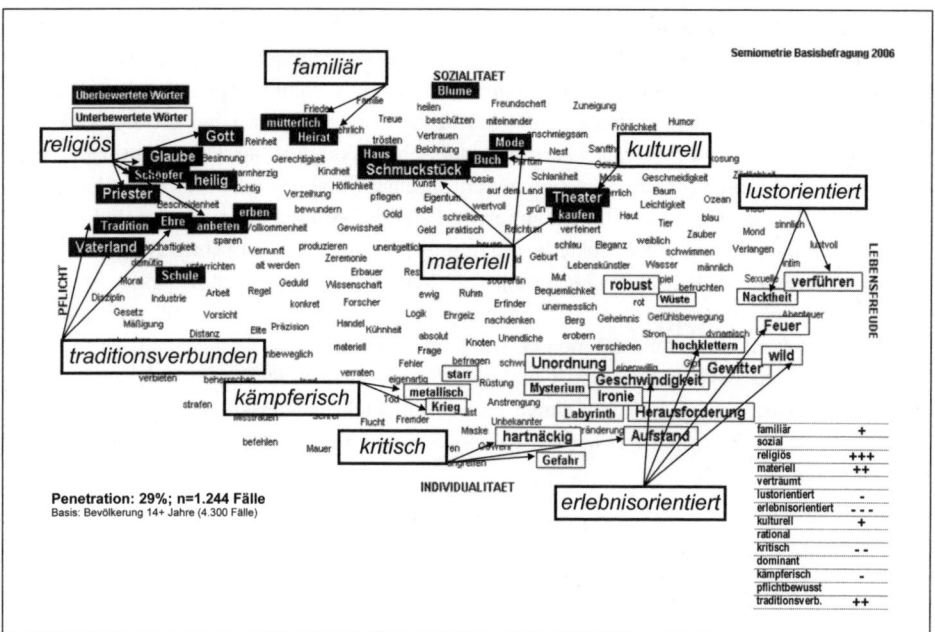

Quelle: TNS Infratest
Abbildung 5: *Persil Stammkunden*

Das semiometrische Mapping verdeutlicht, dass von den *Persil*-Stammkunden insbesondere Begriffe aus dem oberen linken Quadranten des Werteraums signifikant überbewertet, also als besonders angenehm empfunden werden. Die unterbewerteten (=relativ unangenehm empfundenen) Begriffe sind dagegen durchweg im unteren rechten Quadranten angesiedelt. Grundsätzlich lässt sich daher feststellen, dass es sich bei dieser Zielgruppe um Personen handelt, für die sowohl traditionelle Werte als auch die Orientierung an der Gemeinschaft (Familie, Freundes-/Kollegenkreis etc.) wichtige Grundorientierungen darstellen. Von einem hedonistisch und individualistisch geprägten Menschenbild grenzt sich die Zielgruppe dagegen deutlich ab. Überbewertete Begriffe wie beispielsweise *Gott, Glaube, Priester, Schöpfer* etc. sind Indikatoren für eine deutlich religiös geprägte Grundhaltung. An überbewerteten Begriffen wie *Vaterland, Tradition* und *Ehre* lässt sich zudem ein hohes Maß an Traditionsverbundenheit ablesen. Hinzu kommen noch verschiedene überbewertete Begriffe aus den Wertefeldern *familiär, kulturell* und *materiell*. Die unterbewerteten Begriffe sind hingegen insbesondere den Wertefeldern *lust-/erlebnisorientiert* sowie *kritisch* und *kämpferisch* zuzuordnen und zeigen die deutliche Abgrenzung gegenüber diesen Wertedimensionen.

Durch das indirekte Vorgehen bei der Ermittlung des semiometrischen Werteprofils lässt sich somit ein weitestgehend unverzerrtes und daher für die Ableitung geeigneter Marketingmaßnahmen ausgesprochen handlungsrelevantes Psychogramm der Zielgruppe zeichnen. Insbesondere für die kommunikative Ansprache lassen sich aus diesen Erkenntnissen vielfältige Hinweise ableiten. Das beginnt bereits bei der Wahl der richtigen Sprache. So sollte zum

Beispiel im Falle der *Persil*-Stammkunden auf reißerische Modeschlagworte verzichtet werden, und auch ein zu schneller, hektischer oder gar agressiver Sprachstil würde keinesfalls zur Charakteristik der Zielgruppe passen. Vielmehr sollte die gesamte Ansprache darauf ausgerichtet sein, das Vertrauen in Produkt und Marke zu festigen. Denn Glauben und Vertrauen spielen gerade für religiös geprägte Personen eine sehr wichtige Rolle. Die Traditionsverbundenheit der Zielgruppe manifestiert sich zudem in einem tiefen Streben nach Festhalten am Bewährten. Hier kann eine Traditionsmarke wie Persil hervorragend anknüpfen und im Rahmen der Kommunikation auf Aspekte wie „lange Erfahrung" und „bewährte Qualität" fokussieren. Auch bei der stilistischen Gestaltung von Werbemitteln sind grundlegenden Kenntnisse zum Wertehintergrund der spezifischen Zielgruppe ausgesprochen hilfreich und zielführend. Erfahrungsgemäß nehmen gerade die Kreativen in den Werbeagenturen fundierte Informationen zur psychografischen Charakteristik der anzusprechenden Zielgruppe ausgesprochen dankbar auf, und es fällt ihnen meist sehr leicht, auf Basis des semiometrischen Werteprofils einer Zielgruppe stilistisch passende Konzepte, Ideen, Bilder, Metaphern, Slogans etc. zu entwickeln.

3.5   Gesellschaftlicher Wertewandel

Im Zusammenhang mit dem Thema Werte stellt sich auch immer wieder die Frage nach dem Wertewandel, also der gesellschaftlichen Veränderung von Wertehaltungen im Zeitablauf. Innerhalb des Semiometrie-Systems werden die Wertehaltungen der deutschen Bevölkerung seit November 1998 kontinuierlich im Rahmen der jährlich aktualisierten Basisbefragungen abgebildet. Die grundlegende Struktur des Wertesystems wird dabei sowohl über das semiometrische Basismapping als auch die Wertefelder veranschaulicht. Das Basismapping zeigt die Grundkonstellation des Wertesystems. So wird zum Beispiel deutlich, dass Wertehaltungen wie *familiär*, *sozial*, *religiös* oder *kulturell* in der oberen Hemisphäre des semiometrischen Werteraumes zu finden sind, die ein eher altruistisch geprägtes Menschenbild repräsentiert. Personen mit entsprechender Grundhaltung verstehen sich weniger stark als Individuum, sondern eher als integrativer Bestandteil einer Gemeinschaft, wie etwa der Familie, des Freundes- oder Kollegenkreises.

Ein völlig anderes Selbstverständnis kennzeichnet den unteren Bereich des semiometrischen Werteraums, wo Wertedimensionen wie *kämpferisch*, *kritisch* oder *dominant* angesiedelt sind. Hier herrscht eine eher individualistisch geprägte Grundhaltung vor, in der der Fokus auf den Einzelnen gerichtet ist, der sich innerhalb der Gesellschaft durchsetzt, der dominant und kämpferisch ist, Dinge hinterfragt und sich zum Teil bewusst von anderen abgrenzt.

Das semiometrische Basismapping und die 14 Wertefelder werden von TNS Infratest zu Beginn jedes Jahres auf Grundlage der aktuell vorliegenden repräsentativen Semiometrie-Basisdaten (n=4 300; Bevölkerung 14+ Jahre) mittels multivariater statistischer Analysen neu berechnet. Auf diese Weise ist sichergestellt, dass eventuelle Veränderungen im gesellschaftlichen Wertesystem erfasst und entsprechend abgebildet werden können. Die Analysen der Jahre 1999 bis 2007 haben allerdings gezeigt, dass das Wertesystem der deutschen Bevölkerung insgesamt ausgesprochen stabil ist. Zwar lassen sich einzelne, interpretierbare Trends ausmachen (stärkeres Bekenntnis zum Individualismus, Werte aus dem Bereich Sozialität leicht rückläufig), diese sind aber bislang weder statistisch signifikant noch über die Jahre hinweg wirklich stringent nachweisbar. Vor diesem Hintergrund muss das gesamtgesellschaftliche Wertesystem für den bisherigen Beobachtungszeitraum erst einmal als ausgesprochen stabil eingestuft werden. Es liegt die Hypothese nahe, dass sich grundlegende Veränderungen im Wertesystem der Bevölkerung eher in längerfristigen Perioden oder eventuell auch in Folge sehr einschneidender gesellschaftlicher Zäsuren vollziehen.

4. Charakterisierung der semiometrischen Wertefelder

In den vorangegangenen Kapiteln wurde gezeigt, wie sich mit Hilfe des Semiometrie-Modells 14 zentrale Wertedimensionen identifizieren lassen, über die sich das Wertesystem der deutschen und anderer abendländisch geprägter Bevölkerungen charakterisieren lässt. Die 14 Wertefelder können dabei als „Wertewelten" interpretiert werden, die jeweils durch ganz typische Lebensstile, Einstellungen, Konsum- und Medienpräferenzen geprägt sind. Im Vergleich zu den gängigen Lebensstil-Typologien (z.B. Sinus-Milieus) schließen sich die semiometrischen Wertewelten aber nicht gegenseitig aus. Dies kommt der Realität auch deutlich näher. Tatsächlich ist es häufig so, dass gerade erst die Kombination mehrerer Wertedimensionen das spezifische Werteprofil einer Person oder Zielgruppe vollständig beschreibt.

Im Folgenden wird nun für jedes der 14 semiometrischen Wertefelder eine Beschreibung der typischen Charakteristik jeder einzelnen Wertwelt geliefert. Diese Darstellungen sind als Hintergrund für die später folgenden Interpretationen semiometrischer Zielgruppenanalysen sehr hilfreich. Die folgenden Darstellungen basieren auf grundlegenden Analysen der semiometrischen Basisdaten und auf den Erfahrungen einer Vielzahl semiometrischer Zielgruppenanalysen aus einem breiten Spektrum von Branchen und Themenbereichen.

4.1   Familiär

Kindheit, Familie, Heirat, Geburt, mütterlich, Geduld, Sanftheit, alt werden, Mut und Friede
– dies sind zehn Begriffe, mit denen familiär orientierte Menschen besonders angenehme
Empfindungen verbinden. Sie orientieren sich an der Familie als Basis des menschlichen
Miteinanders. Ein trautes Heim und ein harmonisches Familienleben sind der Schlüssel zu
ihrem Glück. Familie bedeutet ihnen einen sicheren Ort, für den alles getan werden soll und
an dem die raue Welt vergessen werden kann.

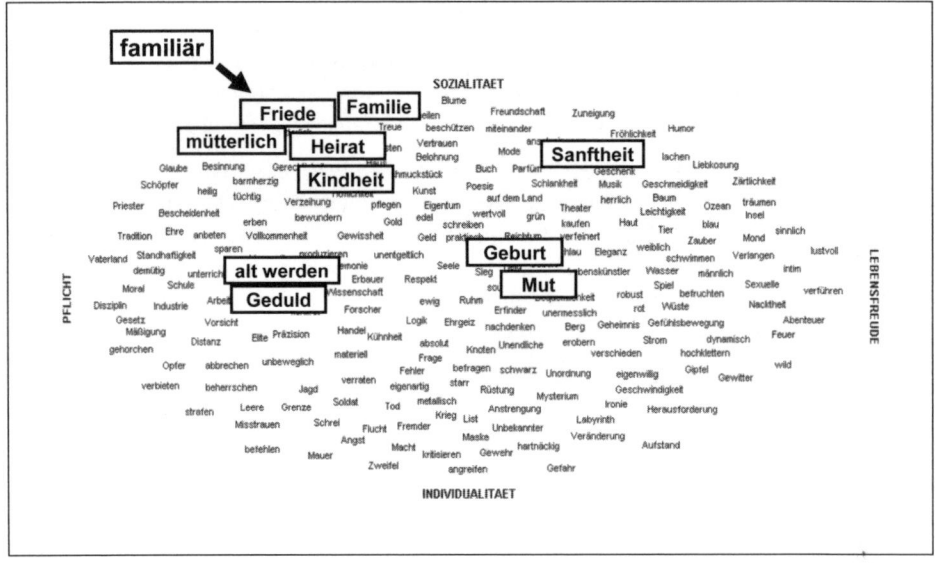

Quelle: TNS Infratest
Abbildung 6:   *Wertefeld familiär*

Familiär orientierte Menschen schätzen Stabilität und Kontinuität. Beides finden sie in ihren
familiären Beziehungen, denn dort hat jedes Individuum seinen Platz, und die Rollen sind
klar verteilt. Die Familie hält zusammen, und jeder kann sich auf den anderen verlassen, denn
„Blut ist dicker als Wasser".

> „Wenn mich einer aus meiner Familie braucht, springe ich auch sofort. Schließlich kann ich
> auch auf die Hilfe der Familie bauen, wenn ich sie brauche."
>
> Zitat einer „Familiären" (vgl. media & marketing 9/2003, S. 60).

Die Familie ist für den Familiären eine Ruhepol und ein Ort zum Krafttanken. Familiäre sind
warmherzig, liebevoll und umsorgen andere. Die Familie ist aber nicht nur eine Quelle der
Kraft, sondern aus ihr beziehen die Familiären auch Anerkennung und Bestätigung. Familiäre

sind tief verwurzelt in ihrer Herkunft und schreiben der Familie einen sehr hohen Stellenwert zu. Sie sind weder besonders risikofreudig noch ständig auf der Suche nach neuen Herausforderungen und Abenteuern. Sie schlagen lieber Wurzeln, werden sesshaft und sehen das Familienleben mit allen seinen Höhen und Tiefen als Herausforderung an. In ihrer familiären Umgebung können sie sich form- und zwanglos verhalten. Diese Vertrautheit gibt ihnen Sicherheit und Stabilität.

Auch am Arbeitsplatz schätzen Familiäre eine harmonische und kollegiale Atmosphäre, Hilfsbereitschaft und ein fürsorgliches Miteinander. Das Schutz- und Geborgenheitsgefühl, das Gefühl des Aufgehoben- und Angenommenseins spielt für sie grundsätzlich eine wichtige Rolle im Leben. Aber auch das Gefühl des Gebrauchtseins und die Sicherheit, sich auf die anderen verlassen zu können, ist für den hilfsbereiten Familiären bedeutsam.

Familiäre sind in verschiedener Hinsicht den Sozialen sehr ähnlich. Doch gibt es zwischen den beiden Wertefeldern auch grundlegende Unterschiede. Während sich die familiäre Orientierung vorrangig auf das engere familiäre Umfeld bezieht, ist das Gemeinschaftsverständnis der sozial eingestellten Menschen globaler: Sie sehen den Einzelnen als Teil eines größeren, globaleren sozialen Umfelds. Ähnlich wie bei den Sozialen ist es auch für Familiäre wichtig, zwischenmenschliche Beziehungen herzustellen und zu pflegen. Nur wird dieses Bedürfnis nach Bindung eher in der eigenen Familie ausgelebt. Die Familie bildet ein dichtes soziales Netzwerk, das schützt und Sozialkontakte ermöglicht.

Aus soziodemografischer Sicht sind familiär orientierte Personen häufig weiblich und im Vergleich zum Bevölkerungsdurchschnitt tendenziell etwas älter.

Innerhalb des semiometrischen Werteraums ist der Großteil der Begriffe, die das familiäre Wertefeld beschreiben, entsprechend ihres starken Bedürfnisses nach zwischenmenschlichen Beziehungen am Pol „Sozialität" angesiedelt. Gleichzeitig werden die am gegenüberliegenden Pol „Individualität" liegenden, typisch individualistischen Wertedimensionen wie *kritisch*, *dominant* oder *kämpferisch* konsequenter Weise unterbewertet. Im Vergleich zu den Sozialen tendieren die Familiären zudem weniger zum Pol „Lebensfreude", sondern eher in Richtung „Pflicht". Der Fokus ihrer zwischenmenschlichen Orientierung ist vor allem auf das engere, vertraute Umfeld gerichtet, während die Sozialen offener für neue Kontakte sind und insgesamt ein breiter gefächertes Beziehungsgeflecht anstreben.

Konsumverhalten und Mediennutzung

Familiäre sind meist sehr verantwortungsbewusste Konsumenten. Es handelt sich häufig um Haushaltsführende, die oft mit einem gegebenen, nicht übermäßig großen Budget wirtschaften müssen. Typisch für familiär orientierte Personen ist ihr großes Interesse an Verbrauchsgütern des täglichen Bedarfs wie beispielsweise Produkten aus den Bereichen Kaffee, Waschmittel oder Kinderernährung. Aufgrund ihres vergleichsweise geringen Budgets sind sie häufig auf der Suche nach Sonderangeboten. Dabei lassen sie sich gerne durch Prospekte oder Zeitungsbeilagen leiten. Werbung gegenüber sind die Familiären sehr aufgeschlossen.

Diese liefert ihnen nützliche Hinweise über neue Produkte und hilft ihnen bei der Kaufentscheidung. Obwohl die familiär Orientierten relativ preissensibel sind, zeigen sie sich gleichzeitig oft auch als sehr qualitäts- und markenorientiert. Gerade bei größeren Anschaffungen,
aber auch bei Kleidung oder technischen Geräten legen sie viel Wert auf Marken, die Qualität, Haltbarkeit und Langlebigkeit sichern. Letztlich spiegelt sich auch hier ihr Streben nach
Stabilität und Sicherheit wider.

Werbung für familiär orientierte Zielgruppen sollte auf deren spezifische Werte, Einstellungen und Bedürfnisse eingehen und Harmonie, Geborgenheit, zwischenmenschliche Bindungen und „Wärme" ausstrahlen. Das Medium Fernsehen wird von den Familiären gleichermaßen als Informationsquelle wie auch zur Unterhaltung genutzt. Gemütliche Fernsehabende
mit der Familie runden den Tag ab und dienen als Entspannung im Alltag.

Familiäre sind aber auch tagsüber intensive TV- und Hörfunknutzer. Im Fernsehen werden
dabei gerne Genres wie Talkshows oder Daily Soaps gesehen. Diese Genres passen gut in die
spezifische Wertewelt der Familiären, da es inhaltlich meist ganz konkret um zwischenmenschliche Beziehungen geht. Auch im Hörfunkbereich bevorzugen Familiäre eher die
„leichte" Unterhaltung. Hier sind vor allem Sender mit einem breiten, generationsübergrei-
fenden Musikrepertoire beliebt. Bei den Printmedien sind insbesondere Frauenzeitschriften
und Titel wie *Eltern* oder *Heim und Garten* beliebt.

Allgemeine Charakterzüge

- harmoniebedürftig, häuslich, fürsorglich, mütterlich

- hilfsbereit; sind gerne Ansprechpartner bei Problemen; kümmern sich um andere

- füreinander da sein; gegenseitige Unterstützung

- Leben ist ein ständiges Geben und Nehmen

- liebevoll, warmherzig, gütig

- uneigennützig, aufopferungsvoll, selbstlos; verzichten aufs eigene Wohl zu Gunsten der
  Gemeinschaft

- sie legen Wert auf menschliches Miteinander; brauchen Geselligkeit; mögen gemeinsame
  Unternehmungen und persönlichen Kontakt zu ihren Mitmenschen; können sich gut in die
  Gemeinschaft eingliedern

- suchen Geborgenheit, Ruhe, Frieden, Stabilität, Nähe

- brauchen Vertrauen

- genießen das Gefühl, gebraucht zu werden und spenden Nähe

- setzen auf Werte wie Vertrauen, Ehrlichkeit, Zuverlässigkeit

- benötigen keine Abenteuer, um glücklich zu sein

■ Familie hat oberste Priorität; schätzen sozialen Kontakt zur Familie, die Ratgeber und Rückgrat ist

■ teilen gerne mit den Familienmitgliedern

■ lassen nichts an ihre Liebsten kommen

■ vertrauen den Familienmitgliedern und können diese gut einschätzen

■ Familie als Kontrast zum grauen, harten Alltag; Familie ist Ruheoase, Ort, an den man sich zurückziehen kann

■ fühlen sich ihren Liebsten auf besondere Weise verbunden

■ bleiben gerne bei gewohnten Abläufen und Ordnungen; belassen Dinge gerne so, wie sie sind, und streben vergleichsweise wenig nach Veränderungen

■ nicht besonders risikobereit

■ überdurchschnittlicher Anteil Haushaltsführender; eher niedriges Einkommen

■ sind sehr gesundheitsbewusst

Vorlieben der Familiären

Freizeitaktivität:	Besuch haben oder machen, Radio hören, Zeitung lesen
Marken:	*Alete, Beba, Bauer, Danone, Zott, Dallmayr, Eduscho, Jacobs, Melitta, Teekanne, Rotkäppchen, de Beukelaer, Leibniz, Milka, Storck, Toffifee, Katjes, Kraft, Leerdammer, Uncle Ben's, Ariel, Coral, Sunil, Pril, Badedas, Dove, Fa, Gard, Always, Camelia, Oui Set, Schiesser, Trigema, Krups, Quelle, Privileg, ADAC-Versicherungen, Victoria, Volksfürsorge, Allianz, Deutscher Ring, Aldi, Lidl, Tchibo, Rossmann, LTU, ITS, Sparkasse*
Printmedien:	*Eltern, Das Haus, Mein schöner Garten, Bella, Bild der Frau, Brigitte, Laura, Lisa, Super-Illu, Das neue Blatt, Neue Post, Bild am Sonntag*
TV-Formate:	*Britt, Talk um Eins, Oliver-Geissen-Show, Vera am Mittag, Franklin, Das Jugendgericht, Das Strafgericht, Gute Zeiten, schlechte Zeiten, Unter uns, Marienhof, Verbotene Liebe, Alphateam, Für alle Fälle Stefanie, Hinter Gittern, Die Wache, Forsthaus Falkenau, Dallas, Das Quiz, Wer wird Millionär?, Was bin ich?, Extra*
Radiosender:	*RMS Kombis (Ost, Berlin Südwest Premium, Super), Radio Kombi Sachsen, Antenne Brandenburg, Hit-Radio Antenne Sachsen, Antenne Thüringen, Radio PSR, Energy 103,4 Berlin, NDR 1 MV, SWR 4 Rheinland Pfalz, HR4*

4.2   Sozial

*Fröhlichkeit, Treue, Freundschaft, miteinander, Vertrauen, Zuneigung, lachen, heilen, be-
schützen* und *ehrlich* – dies sind zehn Begriffe, mit denen ein sozial orientierter Mensch
besonders angenehme Empfindungen verbindet. Sozial orientierte Menschen suchen vertrauensvolle zwischenmenschliche Beziehungen und streben nach einem harmonischen Leben.

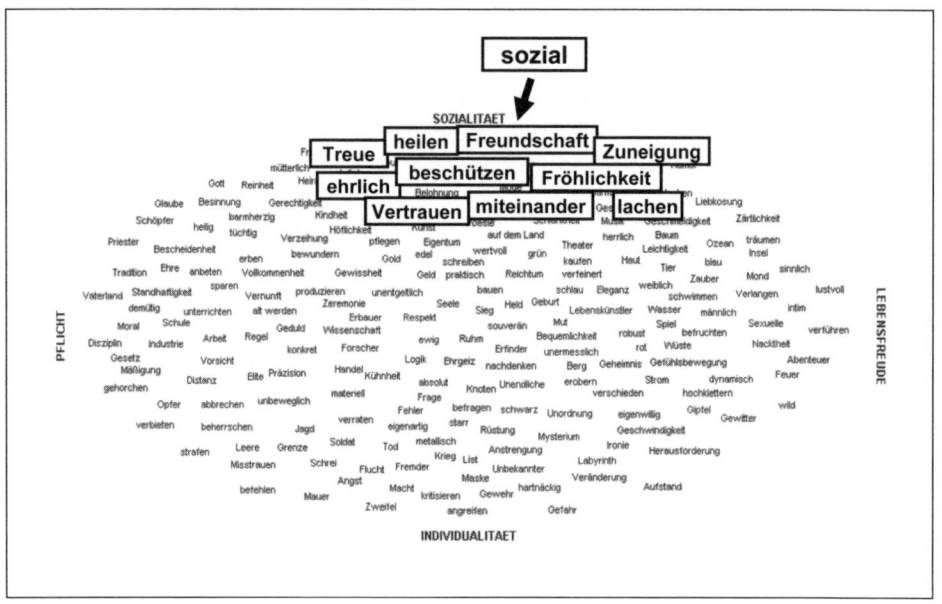

Quelle: TNS Infratest
Abbildung 7:   *Wertfeld sozial*

Menschen mit sozialer Werteorientierung sind sehr gemeinschaftsorientiert. Sie suchen gezielt nach Situationen, in denen Menschen einander begegnen, sich miteinander austauschen
und Verbindungen knüpfen. Aufgrund ihrer warmherzigen, feinfühligen und geselligen Art
sind Soziale bei Freunden, Kollegen und Partnern meist sehr beliebt. Für Soziale ist es sehr
wichtig, sich einer Gruppe zugehörig zu fühlen, in der sie sich aufgehoben und geborgen
fühlen können. Sie sind daher auch immer wieder darauf bedacht, in ihrem Sozialkreis eine
Atmosphäre des Wohlfühlens und Vertrauens herzustellen und aufrecht zu erhalten. Zwischenmenschliche Beziehungen, sozialer Austausch und gegenseitige Unterstützung sind für
die Sozialen sehr wichtig. Menschen mit dieser Werteorientierung sind daher meist sehr
hilfsbereit und stehen den Menschen in ihrem sozialen Umfeld beiseite. Egozentrik liegt den
Sozialen fern. Im Gegenteil, häufig stecken sie zu Gunsten einer anderen Person zurück!

Die Sozialen streben nach Harmonie und Ausgleich. Sie besitzen diplomatische Fähigkeiten und sind gute Vermittler, wenn Standpunkte festgefahren sind. Soziale sind sehr gesellige, kontaktfreudige, freundliche und friedliche Menschen. Sie besitzen viel Taktgefühl. Da sie Verständnis für die Art und Anliegen anderer haben und nach Harmonie streben, finden sie meist instinktiv den richtigen Ton.

Auch im beruflichen Umfeld sind Soziale meist beliebte Personen, die mit Kollegen und Vorgesetzten gleichermaßen gut auskommen und bei Konflikten zwischen den Parteien schlichten. Die Arbeit im Team kommt ihnen sehr entgegen. Soziale werden auch gern als Vertrauensperson aufgesucht, wenn es Probleme im beruflichen oder privaten Umfeld gibt. Bei gemeinsamen Aktivitäten ergreifen sie häufig die Initiative.

Soziale sind häufig bestrebt, ihre eigenen Ziele mit denen der Anderen in Einklang zu bringen. Dieser Wunsch, es allen recht machen zu wollen, beeinträchtigt dabei zuweilen ihre Entscheidungsfreudigkeit.

Das Bedürfnis nach zwischenmenschlichen Beziehungen ist bei sozial orientierten Personen stark ausgeprägt. Der Einzelne wird insbesondere als Teil einer Gruppe bzw. eines sozialen Umfelds verstanden und weniger als Individuum bzw. „Einzelkämpfer". Vor diesem Hintergrund ist es auch nicht weiter verwunderlich, dass Soziale die Wertefelder *kritisch*, *dominant* und *kämpferisch* unterbewerten. Im semiometrischen Mapping sind die Sozialen eindeutig in der oberen Hemisphäre des Werteraums, unmittelbar am Pol „Sozialität" angeordnet. Überdurchschnittlich sozial geprägte Vermarktungszielgruppen weisen häufig auch einen überdurchschnittlich hohen Anteil von Frauen auf.

Konsumverhalten und Mediennutzung

In ihrem Konsumverhalten erweisen sich Soziale meist als neugierige, offene, aber auch verantwortungsbewusste Verbraucher. Wie im zwischenmenschlichen Bereich, so sind den Sozialen auch in Bezug auf ihr Konsumverhalten Aspekte wie Harmonie und Ausgeglichenheit sehr wichtig. Sie versuchen, Körper und Geist in Einklang zu bringen. Etwas für das körperliche und seelische Wohlbefinden zu tun, ist für Menschen mit dieser Wertedisposition daher von großer Bedeutung. So weisen die Sozialen beispielsweise eine besondere Affinität zu gesundheitsbewussten Ernährungsprodukten, zu Pflegemitteln und zum Bereich Mode auf. Darüber hinaus findet sich bei vielen Versicherungen und Einkaufsstätten ein soziales Kundenprofil. Bei Dingen des täglichen Bedarfs sind Soziale oftmals recht preisorientiert und suchen gezielt nach Sonderangeboten und Schnäppchen.

Neuem gegenüber sind Soziale grundsätzlich sehr aufgeschlossen. Das gilt nicht nur für Zwischenmenschliches, sondern auch für neue Produkte und Werbung. Menschen mit sozialer Werteorientierung sind eine ausgesprochen offene und aufgeschlossene Werbezielgruppe.

Damit Werbung bei Sozialen erfolgreich ist, sollte sie ihr Bedürfnis nach Harmonie, Vertrautheit, Freundschaft und Gemeinschaft ansprechen. Werbemittel sollten daher heiter, ausgleichend oder auch humoristisch gestaltet sein.

> „Ich schaue Werbung gerne an. Die ist doch heutzutage richtig lustig gemacht. Es gibt be-
> stimmte Werbespots, da lauere ich geradezu drauf."
>
> Zitat eines „Sozialen", (vgl. media & marketing 9/2003, S. 61)

Auch in ihrem Mediennutzungsverhalten spiegelt sich die spezifische Grundorientierung der Sozialen wider: Zeitschriften wie *Meine Familie und ich* oder *Ein Herz für Tiere* bzw. TV-Formate wie *Nur die Liebe zählt* oder *Herzblatt* passen genau in die Wertewelt, die mit den Vorstellungen der Sozialen harmoniert. Im Radio werden Sender mit leichter Unterhaltung und einem breiten Musikrepertoire bevorzugt, das generationsübergreifend seine Hörer findet.

Allgemeine Charakterzüge

- hilfsbereit; haben immer ein offenes Ohr; sind Ansprechpartner bei Problemen

- kontaktfreudig, sehr gesellig; suchen den Kontakt zu ihren Mitmenschen; fühlen sich in einem sozialen Netzwerk gut aufgehoben; streben nach vertrauensvollen zwischenmensch-liche Beziehungen; suchen Zugehörigkeit und Halt in der Gemeinschaft

- machen gerne Besuche; genießen Geselligkeit; mögen gemeinsame Unternehmungen

- sehr teamfähig, verlässlich

- friedliebend, harmoniebedürftig; wünschen sich ein harmonisches Leben

- warmherzig, feinfühlig, vertrauensvoll

- selbstlos, aufrichtig, offenherzig, aufgeschlossen, sympathisch

- gesundheitsbewusst

- wohlwollend

- können sich gut in Strukturen einordnen

- sehen sich als Teil einer Gemeinschaft

- nehmen Rücksicht auf die Gemeinschaft

- sind ausgleichend; sind gute Streitschlichter und Vermittler, beliebte Ratgeber

- möchten es vielen recht machen

- wohltätig; engagieren sich für caritative, soziale Zwecke

Konsumverhalten

- hohes Interesse an gesunder Ernährung, Pflegeprodukten, Kosmetik und Mode

- probieren gerne mal was Neues aus

- Werbung gegenüber sehr aufgeschlossen

- häufig preissensibel

Vorlieben der Sozialen

Freizeitaktivität:	Besuch haben oder machen
Marken:	*ProCult, Kölln, Schneekoppe, Bauer, Müller, NutriStart, Onken, Landliebe, Nestlé, Bonne Maman, Bonaqua, Granini, Hohes C, Katjes, Lindt, Maggi, Maoam, Mentos, Toffifee, Ritter Sport, Dallmayr, Exquisa, Iglo, Hilcona, Dove, Ellen Betrix, Nivea, Hair Care, Fructis, Jade, Frosch, Spee, Always, o.b., AEG, Severin, Apollo, Esprit, HIS Jeans, Oui Set, Triumph, Trigema, Aldi, Lidl, Penny, Plus, Spar, C&A, Kaufhof, Otto, Woolworth, Schlecker, dm, Allianz, DKV, Hamburg-Mannheimer, Victoria, Volksfürsorge, Württembergische, L'tur, Air Marin*
Printmedien:	*Ein Herz für Tiere, Meine Familie und ich, Brigitte, Freundin, Für Sie, Journal für die Frau, Petra, Die Aktuelle, Bild+Funk*
TV-Formate:	*Nur die Liebe zählt, Herzblatt, Quincy, Der Bulle von Tölz, Diagnose Mord, Für alle Fälle Stefanie, Dallas, S.A.M., taff, Verbotene Liebe, Oliver-Geissen-Show*
Radiosender:	*RMS Ost Kombi, Hit-Radio Antenne Sachsen, Radio PSR, Radio SAW, NDR 1 MV + Welle Nord, SWR 1 + 4 Rheinland Pfalz, HR4*

4.3   Religiös

Gott, Glaube, heilig, Priester, Schöpfer, anbeten, Seele, barmherzig, bewundern und *ewig* –
dies sind zehn Begriffe, mit denen ein religiös orientierter Mensch besonders angenehme
Empfindungen verbindet.

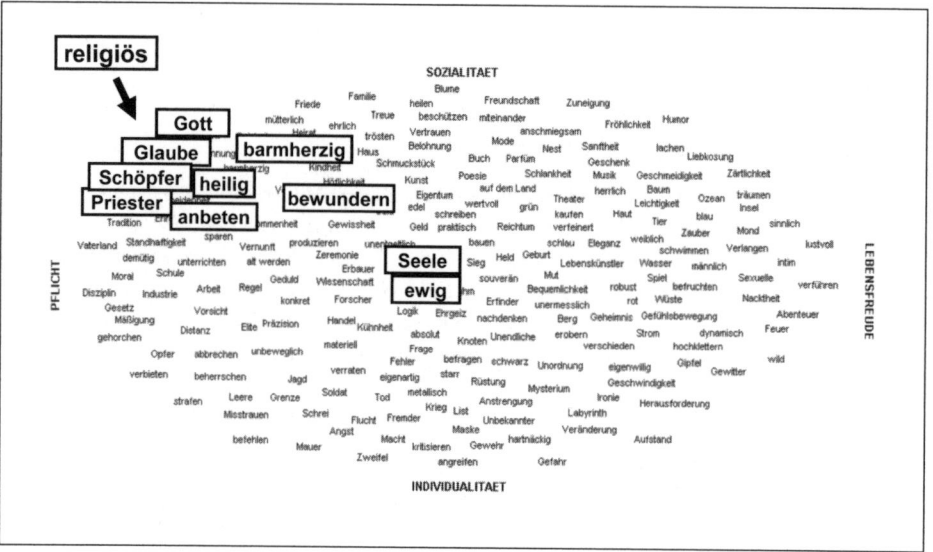

Quelle: TNS Infratest
Abbildung 8:   *Wertefeld religiös*

Religiöse Personen bekennen sich zum Glauben und sind meist sehr gemeinschaftsorientierte
Menschen. Ein soziales Miteinander auf den Grundlagen christlicher Werte spielt für sie eine
wichtige Rolle. Vertrauen und Verlässlichkeit sind für sie grundlegende Aspekte im Leben.
Von Experimenten halten sie wenig.

Typisch individualistische Werte wie *kritisch*, *kämpferisch* oder *dominant* lehnen Religiöse
dagegen meist ab. Die Religiösen stellen sich selbst innerhalb der Gemeinschaft eher in den
Hintergrund und streben ein gleichberechtigtes Geben und Nehmen an. Es liegt ihrem Na-
turell daher eher fern, soziale Hierarchien zu bilden oder Dominanz zu demonstrieren. Vertrauensvolle Beziehungen geben ihnen Sicherheit. Sie wollen sich auf andere verlassen können und sich nicht alleine durchs Leben kämpfen. Risiken, Gefahren, Konflikte oder tief
greifende Veränderungen versuchen Religiöse möglichst zu vermeiden.

Religiös orientierte Personen pflegen häufig einen eher zurückhaltenden, teilweise sogar
asketischen Lebensstil. Während hedonistisch orientierte Personen im semiometrischen Werteraum den Dimensionen „Lebensfreude" und „Individualität" zugeordnet werden, sind die

„Religiösen" eher an deren Gegenpolen „Pflicht" und „Sozialität" angesiedelt. Das ist auch nicht weiter verwunderlich, denn die Orientierung an christlichen Tugenden und Werten steht grundsätzlich erst einmal im Gegensatz zu einer hedonistischen Grundhaltung, die sich im Ausleben der eigenen Bedürfnisse und im Streben nach Genuss äußert. Das heißt aber nicht, dass ein Religiöser nicht in der Lage ist zu genießen, doch widerstrebt es ihm, dabei nur an sich zu denken. Religiös orientierte Menschen sehen sich selbst eher als Teil des Ganzen und stellen ihre persönlichen Bedürfnisse dabei oft in den Hintergrund.

Aus soziodemografischer Sicht weisen die Religiösen einen überdurchschnittlichen Anteil von Frauen und von Personen aus dem Altersegment 50+ Jahre auf.

Konsumverhalten und Mediennutzung

Religiös Orientierte nutzen gerne bewährte Traditionsmarken. Diese stehen für Stabilität, Verlässlichkeit, Qualität und passen daher ideal in die psychografische Grundorientierung der Religiösen. In ihrem (Kauf-)Verhalten lassen sie sich in der Regel von bewährten Verhaltensmustern und Gewohnheiten lenken. Sie leben dabei aber durchaus bewusst, reflektieren und nehmen sich Zeit für die Dinge des Alltags. Von spontanen, unvernünftigen Geldausgaben halten sie nichts. Ihre Kaufentscheidungen sind in der Regel vielmehr geplant und gut durchdacht. Sie vergleichen einzelne Produkte sehr bewusst und achten dabei auf Qualität und Wertigkeit. Religiöse sind ausgesprochen markenbewusste und oft sehr treue Kunden. Marken geben ihnen Sicherheit und Vertrauen. Dagegen spielen Prestige und Status für sie bei der Produktwahl meist keine Rolle. Ihre Informationen beziehen sie gerne aus unabhängigen Quellen (z.B. Testberichte der *Stiftung Warentest*). Aber auch das Urteil und der Rat von Freunden und Bekannten ist ihnen wichtig.

Auch bei der Mediennutzung spiegelt sich die anspruchsvolle Grundhaltung der Religiösen wider: Sie lesen gerne Zeitschriften und Bücher (vor allem Sachbücher, Biographien und Tatsachenromane) und nutzen sehr bewusst TV und Hörfunk. Im Bereich der elektronischen Medien bevorzugen sie die öffentlich-rechtlichen Angebote. Bei Zeitschriften werden Titel bevorzugt, die entweder eine gewisse Anspruchshaltung erfüllen oder aber eine harmonische Grundstimmung vermitteln.

Werbung für religiös orientierte Zielgruppen sollte ansprechend gestaltet, informativ und insbesondere glaubwürdig sein. Es muss zum Ausdruck gebracht werden, dass dem Anbieter die Wünsche und Bedürfnisse der Kunden ein wichtiges Anliegen sind. Zu den Produktbereichen mit einem hohem Anteil religiöser Zielgruppen gehören zum Beispiel Gesundheitsprodukte, Mode oder Reisen.

Allgemeine Charakterzüge

- Vertrauen und Verlässlichkeit spielen eine wichtige Rolle
- sicherheitsbedürftig
- zurückhaltend, bescheiden, asketischer Lebensstil; stehen ungern im Mittelpunkt
- starke Orientierung am Kollektiv, Interesse am Gemeinwohl, ausgeprägter Gemeinschafts-sinn, Wunsch nach harmonischem Miteinander; legen Wert auf soziale Bindungen
- streben nach Schutz und Geborgenheit im sozialen Netzwerk/Umfeld
- ordnen sich gegebenen Strukturen unter
- ausgeprägter Gerechtigkeitssinn
- teilen und geben gerne, wollen Bedürftigen ein Zuhause bieten
- mitfühlend, nachsichtig und geduldig
- achten auf ihre Gesundheit
- suchen nach seelischer Ausgeglichenheit

Konsumverhalten

- äußerst markenbewusst und markentreu
- Wunsch nach Qualität und Verlässlichkeit
- bewusste Reflektion von Werbung und Markenpräsentationen
- Preisvergleich
- Langlebigkeit, Qualität und leichte Bedienbarkeit sind wichtige Produkteigenschaften
- Prestige oder Status einer Marke eher unrelevant
- habitualisiertes Verhalten

Vorlieben der Religiösen

Freizeitaktivität: Stricken, Bücher lesen, Zeitung lesen

Marken: *Adelholzener, Apollinaris, Gerolsteiner, Überkinger, Hohes C, Merzi-ger, Schweppes, Bauer, Ehrmann, Landliebe, Kölln, Schneekoppe, Bo-frost, Dr. Oetker, Eismann, Hengstenberg, Homann, Sonnen Basser-mann, Buko, Champignon Camembert, Frico Cheese, Palmolive,*

Frosch Spülmittel, Omo, Pril, Persil, Perwoll, Sanso, Sunil, Woolite, DeBeukelaer, Eduscho, Idee Kaffee, Tchibo, Meßmer, AEG, Miele, Krups, Rowenta, Grundig, Telefunken, Betty Barclay, Brax, Mey, Schiesser, Trigema, Triumpf, C&A, Hertie, Karstadt, Kaufhof, Edeka, HL-Markt, Minimal, NKD, Norma, Rewe, Tengelmann, TUI, Hamburg-Mannheimer, HUK-Coburg, LBS, R+V Versicherung, Volksfürsorge

Printmedien: Bild+Funk, Gong, Hörzu, TV Hören und Sehen, Funkuhr, Auf einen Blick, Frnehwoche, Bunte, Die Aktuelle, Bella, Bild der Frau, Für Sie, Tina, Meine Familie und ich, Das Haus, Mein schöner Garten, Essen und Trinken, Bild am Sonntag, Freizeit-Revue, Das Goldene Blatt, Das Neue Blatt, Neue Post, Reader's Digest – Das Beste

TV-Formate: Alphateam – Die Lebensretter im OP, Der Bulle von Tölz, Für alle Fälle Stephanie, Quincy, Was bin ich? Das Quiz, Forsthaus Falkenau, Herzblatt, Heute, Tagesschau

Radiosender: Radio Kombi Bayern, Bayern 1, Bayern 3, Bayern 5 Aktuell, WDR 4, SWR 4 Rheinland-Pfalz, SWR 4 Baden-Württemberg, SWR 1 Baden-Württemberg, SWR 1 Rheinland-Pfalz, Hit-Radio RPR Eins

4.4   Materiell

Reichtum, Gold, Geld, Eigentum, Schmuckstück, kaufen, Eleganz, Mode, wertvoll und *Ruhm*
– dies sind zehn Begriffe, mit denen ein materiell orientierter Mensch besonders angenehme
Empfindungen verbindet. Materielle orientieren sich an Konsum und Besitz, den sie auch
gerne nach außen zeigen.

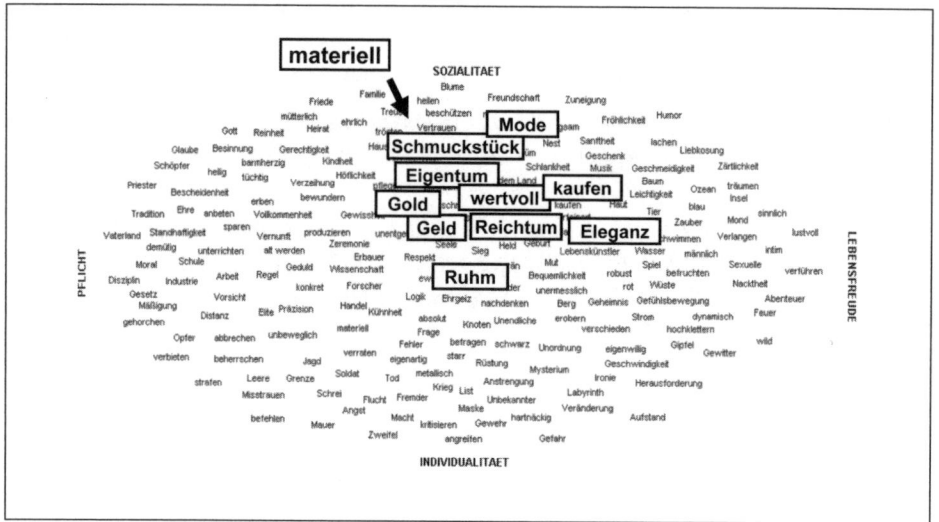

Quelle: TNS Infratest
Abbildung 9:   *Wertefeld materiell*

Materielle sind Konsum gegenüber grundsätzlich sehr aufgeschlossen und legen viel Wert auf
Marken, Design und Exklusivität. Sie zeigen gern, was sie besitzen und was sie sich erarbeitet haben, indem sie sich mit teuren Marken schmücken.

In Konsumangelegenheiten tritt die Gruppe der Materiellen meist sehr souverän und selbst-
bewusst auf und weiß genau, was sie will. Sie genießen es, ihren Besitz nach außen hin zu
präsentieren und anderen ihren Erfolg zu demonstrieren. Triebfeder hierfür ist ein ausgeprägtes Streben nach Aufmerksamkeit und gesellschaftlicher Anerkennung. Teure Markenartikel
helfen ihnen, anderen zu beweisen, dass sie es in ihrem Leben zu etwas gebracht haben. Zu
den zentralen Leitmotiven materieller Menschen gehören daher das Streben nach Geld und
Erfolg, das Bekleiden von Positionen mit hohem gesellschaftlichem Aufmerksamkeitswert
und die Demonstration des Erreichten nach außen.

Für materiell orientierte Menschen ist das Anhäufen von Eigentümern eine Bestätigung ihrer
selbst. Sie wollen sich den Lohn für ihre Arbeit täglich vor Augen führen können. Sie belohnen sich quasi selbst. Dabei bevorzugen Personen mit materieller Werteorientierung Produkte

mit prestigeträchtigen Markennamen und Status hebenden Versprechungen. Materielle bewerten gekaufte oder konsumierte Produkte daher oft weniger anhand der objektiven Produkteigenschaften, sondern stärker anhand des Nutzens, den sie ihnen im Zusammenhang mit ihrer eigenen Außendarstellung liefern können.

Der Besitz von Geld und wertvollen Konsumgütern gibt materiell orientierten Personen nicht nur das Gefühl von finanzieller Sicherheit, sondern auch von Selbstvertrauen. Bekannte und starke Marken verleihen ihnen Gefühle von Macht, Überlegenheit und Bewunderung. Dieses Gefühl der Bewunderung wiederum verleiht ihnen Selbstbewusstsein.

Im semiometrischen Mapping streuen die Begriffe, mit denen die materiell Orientierten besonders angenehme Empfindungen verbinden, von der Mitte ausgehend zum Pol „Sozialität". Dies hängt nicht zuletzt auch damit zusammen, dass für die Außendarstellung von Besitz und Konsum und die damit einhergehende Suche nach Aufmerksamkeit und Bewunderung zwangsläufig auch eine entsprechende Öffentlichkeit bzw. eine soziales Umfeld gebraucht wird.

Konsumverhalten und Mediennutzung

Das Streben nach Eigentum und Besitz kennzeichnet auch das Freizeitverhalten der Materiellen. Sie gehen gerne und häufig einkaufen und zählen zu den „Heavy Shoppern". Dabei gehen sie häufig nicht gezielt los, sondern schlendern eher durch die Geschäfte. Sie belohnen sich gerne mit Markenartikeln. Materielle mit geringem Einkommen sind dabei oft auch auf der Suche nach Sonderangeboten bei Markenwaren.

Materiell Orientierte interessieren sich für ein breites Spektrum von Produktbereichen. Bevorzugt werden allerdings hauptsächlich Marken, die allgemein gesellschaftliche Anerkennung bzw. Anerkennung im Freundes- und Bekanntenkreis versprechen. Von daher spielt die Möglichkeit eine wichtige Rolle, die Produkte im Sozialkreis präsentieren zu können. Besonders beliebt sind dabei zum Beispiel Produkte aus den Bereichen PKW, Mode oder Unterhaltungselektronik. Materielle sind auch sehr aktiv bei der Suche nach Informationen zu Trends, Produkten und Marken, die gerade besonders angesagt und prestigeträchtig sind. Werbung ist für sie daher eine wichtige Möglichkeit, sich über neue Markenprodukte zu informieren. Materielle sind Werbung gegenüber ausgesprochen aufgeschlossen. Aufgrund ihrer hohen Werbe-Affinität weisen Materielle zudem meist eine hohe Erinnerungsleistung in Bezug auf die Werbeinhalte und beworbenen Marken auf. Aufgrund ihrer vielseitigen und intensiven Mediennutzung sind sie kommunikativ sehr gut erreichbar. Im Fernsehen bevorzugen sie Unterhaltungsformate der Privatsender wie beispielsweise Quizshows, bei denen die Teilnehmer zudem noch die Möglichkeit haben, Geld zu gewinnen. In Bereich der neuen Medien wird vor allem eBay sehr gern genutzt, da hier die Möglichkeit besteht, Produkte und Preise sehr schnell miteinander zu vergleichen und entsprechende Schnäppchen zu machen.

„Manchmal kaufe ich bei eBay nur Sachen, weil sie günstig sind – obwohl ich gar nichts brauche."

„Wenn ich vor dem Kühlregal stehe, nehme ich manchmal etwas mit, was ich aus der Werbung kenne – vielleicht, weil ich es einfach ausprobieren möchte. Auch wenn es etwas teurer ist."

Zitate von „Materiellen" (vgl. media & marketing 7/2003, S. 54-55).

Allgemeine Charakterzüge

- Suche nach Aufmerksamkeit, Bewunderung, Bestätigung und gesellschaftlicher Anerkennung
- streben nach Prestige und Status
- ehrgeizig; wollen erfolgreich sein
- ausgesprochen konsumfreudig, gehen gerne ausgiebig shoppen
- bereit, viel Geld für Marken auszugeben, aber auch immer auf der Suche nach Schnäppchen
- gewinnorientiert; sie suchen Möglichkeiten, Geld Gewinn bringend anzulegen
- Selbstwertgefühl und Selbstbewusstsein steigen mit dem Konsum und Besitz von Markenware
- definieren sich über Statussymbole, der äußere Schein zählt
- wollen sich durch Markenprodukte von anderen abheben
- bereit, für eine gute Bezahlung viel zu arbeiten
- wollen ihren Erfolg nach außen demonstrieren
- Besitz schafft Anerkennung und Zugehörigkeitsgefühl
- streben nach finanzieller Sicherheit
- Konsum dient als Belohnung, tendenziell oberflächlich
- können sich entweder Konsumgüter leisten oder aber handeln teilweise sogar unwirtschaftlich, um Status zu erreichen
- streben nach Vermögen und Schätzen, Hang zum Luxus und Exklusivität
- wollen ihr Leben komfortabel gestalten, streben nach Wohlstand und Prosperität

Konsumverhalten

■ markenorientierte Schnäppchenjäger

■ Kaufimpulse erwachsen oftmals nicht aus einem konkreten Bedarf, sondern sind spontane Reaktionen auf das Angebot günstiger bzw. reduzierter Ware

■ informieren sich über günstige Angebote und vergleichen Preise

■ Werbung gegenüber aufgeschlossen, wird häufig aktiv als Informationsmedium genutzt

Vorlieben der Materiellen

Freizeitaktivität:	Shoppen, Fernsehen, Zeitschriften lesen
Marken:	*Ariel, Fa, Gard, Bluna, Bonaqua, Jägermeister, Mumm, Valensina, Wernesgrüner, Coppenrath & Wiese, Dr. Oetker, Frosta, Meika, Merci, Jakobs, Rügenwalder, Schwartau, Unox, AEG, Bauknecht, Grundig, Philips, Fielmann, Lacoste, Karstadt, Kaufland, Quelle, Schlecker, Citibank*
Printmedien:	*Neue Revue, TV klar, Bild + Funk, Fernsehwoche, Das Goldene Blatt, Bild am Sonntag, Bunte, Bild der Frau, Bella, Laura, Lisa*
TV-Formate:	*Wer wird Millionär, Britt, Vera am Mittag, Zwei bei Kallwass, Richter Alexander Hold, Richterin Barbara Salesch, Familiengericht, Exklusiv, Explosiv, Extra, Blitz, Frühstücksfernsehen, Punkt Zwölf, Der Bulle von Tölz, Alphateam*
Radiosender:	*RMS Ost Kombi, Radio Kombi Thüringen, NDR 1 Niedersachsen, SWR 1 Rheinland Pfalz, Bayern 1, Antenne Thüringen*

4.5   Verträumt

Ozean, Insel, Wasser, schwimmen, Mond, Tier, Spiel, Baum, Strom und *träumen* – dies sind zehn Begriffe, mit denen ein verträumt orientierter Mensch besonders angenehme Empfindungen verbindet. Verträumte sind idealistisch eingestellt und suchen nach einem positiven Gegenstück zum Alltag und zur „grauen Realität".

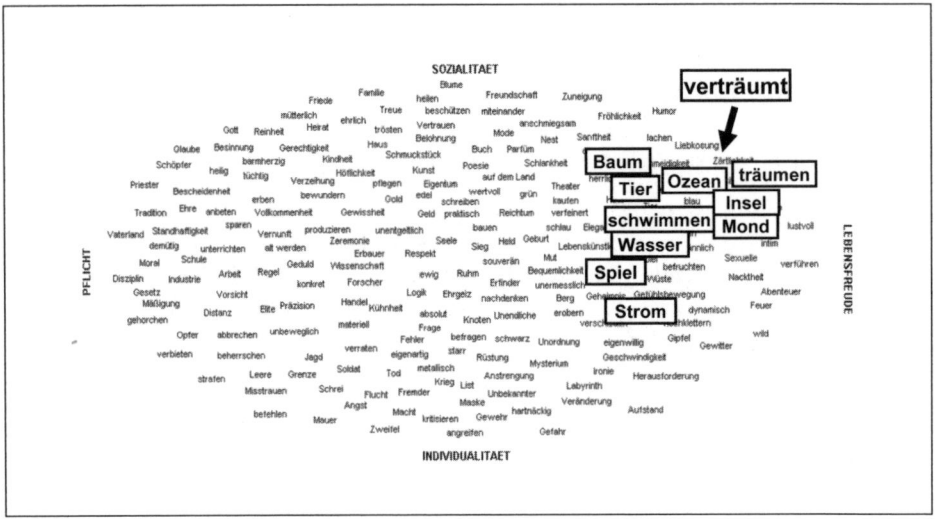

Quelle: TNS Infratest
Abbildung 10:   *Wertefeld verträumt*

Der kühlen und vernunftbetonten Sicht stellen die Verträumten das Gefühl und individuelle Vorstellungskraft gegenüber. Kontrolle und intellektuelle Disziplin lehnen sie ab. Sie lassen sich eher von ihrer Intuition und ihrem subjektiven Gefühlserleben leiten. Der Rückzug in die Innerlichkeit und in die Gefühlswelt ist charakteristisch für verträumt orientierte Menschen. Ihre idealistische Grundhaltung geht mit der Suche nach einer besseren, gerechteren und schöneren Welt einher. Dabei handelt es sich aber weniger um naive Träumer als vielmehr um optimistische Schwärmer.

Das Träumen ist bei ihnen nicht die Flucht aus der Unfähigkeit, die eigene Realität nach den subjektiven Vorstellungen verändern zu können. Verträumte sind nicht weltfremd. Sie verabscheuen aber die alltägliche Routine und die damit einhergehende Entfremdung von den eigenen Wünschen und Träumen. Gegenüber neuen Herausforderungen und Abenteuern sind sie durchaus aufgeschlossen. Mal besinnlich, mal überschäumend genießen sie das Leben. Verträumt orientierte Personen sind aktiv, gesellig, emanzipiert und offen für Neues. Sie genießen das Leben – engagiert, selbstlos, uneigennützig, großherzig und friedvoll. Sie sind auch reiselustig und interessiert, neue Orte und Menschen kennen zu lernen.

Verträumt orientierte Personen sind sehr gefühlvolle Menschen. Sie mögen keine Hektik und leben eher nach dem Motto „In der Ruhe liegt die Kraft". Sie haben eine romantische Ader und häufig einen starken Bezug zur Natur. Die Weite des Ozeans oder die Ruhe eines Waldes geben ihnen Kraft und Stärke. Die Natur versinnlicht dabei auch Freiheit und Unendlichkeit als Gegensatz zu den Restriktionen des Alltags und zur Endlichkeit.

Im semiometrischen Mapping tendieren die Verträumten zum Pol „Lebensfreude". Verwandte Wertefelder sind *lust-* und *erlebnisorientiert*, *sozial* und *familiär*. Aus soziodemografischer Sicht sind Verträumte besonders häufig unter Frauen jüngeren bis mittleren Alters zu finden.

Konsumverhalten und Mediennutzung

Auch in ihrem Konsum- und Medienverhalten spiegeln sich die spezifischen Grundzüge der Verträumten wider – Genuss, Aufgeschlossenheit und Naturverbundenheit. Mit ihrem Geld erfüllen sie sich lieber ihre Wünsche und Träume, anstatt es vorsorglich zu sparen. Bei den täglichen Einkäufen sind sie neuen Produkten gegenüber recht aufgeschlossen und probieren gerne einmal etwas aus. Als Genießer und Naturverbundene greifen Verträumte bevorzugt zu naturbelassenen und gesunden Produkten. Marken und Artikel, die Gesundheit, Genuss und Natur kombinieren, passen daher optimal in die Wertewelt der Verträumten. Allerdings sind Verträumte oft auch relativ preissensibel. Neben der Qualität, auf die sie viel Wert legen, ist ihnen daher auch das Preis-Leistungs-Verhältnis von Produkten wichtig. Dagegen spielt bei ihnen die Möglichkeit, über Marken Prestige und Status auszudrücken, so gut wie keine Rolle.

> „Marken interessieren mich nicht. Es muss passen, die Qualität muss stimmen, es muss schmecken. Beim Aldi tut´s das meistens. Und das Preis-Leistungs-Verhältnis muss o.k. sein. Auf unseren Kleidern muss kein Markenname stehen."
>
> Zitat eines „Verträumten" (vgl. media & marketing 12/2003, S. 55).

In Bezug auf Medien und Werbung sind Verträumte sehr aufgeschlossen. Besonders gut kommt Werbung an, die ungezwungen und fantasievoll ist und mit Emotionen oder stimmungsvollen Naturlandschaften arbeitet. Verträumte pflegen zudem sehr intensive Kontakte im Sozialkreis. Die Empfehlungen und Ratschläge von Freunden und Bekannten sind für sie daher eine weitere wichtige Einflussgröße für ihre Konsumentscheidungen.

Personen mit verträumter Werteorientierung sind medial recht gut zu erreichen. Sie nutzen überdurchschnittlich intensiv das Internet, wo sie sich gleichermaßen informieren, aber auch Unterhaltungsangebote nutzen. Auch beim Fernsehen bevorzugen sie Programmumfelder mit Infotainment-Charakter sowie Comedy- und Mystery-Serien, Informations- sowie Boulevard- und Reisemagazine. Sowohl im Fernsehen als auch beim Radio spielen private TV- bzw. Hitradio-Sender eine große Rolle. Im Printbereich werden besonders gerne Frauenzeitschriften und Titel gelesen, die sich mit Naturthemen beschäftigen.

Allgemeine Charakterzüge

- emotional, geben sich gerne ihren Gefühlen hin

- sensibel, kreativ und fantasievoll

- optimistische Schwärmer, wünschen sich eine bessere Welt, sind hoffnungsvoll

- aktiv, gesellig, sozial

- aufgeschlossen, open minded, offen für Neues und Abwechslungen

- emanzipiert, engagiert, selbstlos

- friedvoll, harmoniebedürftig, besinnlich

- weder naiv noch weltfremd

- sehen die Natur als Rückzugsmöglichkeit; verbinden gesundes, ausgewogenes Leben mit Natur; mögen Natürlichkeit; Natur versinnbildlicht Freiheit und Grenzlosigkeit; mögen überschaubares Leben auf dem Land; naturverbunden, wollen Großstadtstress vermeiden

- Suche nach der Balance im Leben; mögen Ruhe und Entspannung; bevorzugen Gemütlichkeit anstelle von Hektik

- lassen sich von ihrer Intuition leiten; hören auf ihr Bauchgefühl

- innere Welt als Wohlfühloase, Rückzug in die Innerlichkeit, Eskapismus aus grauem Alltag; wollen der tristen Einfältigkeit entfliehen und schaffen eine eigene kleine Welt

- reagieren stark auf Farben; wollen Farbe in den Alltag bringen

- wollen das Leben genießen, leben stärker für das Hier und Jetzt als für das Morgen

- persönliches Wohlbefinden hat hohen Stellenwert, wollen sich wohl fühlen

- legen viel Wert auf seelische Ausgeglichenheit

- schenken Freunden und Bekannten gerne ihr Vertrauen und holen sich von ihnen gerne Rat

- spaßorientiert

- Idealisten, keine typischen Intellektuellen, die Fakten rational beurteilen

- gesundheitsbewusst

- lieben die Idylle

- schweben gerne mal zwischen den Wolken, lassen sich durch Träume inspirieren

Vorlieben der Verträumten

Freizeitaktivität: ins Kino gehen, im Internet surfen, Besuche empfangen/abstatten, Sport treiben, Trendsportarten (Inline, Kickboard usw.), Schallplatten/CDs hören, Bücher lesen

Marken: *Danone Actimel, ProCult, Fol Epi, Kellogg's, Nutella, Funnyfrisch, Griesson, Wolf Bergstrasse, Haribo, Maoam, Milka, Wrigley's Extra, Alberto Pizza, Eagner Pizza, Barilla, Buitoni, Beba, Dr. Oetker, Heinz, McCain, Oryza, Campari, Freixenet, Krüger, Vittel, Vivality, Volvic, Milford, Fructis, Pantene, Pro V, Poly Kur, L'Oreal, Manhattan Cosmetics, Nivea, Always, Camelia, o.b., Chantelle, Esprit, Mexx, Replay, Strenesse, Fiat, Skoda, Toyota, Nintendo GameCube, N64, Gameboy, Loewe, Alltours, Kreutzer, IST, FTI, LTU, Thomas Cook, Visa, Postbank, Douglas, Rossmann, dm-Drogeriemarkt, Ikea, H&M, Media-Markt, Saturn, KFC*

Printmedien: *Brigitte, Journal für die Frau, Petra, Freundin, Geo, Ein Herz für Tiere, Meine Familie und ich, Essen und Trinken, Fit for Fun, TV Movie*

TV-Formate: *Welt der Wunder, Voxtours, Galileo, Planetopia, Buffy – Im Bann der Dämonen, Charmed – Zauberhafte Hexen, Medical Detectives – Geheimnisse der Gerichtsmedizin, Ungeklärte Morde – Dem Täter auf der Spur, Autopsie – Mysteriöse Todesfälle, X-Faktor, Ally McBeal, Will & Grace, Ritas Welt, Elton.tv, Quatsch Comedy Club, Emergency Room, ProSieben Nachrichten, RTL-II-News, S.A.M.*

Radiosender: *RMS West Kombi, RMS Süd-West Kombi Premium, RMS Young Stars, Radio Kombi Baden Württemberg, Eins Live, SWR 3, N-Joy, Antenne Bayern Radio PSR, Energie 103,4 Berlin*

4.6   Lustorientiert

Intim, Sexuelle, verführen, Nacktheit, lustvoll, Verlangen, Zärtlichkeit, männlich, sinnlich und *Liebkosung* – dies sind zehn Begriffe, mit denen ein lustorientierter Mensch besonders angenehme Empfindungen verbindet. Lustorientierte sind Hedonisten und streben nach sinnlich-leidenschaftlichen Erfahrungen.

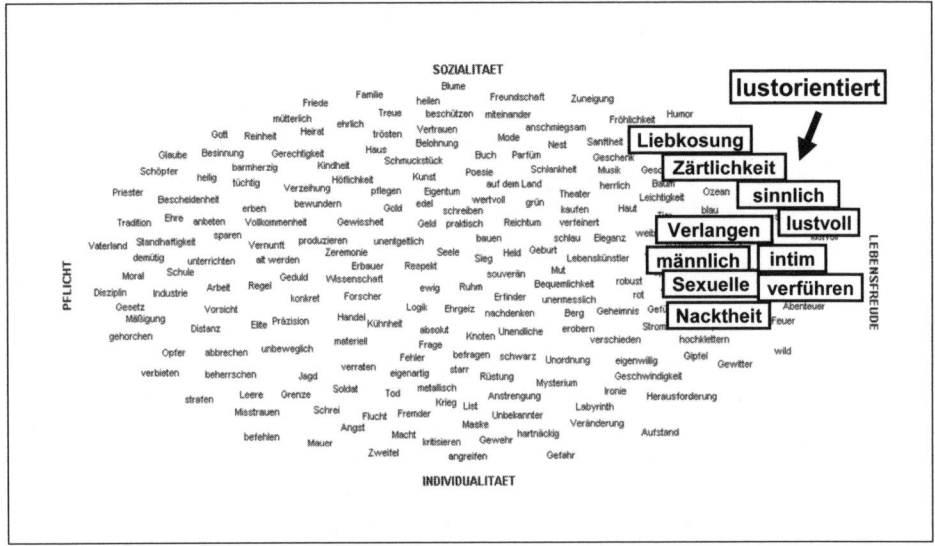

Quelle: TNS Infratest
Abbildung 11: *Wertefeld lustorientiert*

Lustorientierte Menschen haben nicht nur ein positives Verhältnis zu Körperlichkeit und Sexualität, sie sind auch neugierig, sinnlich und aufgeschlossen gegenüber neuen Trends. Die Lustorientierten leben im Hier und Jetzt und genießen das Leben in vollen Zügen. Sie gehen gerne aus, treffen sich mit Freunden, gehen auf Partys und nehmen das Leben von der lockeren Seite. Ihr leitendes Motiv heißt bei allem, was sie tun, „genießen". Mit ihrem Geld machen sie sich lieber ein schönes Leben, anstatt zu sparen. Ein langweilig „spießbürgerliches" Leben liegt ihnen fern.

Lustorientierte kleiden sich gerne nach der neusten Mode und probieren bei den täglichen Einkäufen auch gerne einmal neue Produkte aus. Sie versuchen, in ihrem Leben möglichst viele Erfahrungen mitzunehmen, und sind spontan, flexibel, vielseitig und unabhängig. Entsprechend ihrer ausgeprägten Spontaneität lassen sich Lustorientierte ungern festlegen. Sie vermeiden es, langfristige Pläne zu machen. Denn diese bergen immer die Gefahr, anderes

Spannendes zu verpassen. Bei Festlegungen fühlen sich lustorientierte Menschen meist eher „festgenagelt" und unter Druck gesetzt. Genau das versuchen sie aber zu vermeiden, da sie ihr Leben genießen wollen und dabei ihre eigenen Wünsche voranstellen.

> „Wenn ich gerade Lust habe zum Fernsehen, dann schalte ich ein. Aber ich blättere nicht die Fernsehzeitschrift durch. Da verplane ich mich doch – und das ist das Schlimmste, was man machen kann. Bloß nicht planen! Unsere Zeit ist das Einzige, was wir noch selbst bestimmen können!"

> „Wenn ich reise, plane ich nur grob und entscheide aus dem Moment, wo ich anhalte und bleibe. Ich muss gar nichts machen, sondern kann das Leben fließen lassen."

> Zitate von „Lustorientierten" (vgl. media & marketing 6/2003, S. 54-55).

Lustorientierte verbringen ihre Zeit auch sehr gerne gemeinsam mit Gleichgesinnten. Mit Menschen interagieren und Spaß haben, immer neue Leute kennen lernen und das Leben genießen, all das ist charakteristisch für die meist eher jüngeren und männlichen Lustorientierten.

Konsumverhalten und Mediennutzung

Die Lebenseinstellung der Lustorientierten – Genuss, Spontanität und Abwechslung – zeigt sich auch in ihrem Konsumverhalten. So lassen sie sich bei ihren Einkäufen meist nicht von Plänen oder Einkaufslisten leiten. („Wenn ich Lust darauf habe, nehme ich es mit." Zitat eines „Lustorientierten" vgl. media & marketing 6/2003, S. 55) Die lustorientierten Menschen sind von Natur aus neugierig und probieren gerne neue Produkte aus. Auf das Geld wird dabei häufig nicht so genau geachtet. Entsprechend ihres spontanen Konsumverhaltens sind sie in ihrer Markenwahl zum Teil relativ ungebunden und schnell wechselbereit. Kaufentscheidungen werden häufig aus Lust und Laune heraus getroffen. Bei der Markenwahl hat das Image allerdings meist einen hohen Stellenwert. Die trendigen Lustorientierten sind am Puls der Zeit und versuchen, mit der neuesten Mode zu gehen. Junge und angesagte Marken, aber auch hochwertige Produkte werden bevorzugt.

Werbung gegenüber sind Lustorientierte aufgeschlossen. Werbemittel müssen sie allerdings emotional berühren. Durch rationale Argumente lassen sich die Lustorientierten meist nicht überzeugen. Daher sollte die unterschwellige Gefühlsebene angesprochen werden. Werbung für Lustorientierte sollte neugierig stimmen und im wahrsten Sinne des Wortes „Lust" auf das Produkt machen.

Im Fernsehen bevorzugen Lustorientierte junge Unterhaltungs-Genres wie Comedy-Shows, Sitcoms, Daily Soaps, Talkshows, Magazine und Infosendungen der privaten Sender. Alles Formate, die die aufgeschlossene und lebensfrohe Natur der Lustorientierten widerspiegeln. Lustorientierte hören auch sehr gerne Radio, wobei insbesondere private Hitradios bevorzugt werden. Im Printbereich werden besonders Titel zu Themen wie Fitness und Sport, Auto oder Computer gerne gelesen. Auch über das Internet sind Lustorientierte gut zu erreichen. Der Anteil der Onliner ist in dieser vergleichsweise jungen und hedonistischen Zielgruppe besonders hoch.

Allgemeine Charakterzüge

- offen, neugierig, aufgeschlossen, probierfreudig, interessiert an neuesten Trends, Produkten und Moden

- lebensfroh und optimistisch, flexibel und spontan

- hedonistische Orientierung, gehen eigenen Bedürfnissen nach

- suchen nach Abwechslung und Veränderung

- streben nach sinnlich-leidenschaftlichen Erfahrungen; positives Verhältnis zum eigenen Körper und zur Sexualität

- leben im Hier und Jetzt, Genuss in vollen Zügen

- spaßorientiertes Handeln, alles locker sehen

- Geld dient dazu, das Leben schöner zu machen; wer spart, hat nichts vom Leben

- Verpflichtungen werden als unangenehm empfunden

- pflegen ausgeprägt soziale Kontakte

- suchen die Gesellschaft Gleichgesinnter

Vorlieben der Lustorientierten

Freizeitaktivität:	Ausgehen, ins Kino gehen, Sportveranstaltungen besuchen, Trendsport (Inline, Kickboard usw.) betreiben, Video/DVD sehen, privat Computer/Internet nutzen, Computer-/Videospiele spielen
Marken:	*Bacardi, Franziskaner, Ramazotti, Coca-Cola light, Barilla, Buitoni, Chio Chips, Pringles, Pick up, Heinz Ketchup, Strothmann, Fisherman's Friend, Haribo, Wrigley's, Alfa Romeo, BMW, Audi, Diesel, Levis, Replay, Adidas-Schuhe, Benetton, Boss-Mode, Nokia, Panasonic, Sony Playstation, Avis, American Express, Diners Club, T-Mobile, DWS, Douglas, KFC*
Printmedien:	*Fit for Fun, ComputerBild Spiele, Bravo Screen Fun, PC Games, ComputerBild, PC Welt, AutoBild, Auto, Motor und Sport, ADACmotorwelt, Kicker, SportBild, TV Movie, TV Spielfilm, TV 14, TV direkt, Bravo*

TV-Formate: *Sex and the City, Charmed – Zauberhafte Hexen, Emergency Room, TV total, Ladykracher, Ritas Welt, Will & Grace, Abenteuer Auto, talt talk talk, Gute Zeiten, schlechte Zeiten, Verbotene Liebe, Nur die Liebe zählt, Bizz, Planetopia, Welt der Wunder, S.A.M., Stern TV, Focus TV, Bravo TV*

Radiosender: *Funk Kombi Nord, Funk Kombi Nord Kompakt, RMS Ost Kombi, RMS Südwest Kombi Premium, RMS West Kombi, RMS West Kombi Plus, RMS Super Kombi, RMS Young Stars, Radio Kombi Sachsen, Hit Radio Antenne, Radio ffn, R.SH-Radio Schleswig Holstein, 94.3 r.s. 2, Energy 103.4 Berlin, N-Joy, Eins Live, Antenne Sachsen, Jump, Radio PSR*

4.7   Erlebnisorientiert

Abenteuer, wild, Geschwindigkeit, Gewitter, Anstrengung, Gipfel, Berg, hochklettern, Wüste
und *Feuer* – dies sind zehn Begriffe, mit denen ein erlebnisorientierter Mensch besonders
angenehme Empfindungen verbindet. Erlebnisorientierte Personen suchen Action, Abenteuer
und Herausforderungen.

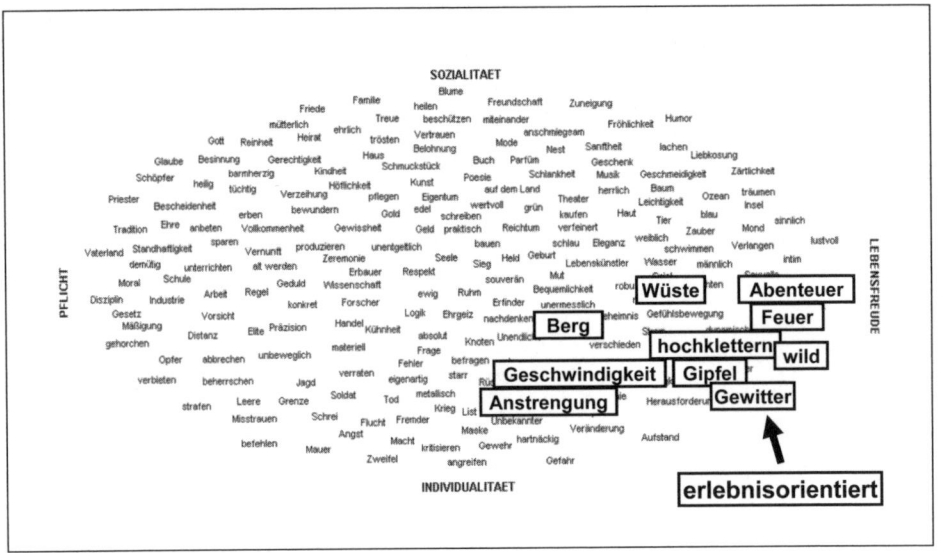

Quelle: TNS Infratest
Abbildung 12:   *Wertefeld erlebnisorientiert*

Neue Erfahrungen mit starker emotionaler Erlebnisqualität und Herausforderungen, an denen
sie sich beweisen können, sind ihnen wichtig. Dabei sind sie in ihrem ständigen Hunger nach
Action und dem nächsten „Thrill" durchaus auch bereit, kühne Wagnisse einzugehen. Schnelle Auto- und Motorradfahrten, actionreiche Trendsportarten oder ausgefallene Abenteuerrei-
sen, all das sind typische Aktivitäten, die insbesondere die Erlebnisorientierten ansprechen.
Es bereitet ihnen großen Spaß, ihre Freude an der Geschwindigkeit auszuleben und die eigenen Grenzen zu erfahren – und diese gelegentlich auch einmal zu überschreiten. Bezeichnend
für die Erlebnisorientierten ist ihr Bedürfnis nach Aktivitäten mit hoher emotionaler Erlebnisqualität. Gerade gegenüber Trendsportarten, wie Inline-Skating, Bungee-Jumping, Pa-
ragliding oder Fallschirmspringen, sind die oft sehr sportlichen Erlebnisorientierten aufgeschlossen. Grundsätzlich empfinden Erlebnisorientierte gerade solche Aktivitäten als
besonders attraktiv, die ein gewisses Risiko bergen und den Adrenalin-Pegel steigern. Diese
dienen ihnen als „Kick" und ermöglichen es ihnen, dem Alltag für eine Weile zu entkommen
und sich selbst zu beweisen.

Erlebnisorientierte müssen immer in Bewegung sein. Sie verabscheuen Stagnation, Weit-schweifigkeit und Langeweile. Regelmäßigkeiten liegen ihnen nicht. Vielmehr lieben sie den Reiz spontaner Unternehmungen. Diese können gleichermaßen in der Natur als auch in der Großstadt mit ihrer bunten Vielfalt stattfinden. Ländliche Abgeschiedenheit ist dagegen nicht ihre Sache.

Erlebnisorientierte gelten als sehr reiselustig. Denn gerade auf Reisen lässt sich ihr Bedürfnis nach Action, Abenteuern und neuen Bekanntschaften hervorragend vereinen. Menschen mit erlebnisorientiertem Werteprofil sind dynamisch, lebensfroh, aufgeschlossen und extrover-tiert. Sie sind meist viel unterwegs, gehen gerne in die Disco, in die Kneipe, auf Konzerte oder ins Kino, treffen dort Freunde und Bekannte und schließen neue Kontakte.

Zu Hause beschäftigen sich erlebnisorientierte gerne mit dem PC/Internet, mögen Computer-spiele und hören gerne die aktuellen Charts. Sie bezeichnen sich selbst als Genießer und geben ihr Geld lieber aus, als es zu sparen. Meist investieren sie ihr Geld dann in ihre Hob-bys, wie beispielsweise Sportwagen, Tuning, Musikkonzerte oder Abenteuerurlaub.

Soziodemografisch handelt es sich bei den Erlebnisorientierten besonders häufig um Männer sowie um junge und gebildete Personen. Im semiometrischen Mapping sind die Erlebnisori-entierten zwischen den Polen „Individualität" und „Lebensfreude" eingebettet. Relativ nah verwandt mit dem erlebnisorientierten Wertfeld ist das lustorientierte. Im Vergleich zu den Lustorientierten, die den Genuss in den Mittelpunkt stellen, geht es den Erlebnisorientierten aber mehr um das Erlebnis an sich und den damit verbundenen „Kick".

Konsumverhalten und Mediennutzung

Erlebnisorientierte Personen empfinden insbesondere angesagte, dynamische und sportliche Marken als sehr attraktiv: *BMW, Alfa Romeo, Beck's, Bacardi, Diesel* oder *Levis*. Es handelt sich dabei meist um Marken, die viel Emotion ausstrahlen, spezielle Erlebniswelten schaffen oder über ein sehr sportliches Image verfügen. In der Kommunikation dieser Marken werden entsprechend gerne Szenarien gewählt, in denen Menschen aus ihrem Alltag ausbrechen und sich von der Normalität abgrenzen bzw. den ultimativen „Kick" suchen.

Erlebnisorientierte sind relativ anspruchsvolle Konsumenten und vertrauen auf die Qualität der von ihnen genutzten Marken. Dabei sind sie durchaus bereit, für eine höhere Qualität auch mehr zu zahlen. Geld ist ihnen in diesem Zusammenhang nicht so wichtig, da sie häufig auch über ein überdurchschnittliches Einkommen verfügen.

Gerade neue Produkte wecken rasch die Neugier der Erlebnisorientierten. Sie neigen dann durchaus zu Spontan- oder Neugierkäufen. Dabei lassen sie sich gerne von der Werbung leiten, für die sie überdurchschnittlich empfänglich sind. Damit Werbemittel die Erlebnisori-entierten auch wirklich ansprechen, sollten sie außergewöhnlich sein und sich vom restlichen Kommunikationsumfeld abheben. Mit langen und schwer verständlichen Geschichten kann man die Erlebnisorientierten nicht erreichen. Die Lust auf Abwechslung und Neues bindet dagegen ihre Aufmerksamkeit und weckt ihr Interesse. Konkret heißt das: Keine langweiligen

Heile-Welt- oder Family-Spots, sondern actiongeladene Clips mit schnellen Schnitten und passendem Sound. Da die Erlebnisorientierten allerdings viel unterwegs und daher nicht so leicht zu erreichen sind, müssen Werbespots gerade bei dieser Zielgruppe eher häufiger geschaltet werden.

Beim TV-Konsum werden überwiegend Formate aus den Bereichen Comedy-, Sitcom-, Mystery-, aber auch aus dem Informations- und Infotainmentbereich genutzt. Es handelt sich durchweg um kurzweilige Genres, die trotz ihres teilweisen Seriencharakters jederzeit einen Einstieg ermöglichen. Das ist sehr wichtig, denn Erlebnisorientierte sind ausgesprochene „Zapper", schalten also zwischendurch vielfach zwischen den Programmen hin und her. Da sie viel unterwegs sind, ist im Fernsehen besonders die Prime- oder Late-Time geeignet, um sie anzusprechen.

> „Ich sehe frühestens ab 20:30 Uhr fern. Dann lasse ich mich noch bis 23 Uhr berieseln. Aber vorher bin ich oft unterwegs oder mache Sport. Da komme ich nicht dazu."
>
> Zitat einer „Erlebnisorientierten" (vgl. media & marketing 10/2003, S. 87).

Radio- und Outdoor-Werbung sowie Ambient Media haben eine gute Chance, wahrgenommen zu werden. Erlebnisorientierte nutzen Medien häufig „nebenbei". Da ist das Radio ein ideales Medium. Musik ist für die meist jüngere Zielgruppe sowieso ein zentrales Thema, das ihr Lebensgefühl maßgeblich prägt. Beim Radio zeigen Erlebnisorientierte eine starke Affinität zu privaten Hit-Radios sowie zu Jugend- und Rocksendern. Aber auch das TV erreicht die Erlebnisorientierten – Sender wie ProSieben, aber auch Musiksender wie MTV oder VIVA kommen den erlebnisorientierten Personen wegen ihres kurzweiligen Sendecharakters sehr entgegen. Unter den Erlebnisorientierten finden sich auch überdurchschnittlich viele Nutzer von Spiele-Konsolen. Die elektronischen Spiele bieten ihnen eine gute Möglichkeit, auch zu Hause ihren Drang nach Action und Herausforderungen zu stillen.

Allgemeine Charakterzüge

- unternehmungslustig, aktiv, aufgeweckt, voller Tatendrang, viel unterwegs, immer auf dem Sprung, immer in Bewegung, dynamisch, vital, spontan

- genießen das Leben; geben gerne Geld für Verwirklichung ihrer Träume aus; leben im Hier und Jetzt

- abenteuerlustig, immer auf der Suche nach Action sowie neuen Kicks und Thrills; brauchen Spannung und Nervenkitzel

- wagemutig, risikobereit; mögen Herausforderungen

- energisch, engagiert, begeisterungsfähig, temperamentvoll

- offen für Neues; wünschen sich Abwechslung; mögen keine Routine; bloß nicht langweilen; möchten immer etwas Neues erleben

■ gehen gerne unter Leute; tummeln sich gerne in Menschenmassen, sehr kontaktfreudig

■ suchen nach Außergewöhnlichem

■ messen gerne ihre Kräfte; schauen, wie weit sie gehen können; gehen gerne an ihre Grenzen

■ treiben viel Sport; probieren Trendsportarten aus

■ mögen Geschwindigkeit und Extrema

■ lassen sich nicht gerne einschränken

Vorlieben der Erlebnisorientierten

Freizeitaktivität:	Ausgehen, Sport/Trendsport, Sportveranstaltungen besuchen, Kinobesuche, Video oder DVD ansehen, CD/Schallplatten hören, Besuche haben/machen, Computer-/Videospiele spielen, PC/Internet nutzen
Marken:	*Bacardi, Ramazotti, Wodka Gorbatschow, Flensburger, Franziskaner, Jever, Beck's, Einbecker, Erdinger, Coca-Cola, Fanta, Evian, Lavazza, Chio Chips, Crunchips, Funny Frisch, Pick-up, Chupa Chups, Haribo, Alberto, Dr. Oetker Vitalis, NutriStart, Develey, Heinz, Manhattan Cosmetics, o.b., Alfa Romeo, BMW, Mini, Audi, Boss-Mode, Adidas, Asics, Puma, Diesel, Hilfiger, Levi's, Mexx, Mustang, Nike, Compaq, Dell, Fujitsu-Siemens, Vobis/Highscreen, Nokia, Gameboy, Playstation, D1/T-mobile, D2/Vodafone, Burger King, Consors, Europcar, Sixt, Deutsche BA, H&M, Ikea, Media-Markt, Saturn, Visa.*
Printmedien:	*Auto, Motot und Sport, ADACMotorwelt, AutoBild, ComputerBild, PC Welt, ComputerBild Spiele, Game Star, PC Games, Fit for Fun, Kicker, TV Movie, TV Spielfilme, Capital, Cosmopolitan, Petra, Eltern, Geo, Stern*
TV-Formate:	*TV-total, Die Harald Schmidt Show, elton.tv, Quatsch Comedy Club, Ladykracher, Die Simpsons, Sex and the City, Friends, Will & Grace, Bufy – Im Bann der Dämonen, Dark Angel, Charmed – Zauberhafte Hexen, Sabrina – Total verhext, Abenteuer Auto, Abenteuer Leben, Raumschiff Enterprise, Stargate, Focus TV, S.A.M., Galileo, Welt der Wunder, K1 Extra, K1 Reportage, ProSieben-Nachrichten, ProSieben-Reportage, Autopsie, talk talk talk*
Radiosender:	*RMS Young Stars, RMS Super Kombi, RMS Kombi Baden-Württemberg, Rheinland-Pfalz, RMS Süd-West-Kombi Premium, RMS West Kombi, RMS West Kombi Plus, Radio Kombi Bayern, Radio Kombi Baden-Württemberg, N-Joy, Hit-Radio Antenne, Eins live, Hit-Radio RPP Eins, Antenne Bayern, Bayer 5 Aktuell, Jump, Energy 103,4 Berlin*

4.8   Kulturell

Kunst, Theater, Poesie, Buch, Musik, Lebenskünstler, Leichtigkeit, Zeremonie, souverän und
nachdenken – dies sind zehn Begriffe, mit denen ein kulturell orientierter Mensch besonders
angenehme Empfindungen verbindet. Kulturelle Personen sind intellektuell und interessieren
sich für Literatur, Theater, Kunst und Musik.

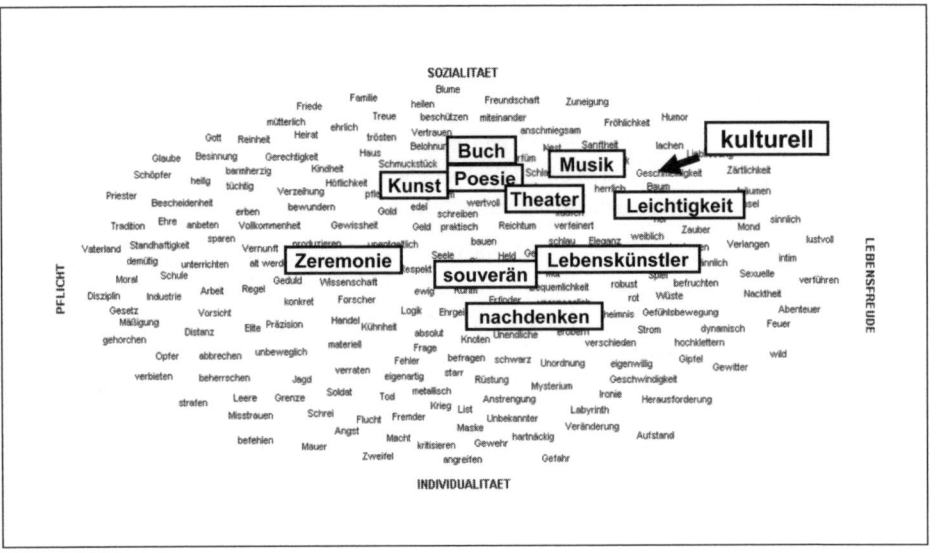

Quelle: TNS Infratest
Abbildung 13: *Wertefeld kulturell*

Kulturell orientierte Personen zeigen ein großes Interesse an den geistigen und künstlerischen
Errungenschaften der Gesellschaft. Sie greifen gerne zu Büchern und haben eine Vorliebe für
intellektuelle Themen. Diese kultivierte und anspruchsvolle Zielgruppe reflektiert viel über
sich und ihre Umwelt. Außerdem ist es ihr wichtig, etwas für das eigene körperliche und
seelische Wohlbefinden zu tun. Körper und Geist sollen im Gleichgewicht sein. Dazu zählt
nicht nur die Aufmerksamkeit für die eigene Gesundheit, sondern auch die Förderung des
Geistes. Der Erwerb von Wissen und Erkenntnis stillt einerseits den vorhandenen Wissens-
durst und hilft zudem, mental fit zu bleiben. Aber Kulturelle beeindrucken nicht nur durch ihr
breit gefächertes Wissen, sondern auch durch ihr kultiviertes Auftreten. Da die Beschäftigung
mit historischen und klassischen Kulturgütern heutzutage keinesfalls mehr eine Selbstver-
ständlichkeit ist, stellen die Kulturellen durchaus eine Art Elitegruppe dar – intellektuell und
anspruchsvoll, ohne dabei jedoch überheblich zu wirken. Ganz im Gegenteil, sie sind vielmehr darauf bedacht, ihr Wissen zu teilen und es weiterzugeben. Kulturell orientierte Personen finden sich besonders häufig unter Frauen und in der Altersgruppe 50+.

Die kulturell Orientierten stehen im semiometrischen Mapping zwischen den Polen „Sozialität" und „Lebensfreude". Zu den verwandten Wertefeldern zählen *sozial, verträumt, rational* und *traditionell*. Personen mit kultureller Werteorientierung sind tiefgründig, nachdenklich. Sie bilden sich ihre eigene Meinung und beziehen dabei auch emotionale Aspekte mit ein. Denn dieser bedarf es, um sich bei der Poesie, Kunst oder auch Musik hineinzufühlen und zu genießen. Die Traditionsverbundenheit vermittelt sich bei den Kulturellen auch in ihren meist guten Umgangsformen und Manieren. Kulturelle sind durchaus kommunikativ. Sie pflegen den intellektuellen Austausch, sind offen und interessieren sich für neue Perspektiven und Sichten.

Konsumverhalten und Mediennutzung

In ihrem Medien- und Konsumverhalten sind Kulturelle sehr anspruchsvoll – selbst bei den Produkten des täglichen Lebens. Kulturell Orientierte sind äußerst qualitäts- und markenbewusst. Für hochwertige Produkte sind sie gerne auch bereit, mehr Geld auszugeben. Sie interessieren sich besonders für Angebote aus den Bereichen Gesundheit, Mode, Kosmetik, Brillen und Reisen. Darüber hinaus bevorzugen sie umweltfreundliche Produkte und Bio-Lebensmittel.

Die Tatsache, dass diese Gruppe anspruchsvoll, aufgeklärt und qualitätsorientiert ist, verleiht ihnen in ihrem sozialen Umfeld ein hohes Maß an zugesprochener Kompetenz, Vertrauen und Glaubwürdigkeit. Produktempfehlungen von Kulturellen sind daher besonders wirkungsvoll. Aber auch sie selbst orientieren sich bei Einkäufen häufig an den Ratschlägen und Empfehlungen von Freunden und Bekannten.

Menschen mit kultureller Werteorientierung sind selektive und sehr abwägende Mediennutzer. Die TV-Nutzung ist eher unterdurchschnittlich und ausgesprochen spezifisch. Der vielfach oberflächlichen, schnelllebigen und hektischen Welt des Fernsehens stehen sie kritisch gegenüber. Beliebt sind bei ihnen Formate wie Nachrichten, politische Sendungen, Reportagen oder Wirtschaftsmagazine.

Print-Medien werden dagegen überdurchschnittlich genutzt. Nachrichtenmagazine, 14-tägliche und monatliche Frauenzeitschriften, hochwertige Special-Interest-Titel aus den Themenbereichen Food, Garten oder Reise stehen ganz oben auf der Beliebtheitsskala.

In Bezug auf Werbung sind die Kulturellen sehr reflektierende Rezipienten. Werbung muss für sie vor allem glaubwürdig und vertrauensvoll sein, damit sie sich von einem Produktangebot überzeugen lassen.

Allgemeine Charakterzüge

■ Interesse an Theater, Literatur, Musik, Kunst

■ gebildet; verfügen über großen Wissensschatz

■ reflektierend, tiefgründig, anspruchsvoll

■ kennen sich in vielen Bereichen gut aus, belesen; lesen leidenschaftlich gerne und viel

■ gute Manieren, sehr kultiviert, gutes Benehmen und höfliches Auftreten; legen Wert auf Etikette

■ wollen geistig fit und auf der Höhe sein; halten sich auch im Alter geistig aktiv

■ leben gesund; bevorzugen Öko-Produkte, wollen Geist und Seele in Einklang bringen

■ offen für neue Perspektiven und Sichten

■ genießen hohes Ansehen, sind als Ratgeber gefragt, sind glaubwürdig, können andere beeinflussen

■ mögen Ästhetik

■ haben eigene Meinung, wägen rational ab, lassen dabei aber emotionale Aspekte keineswegs außer Betracht

■ brauchen Ruhepunkte, entfliehen gerne der hektischen, lauten, schnelllebigen Welt

■ tauschen sich gerne mit anderen aus und lassen sich gerne Tipps von Freunden und Bekannten geben

Konsumverhalten

■ legen Wert auf Qualität

■ markenbewusst, sehen Marken nicht als Statussymbol, sondern als Qualitätsindikator

■ hohe Markenbindung; wenn sie zufrieden sind, sind sie wenig experimentierfreudig

■ wollen intellektuell und informativ angesprochen werden

■ konsumieren bewusst und selektiv

Vorlieben der Kulturellen

Freizeitaktivität:	ins Theater gehen, Zeitungen, Zeitschriften und Bücher lesen
Marken:	*Lindt, Vittel, Seitenbacher, Oryza, Nivea Beauté, Perwoll, Apollo, Strenesse, Peugeot, Betty Barclay, Chantelle, Mey, Zeiss, Commerzbank, Deutsche Bank, Dresdner Bank, HypoVereinsbank, HUK Coburg*
Printmedien:	*Der Spiegel, Reader's Digest, Geo, Stern, Essen und Trinken, Bunte, Brigitte, Cosmopolitan, Freundin*
TV-Formate:	*Heute, Tagesschau, Wiso, Leute heute, Brisant, Streit um Drei, Der Bulle von Tölz, Diagnose Mord*
Radiosender:	*WDR 4, HR 4, Bayern 5 Aktuell, Berliner Rundfunk 91!4, Antenne Brandenburg, Energy 103.4 Berlin*

4.9 Rational

Wissenschaft, Forscher, Logik, Erfinder, Erbauer, Industrie, produzieren, Handel, konkret und *Präzision* – dies sind zehn Begriffe, mit denen ein rational orientierter Mensch besonders angenehme Empfindungen verbindet. Rationale Personen orientieren sich an dem, was sie sehen, fühlen, messen und beweisen können.

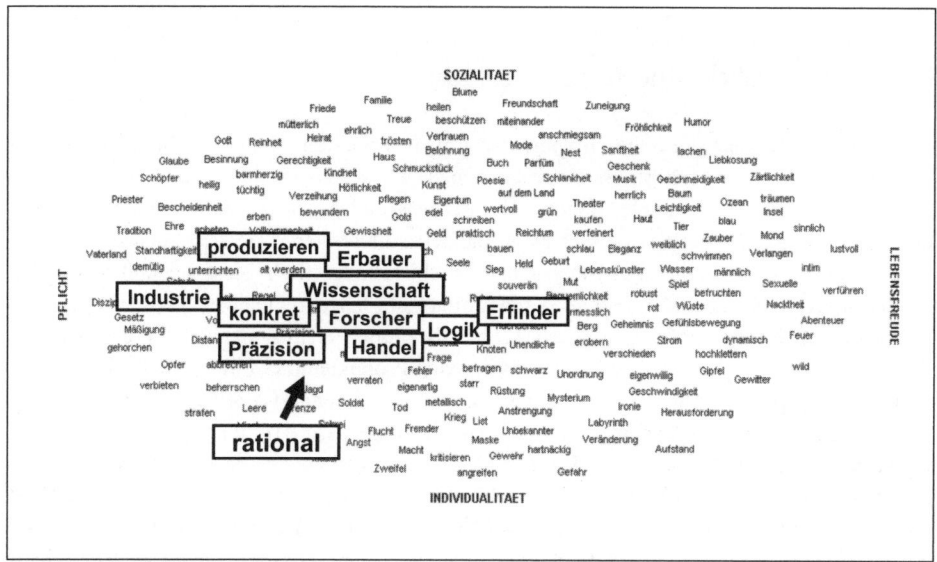

Quelle: TNS Infratest
Abbildung 14: *Wertefeld rational*

Rationale Personen sind pragmatisch und insbesondere über den Kopf gesteuerte Menschen. Wissenschaftliche Präzision, Gründlichkeit und Zuverlässigkeit werden bei ihnen groß geschrieben. Ihre Betrachtungsweise ist geprägt durch Logik, Vernunft und Objektivität. Ihr Bedürfnis nach Überprüfbarkeit und Berechenbarkeit äußert sich in einer Vorliebe für Fakten und Zahlen. Diese geben Ordnung und System, denn Chaos und Zufälligkeit werden von den Rationalen abgelehnt.

Entscheidungen und Verhaltensweisen werden meist nach objektiv nachvollziehbaren Kriterien und nicht emotional oder aus dem „Bauchgefühl" heraus getroffen. Die Vernunft steht über dem Gefühl. Diese nüchterne Distanz und die Präferenz für Zahlen und Fakten mag ein Bild von Kühle und Unnahbarkeit vermitteln, das aber so pauschal nicht zutrifft. Rational orientierte Personen sind nicht gefühlskalt, sondern nur vernünftig und vorsichtig. Sie lassen ihr Handeln nicht überwiegend von Emotionen bestimmen, sondern leben eher nach der Maxime: „Erst denken, dann handeln."

Im semiometrischen Mapping streuen die Begriffe, mit denen die rational Orientierten angenehme Empfindungen verbinden, von der Mitte ausgehend leicht zu den Polen „Pflicht" und „Individualität". Gegenpole zu den Rationalen bilden die Werte *erlebnisorientiert, lustorientiert* und *verträumt*.

Rationale Menschen sind also reflektiert und überlegt, bilden sich meist selbst ihre eigene Meinung und lassen sich nicht so schnell von spontanen Gefühlswandlungen beirren. Soziodemografisch erweisen sich rational geprägte Personen überdurchschnittlich oft als Männer und sind tendenziell etwas älter.

Konsumverhalten und Mediennutzung

Rationale haben meist ein hohes Interesse an Finanzprodukten. Über die Möglichkeiten der Geldanlage sind sie gut informiert. Dabei suchen sie gerne selbstständig und aktiv in diversen Quellen (Broschüren, Bekannte, Internet, Berater usw.) nach den für sie relevanten Informationen. Da Rationale meist vorausschauend handeln, interessieren sie sich auch für Themen wie Vorsorge und Absicherung. Sie legen ihr Geld grundsätzlich gerne an und vermeiden unvernünftige Geldausgaben. Neben der Affinität zum Thema Finanzen lässt sich bei den Rationalen auch eine große Aufgeschlossenheit bezüglich technischer Produkte feststellen. Dabei spielt der konkrete Nutzwert der verwendeten Produkte und Marken für die Rationalen immer eine wichtige Rolle. Sie sind keine Spontankäufer, sondern überlegen genau, was sie benötigen, und kaufen das dann gezielt ein. Auch eine gewisse Affinität zu bewährten Traditionsmarken lässt sich feststellen. Prestige und Status spielen für sie bei der Markenwahl allerdings meist keine große Rolle. Vielmehr geht der Kaufentscheidung in der Regel eine nüchtern pragmatische Kosten-Nutzen-Analyse voraus. Rational geprägte Menschen sind zudem meist auch relativ qualitätsorientiert und in diesem Zusammenhang auch durchaus bereit, für eine als gut befundene Marke entsprechend mehr zu bezahlen.

Alternative Produktangebote werden von Rationalen anhand objektiver Kriterien miteinander verglichen. Dabei lassen sie sich von Zahlen und Fakten sowie den Ergebnissen von Testberichten leiten. Gegenüber überzeugenden Verkaufsargumenten sind Rationale aber grundsätzlich aufgeschlossen. Marktschreierische Point-of-Sale-Kampagnen lassen sie dagegen kalt. Die Informationssuche übernehmen sie sowieso gerne selbst. Von daher sind zum Beispiel Informationsseiten im Internet sowie Fachzeitschriften wichtige Kommunikationskanäle zur Ansprache und Überzeugung rational geprägter Vermarktungszielgruppen.

Rationale bevorzugen Medien mit hohem Informationsgehalt wie *Spiegel, Stern, Focus, Galileo* oder *Welt der Wunder*. Gegenüber Werbemaßnahmen sind sie dabei keinesfalls verschlossen. Werbung ist für sie allerdings erst einmal nur eine Möglichkeit, auf neue Produkte oder Angebote aufmerksam zu werden – aber noch kein Kaufargument. Insbesondere bei größeren Anschaffungen wird der rational Orientierte sich daher vor dem Kauf meist erst noch eingehend informieren und verschiedene Produktalternativen pragmatisch miteinander vergleichen, bevor er sich letztlich für ein konkretes Angebot entscheidet.

> „Ich unterscheide aber zwischen Lebensmitteln, Bekleidung oder technischen Geräten. Bei Lebensmitteln verlasse ich mich sehr auf Marken. Wenn meine Frau da No-Name-Artikel in den Wagen legt, schaue ich mir die fünfmal an. Bei Technik informiere ich mich gründlich: Die suche ich mir nach bestimmten Kriterien aus und vergleiche die Leistungswerte."
>
> Zitat eines „Rationalen" (vgl. media & marketing 1-2/2004, S. 65).

Stark emotional geprägte, plakative oder marktschreierische Werbung lehnen rational orientierte Personen meist ab. Sie sprechen darauf nicht an, weil diese Werbung ihr Bedürfnis nach sachlicher Information auf Basis klarer Fakten nicht bedient. Sie können den Informationsgehalt emotionaler Werbung nicht überprüfen, weil Emotionen schwer zu vergleichen sind, und somit wird ihre logische und vernunftorientierte Denkweise nicht angesprochen.

Allgemeine Charakterzüge

■ pragmatische Denkweise und vernünftiges Handeln

■ bevorzugen wissenschaftliche Präzision, brauchen Präzision, Gründlichkeit und Zuverlässigkeit, Logik, Vernunft und Objektivität

■ tragen Fakten zusammen; nutzen Erfahrungen; überprüfen Zusammenhänge; wägen Pro und Contra gegeneinander ab; lasssen Zahlen und Fakten sprechen

■ Verhalten beruht oft auf objektiv nachvollziehbaren Kriterien

■ wollen sich nicht durch überflüssige Ausschmückungen blenden lassen

■ gehen Sachen gerne auf den Grund; für fast alles muss es eine logische Erklärung geben; beleuchten Sachverhalte von verschiedenen Blickwinkeln

■ entscheiden selten aus dem Bauch heraus; überdenken mögliche Alternativen, bevor sie einen Entschluss fassen; überschlafen eine wichtige Entscheidung lieber eine Nacht

■ setzen kein blindes Vertrauen in etwas

■ denken an die Zukunft; planen langfristig; leben nicht nur für das Jetzt

■ orientieren sich gerne an Expertenmeinungen

Konsumverhalten

■ Affinität zu Technik und Finanzen

■ setzen auf Vorsorge

■ vermeiden unvernünftige Geldausgaben

■ Konsumverhalten meist gut bedacht

■ qualitäts- und markenorientiert

■ nutzen gerne bewährte Traditionsmarken

■ sind bereit, für erwiesene Qualität auch mehr zu zahlen

■ lassen sich primär von objektiven Verkaufsargumenten überzeugen

■ sind sehr gut über Informationsmedien zu erreichen

Vorlieben der Rationalen

Freizeitaktivität: Basteln und Heimwerken, Zeitung lesen, ins Theater gehen

Marken: *Bitburger, Hasseröder, Köstritzer, Lübzer, Radeberger, Veltins, Küm-merling, DallmayrProdomo, Schwepps, Bofrost, Könnecke, Fit, Frosch Waschmittel, Omo, Boss-Mode, Brax, Lacoste, Rodenstock, Zeiss, Mercedes, Braun, Motorola, Commerzbank, Consors, Deutsche Bank, Dresdner Bank, HypoVereinsbank, Postbank, ADAC-Versicherung, DKV, BHW, Hannoversche Leben, Provinzial, HUK-Coburg, Dertour, Deutsche BA, Spar*

Printmedien: *Capital, Geo, Der Spiegel, Focus, Reader's Digest Das Beste, Stern, ADACmotorwelt, Auto, Motor und Sport, Hörzu, PC Welt*

TV-Formate: *Wiso, Morgenmagazin, Galileo, Planetopia, Welt der Wunder, Focus TV, K1 Reportage, Der Bulle von Tölz, Matlock, Raumschiff Enterprise*

Radiosender: *HR 4, SWR 1 Baden-Württemberg, SWR 1 Rheinland-Pfalz, Bayern 5 aktuell*

4.10 Kritische

Misstrauen, Zweifel, Fehler, Angst, Leere, kritisieren, hartnäckig, Gefahr, Aufstand, Schrei – dies sind zehn Begriffe, mit denen viele Menschen zwar eher unangenehme Assoziationen verbinden, die von kritisch orientierten Menschen aber im Vergleich zur Restbevölkerung als deutlich angenehmer bewertet werden. Kritische Personen prüfen die von ihnen wahrgenommene Realität und stellen sie gegebenenfalls in Frage.

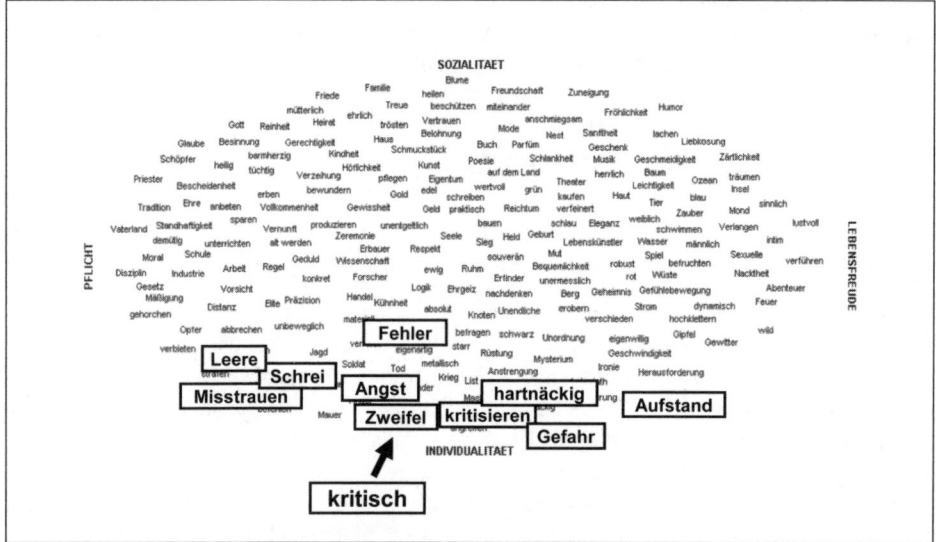

Quelle: TNS Infratest
Abbildung 15: *Wertefeld kritisch*

Personen mit kritischer Werteorientierung nehmen Gegebenheiten nicht unreflektiert hin, sondern hinterfragen diese und zweifeln sie gegebenenfalls an. Kritische prüfen Sachverhalte und untersuchen aufgestellte Behauptungen anhand wissenschaftlicher oder rationaler Kriterien. In ihrem sozialen Umfeld sind Kritische aufgrund ihrer reflektierten Einschätzungen und ihres Fachwissens als Berater sehr geschätzt. Allerdings wird ihre Grundhaltung gelegentlich auch als störend empfunden, da Kritische häufig eine Gegenhaltung einnehmen und anderen Ansichten widersprechen. Dabei sollte ihnen kein Argwohn unterstellt werden. Denn hinter ihrer Kritik steht in der Regel keine negative Absicht, sondern vielmehr der Wunsch, etwas zu verbessern. Durch ihr prüfendes und beurteilendes Wesen widersetzen sie sich gerne dem Mainstream. Allein die Tatsache, dass eine Mehrheit von Personen eine bestimmte Meinung vertritt, wird sie nicht dazu veranlassen, diese zu teilen. Ganz im Gegenteil, sie wollen selbst über sich bestimmen und gehen ihren eigenen Weg. Dabei lassen sie sich von ihrem Verstand und ihren eigenen Ansichten leiten.

Das Hinterfragen von Zusammenhängen ist typisch für Kritische und zeugt von ihrem ausgeprägten Selbstbewusstsein. Kritische sind durch ihre Neigung zur Beobachtung, Erkundung und Prüfung sehr urteilssicher, und Erfolg bestätigt sie in ihrer Einstellung. Ihr selbstsicheres Auftreten geht allerdings häufig mit einer eher distanzierten Grundhaltung gegenüber anderen Menschen einher. Die Ursache für dieses Verhalten liegt in einem gewissen Misstrauen, das für Kritische charakterisierend ist und das auch ihr Verhältnis zu anderen Menschen prägt. Kritische belassen es nicht nur dabei, die sie umgebende Umwelt zu überprüfen und zu hinterfragen, sondern distanzieren sich gegebenenfalls auch von ihr. Sie sind somit typische Vertreter einer individualistisch geprägten Grundorientierung.

Aus soziodemografischer Sicht sind Personen mit kritischer Wertestruktur tendenziell eher männlich und jünger als der Bevölkerungsdurchschnitt. Im semiometrischen Mapping sind die Kritischen in der unteren Hemisphäre am Pol „Individualität" angesiedelt.

Konsumverhalten und Mediennutzung

Ihrer Natur gemäß zeigen sich Kritische auch in ihrem Konsumverhalten sowie in der Mediennutzung als aufgeklärte, reflektierende und oft auch als misstrauische Personen.

In ihren Kaufentscheidungen lassen sie sich wenig von der Werbung beeinflussen. Auch wenn ein Spot sehr informativ gestaltet ist, heißt das noch nicht, dass diese Informationen für die Kritischen auch vertrauenswürdig und verlässlich sind. Genauso wenig lassen sie sich von emotionaler Werbung lenken. Es ist grundsätzlich nicht einfach, sie in ihrer Meinung zu beeinflussen, da sie vieles zuerst einmal in Frage stellen und anzweifeln. Sie sind überlegte Einkäufer, die in der Regel nicht zu Spontaneinkäufen neigen. Vielmehr informieren sie sich insbesondere vor größeren Anschaffungen meist sehr genau, bevor sie sich für ein konkretes Produkt entscheiden. Dabei bevorzugen sie unabhängige Quellen wie TV-Verbrauchermagazine, Testzeitschriften oder Vergleichsseiten im Internet. Falls möglich, überprüfen und testen sie die Waren aber vor dem Kauf am liebsten erst noch einmal persönlich gemäß ihrer eigenen Kriterien.

> „Ich sehe und fasse die Dinge lieber an, bevor ich sie kaufe."
>
> Zitat eines „Kritischen" (vgl. media & marketing 8/2003, S. 55).

Im Rahmen der kommunikativen Ansprache kritisch orientierter Zielgruppen ist es sehr wichtig, die Stärken und Argumente für das beworbene Produkt bzw. die jeweilige Marke überzeugend und nachvollziehbar zu formulieren und über das Werbemittel zu transportieren.

Des Weiteren ist es sinnvoll, gezielt Motive, Bilder und sprachliche Metaphern aufzugreifen, die in die spezifische Wertewelt der Kritischen passen. Dazu gehören Aspekte wie Selbstbestimmung, Freiheit, Individualität und Unkonventionalität. Wenn Werbemittel hingegen in ihrer Gestaltung leicht durchschaubar, primär auf den Verkaufszweck ausgerichtet sind, haben sie bei kritisch orientierten Personen wenig Chancen, auf Akzeptanz zu stoßen.

Trotz oder vielleicht auch gerade wegen ihrer spezifischen Grundhaltung sind Kritische insgesamt relativ markenaffin. Dabei dienen ihnen insbesondere etablierte Marken als Garant für Leistung und Qualität und geben ihnen somit Orientierung und Vertrauen. Gerade in Bereichen, zu denen sie typischerweise eine vergleichsweise geringe Affinität aufweisen (z.B. Lebensmittel), verlassen sie sich gerne auf Markenartikel. Ganz anders sieht das hingegen bei Produkten wie Auto, Computer oder Telekommunikation aus, für die sich Kritische besonders interessieren. Auf diesen Gebieten sind sie wahre Kenner und können sehr genau differenzieren. Zu diesen Themen lesen sie dann gerne Zeitschriften (z.B. Fachtitel und Testzeitschriften), sehen sich im Fernsehen passende (Verbraucher-)Magazine an und nutzen geeignete Informations- und Vergleichsseiten im Internet.

Kritische beschäftigen sich sehr gerne mit dem PC (Computerspiele spielen, im Internet surfen) und lesen auch gerne Computerzeitschriften wie *Computer Bild, Game Star* oder *PC Games*. Darüber hinaus mögen sie „kritischen" Journalismus und lesen gerne *Der Spiegel* oder *Focus* und sehen TV-Formate wie die *Harald Schmidt Show*.

Allgemeine Charakterzüge

- selbstbewusste Individualisten; gehen gerne ihren eigenen Weg

- misstrauisch, skeptisch; zweifeln vieles an; vermuten überall Inkorrektheit

- passen sich ungern an, mögen es nicht, sich unterzuordnen; identifizieren sich häufig nicht mit gegebenen Strukturen und Hierarchien

- häufig distanziert gegenüber anderen Menschen; zweifeln an Vertrauenswürdigkeit von Personen

- hinterfragen Zusammenhänge; versuchen, hinter die Fassade zu sehen; versuchen sich nicht vom Schein blenden zu lassen; wollen den Sachen auf den Grund gehen; beleuchten Tatsache von allen Seiten

- überprüfen stets anhand rationaler und wissenschaftlicher Kriterien

- wiegen Pro und Contra gezielt gegeneinander ab

- suchen aktiv nach Informationen, meist aus mehreren, selbst gewählten Quellen

- wollen geprüfte Entscheidungsgrundlagen; müssen sich ständig absichern

- wollen verbessern; nehmen nichts als gegeben hin

- vertrauen auf eigenen Verstand und das eigene Urteilsvermögen; aufgrund ihrer Erfahrung oft sehr urteilssicher

- handeln überlegt und meist nicht aus einem Bauchgefühl heraus; handeln oft gezielt; fassen Beschlüsse erst nach längerem Überlegen

- bei ihnen bekannten Themen lassen sie sich keinen Bären aufbinden

- beeinflussen andere durch ihre Meinung; teilen ihr Fachwissen gerne mit anderen

- suchen immer nach validen Informationsmöglichkeiten; suchen präzise, bewiesene Fakten und Daten

- haben festen Standpunkt; sind nicht schnell bereit aufzugeben oder von ihrem Weg abzuweichen

- wirken gelegentlich störrisch oder rechthaberisch

- Unwissenheit bedeutet ihnen Unwohlsein

Vorlieben der Kritischen

Freizeitaktivität: Ausgehen, Kino, Computerspiele, Computer, im Internet surfen, Sportveranstaltungen, CDs hören, basteln

Marken: *Flensburger, Wodka Gorbatschow, Griesson, Smint, Alfa Romeo, Citroen, Renault, Volvo, Compaq, Lee, Samsung, Yamaha, 1-2-Fly, CA-Fernreisen, FTI, Opodo, BHW, T-Mobile, O_2, Pizza Hut, Avis, Sixt, Visa*

Printmedien: *AutoBild, TV Movie, TV Spielfilm, ComputerBild, Game Star, PC Games, Spiegel, Focus, Stern*

TV-Formate: *Harald Schmidt Show, Quatsch Comedy Club, Dark Angel, Sex and the City, Friends, Die Simpsons, Will & Grace, Sabrina – Total verhext, Buffy – Im Bann der Dämonen, Unter uns, Charmed – Zauberhafte Hexen*

Radiosender: *WDR 2*

4.11 Dominant

Beherrschen, befehlen, Macht, strafen, verbieten, List, gehorchen, erobern, Maske und *eigenwillig* – dies sind zehn Begriffe, mit denen viele Menschen zwar eher unangenehme Assoziationen verbinden, die von dominant orientierten Menschen aber im Vergleich zur Restbevölkerung als deutlich angenehmer bewertet werden.

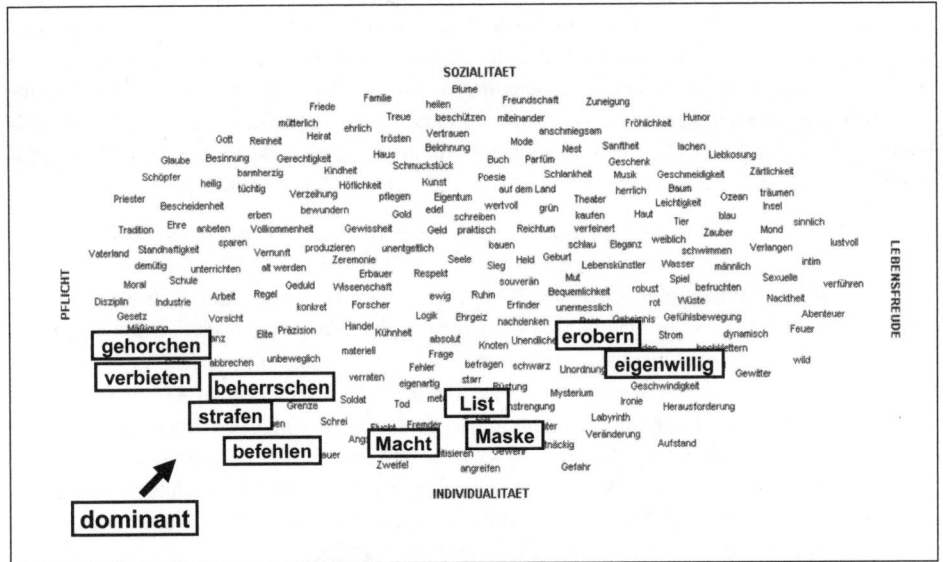

Quelle: TNS Infratest
Abbildung 16: *Wertefeld dominant*

Dominante Personen streben nach Einfluss und orientieren sich an sozialen Hierarchien. Sie wollen das Verhalten anderer Menschen kontrollieren und beherrschen. Macht ist ihnen wichtig, und aus dieser Motivation heraus streben sie gerne nach einflussreichen Positionen, in denen sie die Fäden in der Hand halten. Doch sollte dominantes Verhalten nicht grundsätzlich als negativ bewertet werden. Denn die Ausübung von Dominanz und Einfluss geht häufig mit einer Verpflichtung gegenüber dem Dominierten und Beeinflussten einher (z.B. Verhältnis Vorgesetzter <=> Untergebener). Diese Form der interaktiven Wechselbeziehung ist dann sozial durchaus gewünscht und akzeptiert. Beeinflussen und beeinflusst werden bedingen sich somit gegenseitig und sind eine gängige Form des sozialen Miteinanders.

Dominante Personen stehen gerne im Mittelpunkt und genießen es, aus der Masse hervorzustechen und ihre Überlegenheit zu demonstrieren. Vor allem der Sport bietet ihnen hierzu gute Gelegenheiten. Dabei ist es für das Ausleben der Dominanz nicht zwangsläufig notwendig, selbst sportlich aktiv zu werden. Schon die Identifikation mit einem starken Team (z.B. als Fußball-Fan) gibt dem Dominanten das Gefühl von Macht und Überlegenheit. Auf den gleichen Mechanismen basiert dann im Konsumbereich die Identifikation mit „starken" Marken.

Dominante Menschen sind häufig sehr bestimmend, gebieterisch, impulsiv und besitzergreifend. Allerdings zeichnen sie sich auch durch hohe Entschlusskraft und Selbstsicherheit aus. Sie ergreifen häufig die Initiative und sind voller Schwung und Tatendrang.

Das Wertefeld „Dominant" umfasst aber nicht nur Menschen, die selbst dominant sind, sondern auch Personen, die sich dominantem Verhalten unterordnen. Diese verspüren nicht den Wunsch, sich im eigenen sozialen Umfeld zu behaupten und durchzusetzen. Vielmehr sind sie geneigt, sich unterzuordnen und gesellschaftliche Rangfolgen zu akzeptieren. Solche Personen fügen sich in vorgegebene Hierarchien ein, ohne sie zu hinterfragen und kritisch zu prüfen. Ehrfurcht vor Autoritäten und Vertrauen in sie zeichnet diese Menschen aus. Daher fällt es ihnen auch leicht, Verantwortung abzugeben und Entscheidungen anderen zu überlassen.

Aus soziodemografischer Sicht handelt es sich bei Personen mit dominantem Werteprofil eher um Männer jüngeren Alters mit unterdurchschnittlicher Bildung. Psychografisch sind die Dominanten mit den Kämpferischen und Kritischen verwandt. Ihnen gemein ist insbesondere ihre individualistische, selbstbewusste und energische Art. Im Rahmen von semiometrischen Zielgruppenbetrachtungen werden daher neben Begriffen, die für eine dominante Werteorientierung stehen, häufig gleichzeitig auch Begriffe der Wertedimensionen *kämpferisch* oder *kritisch* überbewertet. Beim Blick auf das semiometrische Mapping wird deutlich, dass die Dominanten dort zwischen den Polen „Individualität" und „Pflicht" angesiedelt sind. Die Nähe zum Wertepol „Pflicht" spiegelt dabei gerade ihre Bereitschaft zur Unterordnung und Akzeptanz von Regeln und Hierarchien wider. Dagegen steht das Streben nach Macht und Kontrolle eher für die individualistische Seite der Dominanten.

Konsumverhalten und Mediennutzung

Auch in ihrem Kaufverhalten kommen die typischen Züge dominanter Personen zum Ausdruck. Sie gehen meist sehr gezielt einkaufen. Ganze Nachmittage in Geschäften herumzubummeln kommt für sie eher nicht in Frage. Sie bevorzugen Verkäufer, die zuvorkommend und dienstleistend sind und den Kunden als „König" behandeln. Zudem sind die selbstsicheren Dominanten sehr durchsetzungsfähige Käufer.

> „Wenn das aber so in dem Prospekt steht, bestehe ich darauf, das Produkt zu diesem Preis zu bekommen. Da bleibe ich hartnäckig."

> Zitat einer „Dominanten" (vgl. media & marketing 8/2003, S. 54).

In ihren Entscheidungen lassen sich Dominante gerne von Marken leiten. Dabei können sie sich insbesondere mit solchen Marken identifizieren, die in hohem Maße Erfolg und Überlegenheit symbolisieren. Diese Marken dienen ihnen als Statussymbol, mit denen sie ihren Anspruch nach gesellschaftlicher Anerkennung nach außen darstellen können.

Werbung spricht Dominante insbesondere dann gut an, wenn diese ihnen die Möglichkeit bietet, die symbolische Macht und Stärke einer Marke auf ihre eigene Person zu übertragen.

Als Informationsmedien nutzen Dominante gerne TV-Formate und Zeitschriften rund um die Themen Auto, Computer und Sport. Vertreter dieses Wertefelds sind für viele technologieorientierte Märkte interessant, da sie hier besonders neuen Produkten und Angeboten gegenüber aufgeschlossen sind.

Zusammenfassend lassen sich Dominante somit als Personen charakterisieren, die nach Macht, Einfluss und Kontrolle streben und in Kaufsituationen gerne ihren Willen durchsetzen. Gleichzeitig sind sie aber auch beeinflussbar, etwa durch Markenartikel, die Überlegenheit versinnbildlichen. Diese Überlegenheit ermöglicht es ihnen, Einfluss auszuüben. Greift Werbung diese Prinzipien auf, so hat sie gute Chancen, bei Dominanten anzukommen.

Allgemeine Charakterzüge

- ausgeprägte Individualisten; streben nach Selbstbestimmung und Selbstverwirklichung; sind egoistisch

- sind bestimmt; energisch und willensstark; hohes Maß an Selbstbewusstsein

- nehmen Führungsrolle ein; möchten den Ton angeben/sagen, wo es lang geht; wollen kontrollieren und streben machtvolle Positionen an

- übernehmen Eigenverantwortung; ergreifen die Initiative; packen mit Tatendrang an

- können durch Meinungsmacht beeinflussen

- distanziert, dynamisch, besitzergreifend, impulsiv, extravagant, freiheitsliebend

- Konkurrenzdenken

- akzeptieren gegebene Hierarchien und gesellschaftliche Rangordnungen; vertrauen in Autoritäten

- pflichtorientiert

- streben nach gesellschaftlicher Anerkennung

- keine besonders hohe Bildung

- nicht überdurchschnittlich zahlungsfähig

Vorlieben der Dominanten

Freizeitaktivität: Computerspiele spielen; Zeitschriften lesen

Marken: *Coca-Cola, Pepsi, Afri, Krombacher, Paulaner, Warsteiner, Puschkin,*
                       Wodka Gorbatschow, Smint, Wrigley's Xcite, Adidas-Mode, Boss-Mode,
                       Tommy Hilfiger, Nike, BMW, Mercedes, Dell, Nokia, Sony, Playstation,
                       Burger King, McDonald's, ProMarkt

Printmedien: *AutoBild, Kicker, SportBild, Bild am Sonntag, ComputerBild, Compu-*
                       terBild Spiele, TV Spielfilme, Bravo

TV-Formate: *Dark Angel, Stargate, Abenteuer Auto, Abenteuer Leben, Stern TV,*
                       Notruf, Harald Schmidt Show, Quatsch Comedy Club, TV total, Emer-
                       gency Room, Hinter Gittern, K1 Extra, Simpsons, Friends, Sabrina –
                       Total verhext, ProSieben Nachrichten, RTL II News, ProSieben Repor-
                       tage

Radiosender: *FFH-Planet Radio Kombi, Kombi Baden-Württemberg*

4.12 Kämpferisch

Soldat, Gewehr, Krieg, Rüstung, Jagd, angreifen, Mauer, Elite, Sieg und *metallisch* – dies sind zehn Begriffe, mit denen viele Menschen zwar eher unangenehme Assoziationen verbinden, die von kämpferisch orientierten Menschen aber im Vergleich zur Restbevölkerung als deutlich angenehmer bewertet werden.

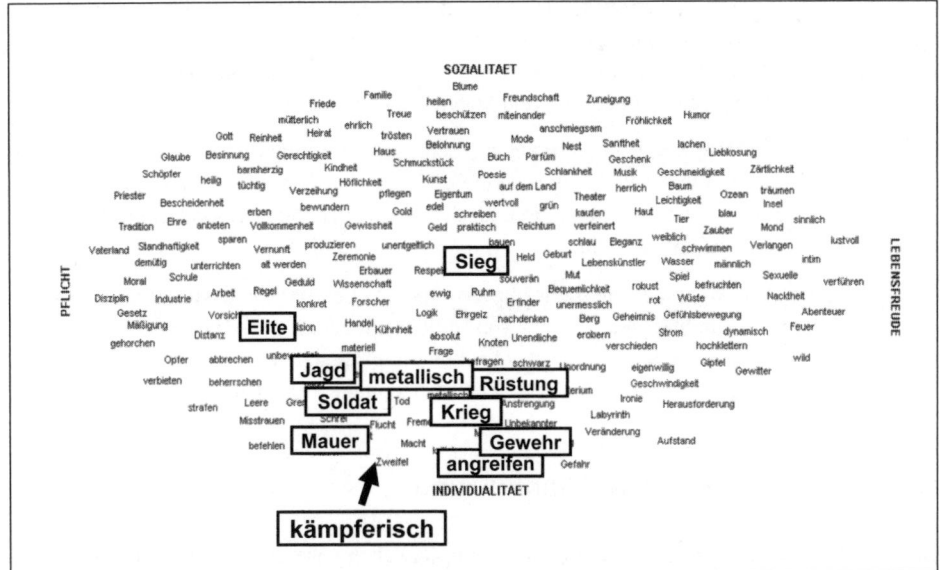

Quelle: TNS Infratest
Abbildung 17: *Wertefeld kämpferisch*

Kämpferische Menschen stecken voller Energie und Tatkraft. Sie sind ausgesprochene Individualisten, die dynamisch und offensiv ihre Ziele verfolgen. Konflikten gehen sie dabei meist nicht aus dem Weg, sondern nehmen diese an und setzen sich mit ihren Kritikern offen auseinander. Es entspricht ihrem Selbstverständnis, sich im Leben durchzusetzen und für die Erreichung ihrer Ziele zu kämpfen. Sie streben nach Erfolg und treiben Dinge aktiv voran. Gegenüber Veränderungen und Neuerungen sind sie sehr aufgeschlossen und verharren ungern in verkrusteten Zuständen. Sie sind geradlinig, direkt heraus und halten sich nicht lange mit unnötigen Höflichkeitsfloskeln auf. In ihrer offensiven Art können sie daher von ihren Mitmenschen gelegentlich als schroff oder taktlos empfunden werden. Es fällt ihnen häufig nicht leicht, sich in gegebene Strukturen zu integrieren oder gar unterzuordnen. In sehr ausgeprägter Form werden kämpferische Person dann letztlich zum „lonely wolf", also einem klassischen Einzelkämpfer.

Kämpferische nehmen häufig nur wenig Anteil an ihren Mitmenschen, verschreiben sich in ihrem Wunsch nach Anerkennung aber gerne Idealen, die allgemein akzeptiert und geschätzt sind. In ihrem Engagement sind sie dann häufig bereit, für eine Sache notfalls auch auf die Barrikaden zu gehen. Kämpferische können gleichermaßen als extrovertierte Eroberer wie auch als introvertierte Individualisten in Erscheinung treten. Beiden gemeinsam ist dabei die Neigung, ihr Ego in den Vordergrund zu stellen und primär vom eigenen Standpunkt aus zu denken und zu handeln.

„Selbst ist der Mann" wäre eine passende Devise der individualistischen Kämpferischen. Ziele aus eigener Kraft zu erreichen, ist für sie ein besonderer Ehrgeiz. Sich hingegen als Teil einer übergeordneten Kraft oder Bewegung zu fühlen, ist nicht ihre Sache. In Gruppen übernehmen sie daher lieber selbst die Initiative und streben nach Führungsfunktionen. Dort geben sie dann gerne die Stoßrichtung vor und halten die Dinge in Bewegung.

Kämpferische sind von der Technik fasziniert, denn schnelle, präzise, mechanische Abläufe entsprechen ihrer Grundbefindlichkeit. Sie interessieren sich daher für Produktbereiche wie Autos, Computer oder Telekommunikation, zu denen sie auch gerne Informationen im Fernsehen oder in Zeitschriften sammeln.

Im semiometrischen Mapping sind die Kämpferischen ähnlich wie die Dominanten und Kritischen am Pol „Individualität" angesiedelt. Wertefelder wie *sozial* oder *kulturell* werden dagegen eher unterbewertet. Aus soziodemografischer Sicht handelt es sich bei den Kämpferischen tendenziell eher um Männer und vergleichsweise junge Personen.

Konsumverhalten und Mediennutzung

In ihrem Konsumverhalten zeigen sich die Kämpferischen sehr markenorientiert. Dabei bevorzugen sie besonders solche Marken, deren Image für Dynamik, Durchsetzungsstärke und Innovation steht. Mit solchen Marken können sie sich identifizieren und ihre eigene Wertehaltungen auch nach außen hin unterstreichen. Kämpferische sind sehr aufgeklärte und selbstbewusste Konsumenten. Die gleichen hohen Ansprüche, die sie an sich selbst stellen, stellen sie auch an die Produkte, die sie nutzen. Qualität, Innovation, Stil und ein starkes Markenbild sind für sie wichtige Kriterien bei der Markenwahl. Gegenüber Werbung sind sie daher sehr aufgeschlossen. Denn Werbung liefert ihnen nicht nur Produktinformationen, sondern ist gleichermaßen ein wichtiger Bestandteil der Verkörperung des Markenimages. Da Kämpferische sich gerne selbst inszenieren, ist es für sie sehr wichtig, dass das Image der von ihnen genutzten Marken ihre Grundhaltung auch nach außen hin repräsentiert.

Das Internet ist für kämpferische Personen ein wichtiges Informationsmedium. Hier können sie zudem, wie es ihrer geradlinigen Art entspricht, sehr gezielt die Informationen auswählen, die für sie relevant sind. Auch für Online-Shopping sind die Kämpferischen sehr aufgeschlossen. Gerade in den von ihnen präferierten Produktbereichen (z.B. Technik) können sie dort sehr gezielt und ohne unnötige Umwege bestellen.

> „Bei neuer Technik bin ich anfällig. Das muss alles her."
>
> Zitat eines „Kämpferischen" (vgl. media & marketing 8/2003, S. 55).

Im Fernsehen schauen sie neben Auto- und Technikmagazinen gerne action-reiche Unterhaltung, Science-Fiction-Serien und Comedy. Im Hörfunk präferieren sie private Hitradios und Jugendsender.

Allgemeine Charakterzüge

- selbstbewusste Individualisten; sehr gradlinig

- offensiv und konfliktfreudig; herausfordernd; konfliktfähig

- anpackend, handlungsbereit

- einsame Kämpfer; selbstsicher; dynamisch; energisch; beherzt; engagiert

- kühne Einzelkämpfer

- legen Wert auf Selbstbestimmung; wollen ihr eigener Chef sein

- streben nach Erfolg

- es gibt in dieser Welt nicht nur Harmonie; man sieht sich täglich Konflikten gegenüber

- um sich in dieser Welt behaupten zu können, muss man auch mal laut werden

- um Ziele zu erreichen, muss man kämpfen

- ergreifen die Initiative; gehen Probleme direkt an; leiten Offensiven ein; treten Problemen entgegen

- behalten meistens einen kühlen Kopf

- bringen Sachen ins Rollen; wollen veraltete Prozesse verändern

- bloß kein Stillstand; sind immer auf der Suche nach Neuerungen

- meiden Umwege; suchen den direkten, effektiven Weg

- weniger sozial orientiert; wirken manchmal schroff; legen nicht so viel Wert auf soziales Miteinander und auf Höflichkeiten

- sagen deutlich und klar, was sie wollen

- ordnen sich ungern unter; lassen sich nicht gerne auf Kompromisse ein

- lassen sich von Hürden nicht abschrecken

- beharren oft auf ihrer Meinung; halten ihren Weg oft für den einzig richtigen

▨ verteidigen ihren Standpunkt vehement

▨ setzen Pläne ohne viel Rücksicht auf Verluste durch

▨ verabscheuen Misserfolge und Rückschläge

▨ wollen alles aus eigener Kraft erreichen

▨ können sich schlecht in gegebene Strukturen ein- und diesen unterordnen

Vorlieben der Kämpferischen

Freizeitaktivität: Ausgehen, Kino, Sportveranstaltungen, Computerspiele, Beschäftigung
                       mit Computer, im Internet surfen, Videos/DVDs

Marken: *Franziskaner, Paulaner, Fanta, Sprite, Nestea, Alfa Romeo, Audi,
                       BMW, Compaq, Dell, Fujitsu, HP, Motorola, Sharp, Siemens, Thomson,
                       Toshiba, T. Hilfiger, Lee, Levi's, Nike, Jean Pascal, American Express,
                       Burger King, McDonald's, Sparkassen Versicherung*

Printmedien: *Autobild, ADACmotorwelt, ComputerBild, ComputerBild Spiele, Game
                       Star, Focus, TV Spielfilm*

TV-Formate: *Abenteuer Auto, Abenteuer Leben, K1 Extra, Raumschiff Enterprise,
                       Stargate, Harald Schmidt Show, Simpsons, Ladykracher, Quatsch Co-
                       medy Club, Ritas Welt, Sex and the City, Friends, Will & Grace, talk
                       talk talk, Dark Angel, Charmed – Zauberhafte Hexen, Autopsie*

Radiosender: *Funk-Kombi Nord/Komp, RMS Südwest Kombi Premium, RMS West
                       Kombi/Plus, FFN, Hit-Radio Antenne, N-Joy, Eins Live, FFH*

4.13 Pflichtbewusst

Disziplin, Gesetz, Arbeit, tüchtig, Schule, schreiben, unterrichten, sparen, Vernunft und *Regel –* dies sind zehn Begriffe, mit denen ein pflichtbewusster Mensch besonders angenehme Empfindungen verbindet. Pflichtbewusste schätzen Disziplin, Pflichterfüllung und Arbeitsmoral.

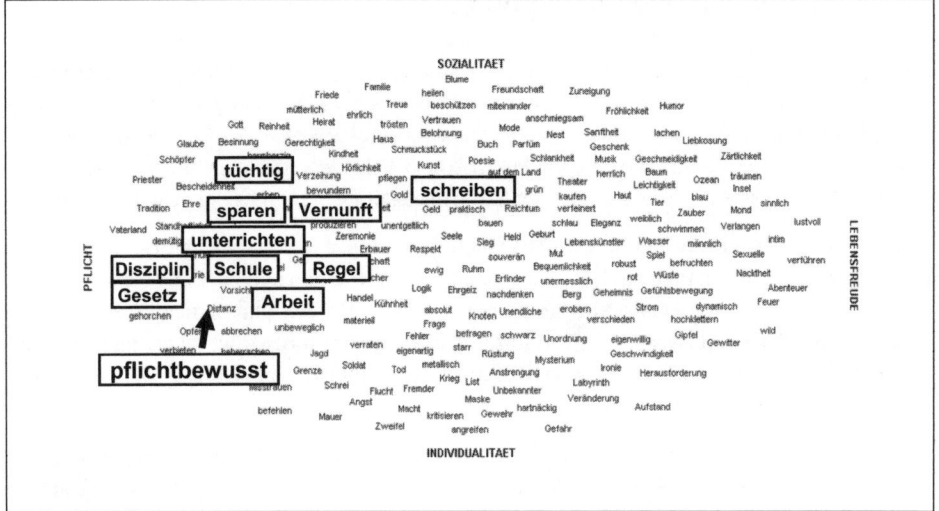

Quelle: TNS Infratest
Abbildung 18: *Wertefeld pflichtbewusst*

Menschen mit einer pflichtbewussten Werteorientierung besitzen eine positive Einstellung zur bestehenden Ordnung, sind tüchtig und gleichzeitig bescheiden. Weitere typische Eigenschaften sind Geduld, Ausdauer und Beständigkeit. Aus soziodemografischer Sicht handelt es sich eher um Personen aus dem Alterssegment 50+ Jahre. Allerdings kann im Umkehrschluss nicht gefolgert werden, dass die Mehrheit der über 50-Jährigen automatisch ausgeprägt pflichtbewusst ist. Pflichtbewusste erledigen die ihnen übertragenen Aufgaben meist sehr gewissenhaft. Was der Pflichtbewusste anpackt, hat Hand und Fuß. Sie handeln in der Regel nicht überhastet, sondern nehmen sich Zeit für das, was sie tun. In dieser Eigenschaft spiegelt sich auch der Wille wider, Aufgaben möglichst präzise und korrekt zu erledigen. Etwas nur halb fertig zu hinterlassen oder die Arbeit aufzuschieben, liegt nicht in der Natur der Pflichtbewussten.

Pflichtbewusste Menschen sind keine Träumer und bauen auch keine Luftschlösser. Es handelt sich eher um pragmatische Realisten. Wenn ein Projekt erst einmal in Angriff genommen wurde, dann wird es meist auch erfolgreich verwirklicht. Sich in ihrem Erfolg zu sonnen ist aber keine typische Eigenschaft der Pflichtbewussten. Sie sind eher bescheiden und sehen es als selbstverständlich an, eine zufrieden stellende Arbeit abzuliefern.

Pflichtbewusste sind vertrauenswürdige, ehrliche und treue Menschen, die zumeist auch hohe moralische Prinzipien vertreten. Entsprechend ihrer positiven Einstellung zur bestehenden Ordnung, halten Pflichtbewusste gerne an Bewährtem fest. Sicherheit spielt für sie eine große Rolle. Im Bereich der zwischenmenschlichen Beziehungen präferieren sie langlebige, vertrauensvolle und gewachsene Verbindungen.

Konsumverhalten und Mediennutzung

Die disziplinierte und bescheidene Art der Pflichtbewussten spiegelt sich auch in ihrem Konsumverhalten wider. Sie wissen meist sehr genau, was sie wollen und was sie benötigen. Es handelt sich um praktisch veranlagte und verantwortungsbewusste Menschen, die ihr Geld zusammenhalten und nicht spontan für kurzfristig begehrenswerte, aber nicht wirklich notwendige Dinge ausgeben. Ihre Sparsamkeit darf dabei aber nicht mit Geiz gleichgesetzt werden.

Sowohl bei größeren Anschaffungen als auch bei Dingen des täglichen Bedarfs achten Pflichtbewusste auf Qualität und Marken. Ähnlich wie traditionsverbundene Personen sind sie an die von ihnen verwendeten Marken meist stark gebunden und dementsprechend vergleichsweise wenig preissensibel. Bewährte Marken geben ihnen Sicherheit und sind ein Garant für gleich bleibende Qualität. Allerdings liegt es ihnen fern, sich mit Marken zu rühmen bzw. nach außen darzustellen.

Pflichtbewusste Menschen sind wenig experimentierfreudige Verbraucher. Traditionsmarken mit einem hohen Anteil pflichtbewusster Kunden müssen daher sehr vorsichtig sein, wenn sie ihre bestehenden Produkte verändern oder an den sich wandelnden Zeitgeist anpassen wollen. Der Fokus sollte hier immer stark auf die Bedürfnisse und Wünsche der Bestandskunden ausgerichtet werden.

Pflichtbewusste stehen aufgrund ihrer hohen Markenbindung und ausgeprägten Orientierung am Bewährten häufig in dem Ruf, für Werbung schwerer erreichbar zu sein. Das ist in dieser pauschalisierten Form allerdings nicht richtig. Vielmehr müssen Kommunikationsmaßnahmen, die sich an überdurchschnittlich pflichtbewusste Zielgruppen richten, auch deren spezifischen Wertehintergrund ansprechen. So ist es zum Beispiel sehr wichtig, das Vertrauen der Zielgruppe zu gewinnen. Qualität, Sicherheit und Verlässlichkeit sind weitere typische Attribute, die in die Wertewelt der Pflichtbewussten passen und die im Rahmen der Kommunikation entsprechend herausgestellt werden sollten.

Pflichtbewusste sind vergleichsweise selektiv in ihrer Mediennutzung. Im TV- und Hörfunkbereich bevorzugen sie öffentlich-rechtliche Sender. Im Fernsehen werden Sendungen wie *WISO, Focus TV, Die bezaubernde Jeannie* und *Herzblatt* gern gesehen.

Im Print-Bereich passen Titel wie *Schöner Wohnen, Guter Rat, Freizeit-Revue, Tina, Petra* oder *Super-Illu* in die Wertewelt der Pflichtbewussten.

Allgemeine Charakterzüge

■ bescheiden, zurückhaltend, diszipliniert, geduldig

■ verantwortungsvoll, zuverlässig, hohe Arbeitsmoral, fleißig und strebsam

■ realistisch

■ vertrauenswürdig, treu

■ höflich, korrekt

■ gesundheitsbewusst

■ wollen alles nach bestem Wissen und Gewissen erledigen

■ selbstverständliche Fügung in bestehende Ordnung

■ arbeiten methodisch; planvolles Verhalten

■ hohe moralische Prinzipien

■ kulturell interessiert

■ suchen Sicherheit; sorgen für die Zukunft vor; legen Geld lieber sinnvoll an, als es zu verschwenden

■ passen sich an

Vorlieben der Pflichtbewussten

Freizeitaktivität: Stricken, Zeitung lesen, Zeitschriften lesen, Bücher lesen

Marken: *Dallmayr, Eduscho, Emmentaler, Jakobs, Apollinaris, Schweppes, Wernesgrüner, Buko, Champignon Camembert, Homan, Birkel, Milkana, Kölln, Bosch, Moulinex, Loewe, Telefunken, Adler Modemarkt, C&A, Hertie, Karstadt, Woolworth, Brax, Hellweg, Hornbach, Kaiser's, Spar, Rossman, Allianz, Volksfürsorge*

Printmedien: *Super-Illu, Das Neue Blatt, Schöner Wohnen, Mein schöner Garten, Essen und Trinken, Freizeit-Revue, Tina, Petra, Guter Rat, Capital*

TV-Formate: *Brisant, Hallo Deutschland, Leute heute, Heute, Tagesschau, 18:30, RTL aktuell, K1 Nachrichten, Wiso, Focus TV, Richterin Barbara Salesch, Das Strafgericht, Zwei bei Kallwass, Das Jugendgericht, Richter Alexander Hold, Lenßen & Partner, Die Wache, Kommissar Rex, Alphateam, Für alle Fälle Stefanie, Diagnose Mord, K11 – Kommissare im Einsatz, Bezaubernde Jeannie, Herzblatt*

Radiosender: *NDR 1 Radio Niedersachsen, WDR 4, HR 4, SWR 4 Baden-Württemberg, SWR 4 Rheinland Pfalz, Bayern 1, Antenne Brandenburg, NDR 1 Mecklenburg-Vorpommern*

4.14 Traditionsverbunden

Vaterland, Tradition, Ehre, Moral, Gerechtigkeit, Vorsicht, Reinheit, Standhaftigkeit, Vollkommenheit und *Respekt* – dies sind zehn Begriffe, mit denen ein traditionsverbundener Mensch besonders angenehme Empfindungen verbindet. Traditionsverbundene orientieren sich an traditionellen Tugenden wie Heimatverbundenheit, Ehre, Moral und Standhaftigkeit.

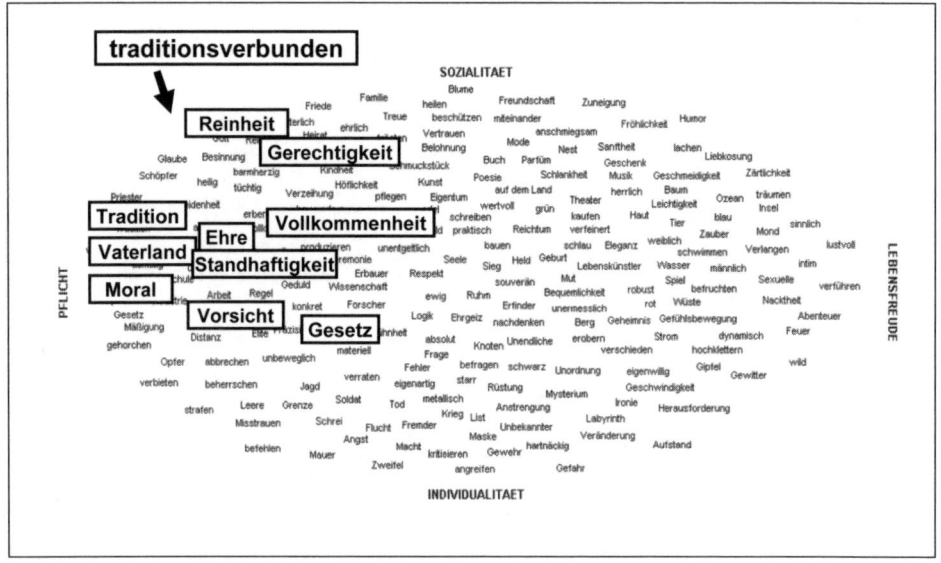

Quelle: TNS Infratest
Abbildung 19: *Wertefeld traditionsverbunden*

Traditionsverbundene Menschen sind eher konservativ. Sie halten gerne an Bewährtem fest. Was sie einmal als gut und brauchbar erkannt haben, wollen sie nur ungern verändern. Diese Grundhaltung zeigt sich in vielen Bereichen ihres Lebens, sei es bei der Arbeit, in ihrer Freizeit oder in zwischenmenschlichen Beziehungen. Traditionsverbundene wohnen häufig ihr Leben lang am selben Ort oder in derselben Region, in der sie aufgewachsen sind und wo auch schon ihre Familie gelebt hat. Sie schlagen tiefe Wurzeln und sind oftmals über mehrere Generationen mit ihrer Heimat verbunden.

Im Weltbild der Traditionsverbundenen sollte möglichst alles seinen festen Platz haben. Traditionsverbundene sind ruhige und oft eher introvertierte Menschen. Bräuche und Gewohnheiten geben ihnen Sicherheit und die Gewissheit, den richtigen Weg zu gehen. Neuerungen gegenüber sind sie häufig skeptisch oder gar ablehnend eingestellt, da diese sie verunsichern und ihr festgefügtes Weltbild durcheinander bringen.

Aufgrund der starken Verwurzelung und dem beharrlichen Festhalten am Gewohnten sind diese Menschen in ihrem Verhalten meist wenig flexibel. Traditionsverbundene verharren oft in althergebrachten, manchmal auch überkommenen Verhaltensmustern und Rollenklischees.

Dynamik und Anpassungsbereitschaft sind nicht gerade ihre Stärken. Dafür zeichnen sie sich durch Krisenfestigkeit und Geduld aus. Sie verlassen sich auf althergebrachte Werte. Das gibt ihnen Kraft und Vertrauen.

Aus soziodemografischer Sicht handelt es sich bei Traditionsverbundenen eher um ältere Personen aus dem Segment 50+ Jahre. Mit dem höheren Alter korreliert auch die im Bevölkerungsvergleich unterdurchschnittliche Schulbildung. Höhere Bildungsabschlüsse wurden in den frühen Nachkriegsjahren deutlich seltener erreicht als heutzutage. Im semiometrischen Werteraum ist die traditionsverbundene Wertehaltung dicht am Pol „Pflicht" angesiedelt. Die traditionsverbundene Wertehaltung geht häufig mit einer überdurchschnittlich pflichtbewussten Grundorientierung einher.

Konsumverhalten und Mediennutzung

Auch das Konsumverhalten der Traditionsverbundenen ist durch Gewohnheiten und das Streben nach Vertrautem geprägt. Traditionsverbundene sind wenig experimentierfreudig und bleiben gerne bei Marken, die sich bereits lange Jahre am Markt bewährt haben. Traditionsverbundene zeichnen sich daher durch ein hohes Maß an Markentreue und eine vergleichsweise niedrige Preissensibilität aus. Es ist vor allem ihr Streben nach Vertrautheit und Gewohnheit, das die Traditionsverbundenen dazu veranlasst, immer wieder zu den gleichen Marken zu greifen. Dabei wird die Präferenz für bestimmte Marken häufig von vorangegangenen Generationen übernommen. Marken, die bereits in der Kindheit allgegenwärtig waren, werden von den Traditionsverbundenen auch im Erwachsenenalter aus „guter Tradition" weiter verwendet. Allerdings spielen nicht nur Faktoren wie Gewohnheit oder Nostalgie eine Rolle beim Griff zur präferierten Marke. Auch die empfundene Qualität, die wiederum Sicherheit verspricht, spielt eine wichtige Rolle. Bei Kaufentscheidungen ist die Marke für Traditionsverbundene häufig deutlich wichtiger als der Preis. Schnäppchenjäger findet man bei Personen mit dieser Grundhaltung eher selten.

Ein Markenwechsel kommt für Traditionsverbundene erst in Frage, wenn sie von der Qualität einer neuen Marke vollkommen überzeugt sind. Der geringere Preis allein reicht hier in der Regel nicht aus.

Traditionsverbundene stehen im Ruf, für Werbung schwer erreichbar zu sein oder dieser gar mit ablehnender Haltung gegenüber zu stehen. Das lässt sich allerdings in dieser Form nicht verallgemeinern. Sicherlich ist es so, dass neue Produkte bei Traditionsverbundenen erst einmal einen vergleichsweise schweren Stand haben. Wenn es aber gelingt, im Rahmen der Kommunikation gezielt an die spezifische Wertehaltung der Zielgruppe zu appellieren, dann sind die Chancen für einen entsprechenden Überzeugungserfolg durchaus gegeben. Der strategische Fokus von Kommunikationsmaßnahmen, die sich an traditionsverbundene Zielgruppen richten, liegt allerdings oft gar nicht im Bereich des Gewinnungs-, sondern vielmehr auf dem Haltemarketing. Da die traditionsverbundenen Konsumenten häufig eine starke Bindung zu den von ihnen genutzten Marken aufweisen, geht es dann im Rahmen der Kommunikation insbesondere darum, die Marke in der Wahrnehmung der Konsumenten präsent zu halten und das Markenimage weiter zu festigen. Bezüglich der Kreation sollten Werbemittel, die sich an diese Zielgruppe richten, eher klassisch, gutbürgerlich, bodenständig und unaufdringlich gestaltet sein. Schnelle Schnitte, schrille Farben und treibende Musik wären bei dieser Zielgruppe völlig unpassend.

> „Ich kann mich noch genau an das „Wunder von Bern" erinnern. Da war ich ein kleines Mädchen und mein Vater ein großer Fußball-Fan. Wir hatten damals noch keinen Fernseher, aber ich weiß noch jedes Wort."
>
> Zitat eines „Traditionsverbundenen" (vgl. media & marketing 3/2004, S. 64).

In Bezug auf ihre Mediennutzung bevorzugen die Traditionsverbundenen sowohl im Fernsehen als auch im Hörfunkbereich vor allem öffentlich-rechtliche Sender. Beliebt sind Sendungen wie *Der Bulle von Tölz, 7 Tage – 7 Köpfe, Sportschau* und *Sat.1 Champions League*. Im Printbereich werden Titel wie *Funkuhr, Goldenes Blatt* oder *Mein schöner Garten* gerne gelesen.

Allgemeine Charakterzüge

- heimatverbunden und verwurzelt, Brauchtumspflege

- konservativ; akzeptieren althergebrachte Rollenbilder

- halten an Bewährtem und Vertrautem fest; sind nicht experimentierfreudig; müssen sich langsam an Veränderungen gewöhnen

- nostalgisch; schwelgen in den „guten alten Zeiten"

- sorgfältig und geduldig; zurückhaltend und ruhig; wenig liberal und spontan

- suchen Ordnung und einen festen Platz für die Dinge

- Pflichten werden aus Traditionsverbundenheit erfüllt

- etwas ist so, weil es immer schon so war

- ordnen sich gerne in gegebene Strukturen ein

- starkes Pflichtgefühl

- orientieren sich an moralischen Werten

Vorlieben der Traditionsverbundenen

Freizeitaktivität:	Fernsehen, Zeitung lesen
Marken:	*Dallmayr, Eduscho, Idee Kaffee, Tchibo, Hardenberg Korn, Jägermeister, Kümmerling, Birkel, Milram, Schneekoppe, Badedas, Palmolive, Boss, Brax, Lacoste, Schiesser, Trigema, Bosch, Braun, Grundig, Loewe, Moulinex, Rowenta, C&A, Edeka, Hertie, Norma, Praktiker, Spar, Quelle, Allianz, DEVK, Gothaer*
Printmedien:	*Auf einen Blick, Fernsehwoche, Funkuhr, TV klar, Freizeit-Revue, Das Goldene Blatt, Das Neue Blatt, Gong, Bella, Frau aktuell, Laura, Mein schöner Garten*
TV-Formate:	*Heute, Tagesschau, K 1 Nachrichten, RTL aktuell, 18:30, Leute heute, Hallo Deutschland, Kommissar Rex, Lenßen & Partner, Niedrig & Kuhnt, Der Bulle von Tölz, Die Wache, Hinter Gittern, K11 – Kommissare im Einsatz, Richter Alexander Hold, Richterin Barbara Salesch, Das Strafgericht, Streit um Drei, Das Familiengericht, Das Jugendgericht, Notruf, 7 Tage – 7 Köpfe, Was bin ich?, Sportschau, Sat.1 Champions League*
Radiosender:	*NDR 1 Radio Niedersachsen, WDR 4, HR 4, SWR 1 Baden-Württemberg, SWR 1 Rheinland Pfalz, SWR 4 Baden-Württemberg, Bayern 1, Antenne Brandenburg, NDR 1 Mecklenburg-Vorpommern*

5.   Der strategische Einsatz von Sprache

5.1   Sprache und Identität

Es ist eine weit verbreitete Meinung, dass Sprache ein Kommunikationsmittel ist. Diese Vorstellung legt nahe, dass Menschen die Sprache benutzen, wenn sie reden oder schreiben, und sie aussetzen, wenn sie denken oder fühlen, riechen oder schmecken. Also kommt Sprache erst dann zum Zuge, wenn Menschen das Gefühlte und Gedachte, das Gesehene oder Gerochene ihren Mitmenschen mitteilen wollen.

Diese gängige und eingängige Meinung nährt auch die Vorstellung, dass Wahrnehmung, Denken oder Fühlen sich in einem vorsprachlichen, „inneren" Raum vollziehen, während der Mensch mittels der Sprache den sprachlichen, „äußeren", Raum betritt und mit anderen kommuniziert. Die Gelehrten streiten sich seit Jahrhunderten über die Frage, ob Sprache das Denken bestimmt oder umgekehrt. Doch unabhängig von der Antwort steht fest, dass Sprache mehr ist als nur ein Schlüssel, um von innen das Tor nach außen aufzuschließen.

Unsere Wahrnehmung, unser Denken und Fühlen sind sprachlich geprägt – wenn auch nicht ausschließlich. Jede Wahrnehmung ist eine Deutung und bedeutet „durchsprechen", weil Wahrnehmungen immer propositionale Strukturen haben, das heißt die Form einer Aussage: „Der Tisch ist braun", „Ich habe Hunger", „Heute scheint die Sonne" usw. Ähnlich verhält es sich mit unserem Denken. Nicht von ungefähr bedeutet dasselbe griechische Wort, Logos, sowohl Sprache als auch Denken – der Mensch ist ein denk- und sprachbegabtes Wesen. Dass auch unsere Gefühle mit Sprache zusammenhängen, zeigt der Unterschied von Denotation und Konnotation.

Die Menschen nehmen ihre Umwelt und Mitwelt als Zeichen wahr, die sie immer deuten. Die meisten Zeichen haben eine allgemein übliche Bedeutung, die als Denotation auf gesellschaftliche Konventionen zurückgeht und von vielen Menschen geteilt wird. Zeichen können aber auch verschiedene „subjektive" Bedeutungen haben, die in den Erfahrungen und Erlebnissen einzelner Personen wurzeln und stets emotional gefärbt sind. Diese Bedeutungen nennen wir Konnotationen.

Denotativ bedeutet zum Beispiel „Frosch" ein schwanzloses Tier mit Schwimmfüßen aus der Familie der Amphibien, konnotativ aber kann „Frosch" unangenehme Erinnerungen an ein Sezierexperiment in Biologie hervorrufen oder witzige an ein Kindermärchen; es kann Ekel erregen oder Appetit wecken – je nach Erfahrungen, die Menschen gemacht haben. In diesem Sinne äußert sich Ludwig Wittgenstein: *„Das Aussprechen eines Wortes ist gleichsam ein Anschlagen einer Taste auf dem Vorstellungsklavier"*.

Wer nur bestimmte Worte und Wendungen benutzt, hat ein anderes Weltbild als eine Person, die andere Worte und Wendungen bevorzugt. Daher spricht der Philosoph Ernst Bloch von der „Merkwelt" eines Menschen, deren Grenzen die Sprache absteckt. Diese Merkwelt ist jene, die man nicht bloß sieht, sondern auch bemerkt und bewusst wahrnimmt. Ein Historiker ist in einer anderen Merkwelt beheimatet als ein Manager, eine Frau fühlt sich in einer anderen Merkwelt heimisch als ein Mann, und ein Sportler bewegt sich wiederum in einer anderen als ein Architekt. Marken (Produktmarken ebenso wie Organisationsmarken) versuchen nun, sich in diese Merkwelten von Menschen zu begeben und darin immer sichtbar zu bleiben.

Aber ob Menschen die Marken in ihre Merkwelten zulassen, hängt von der Sympathie oder Antipathie ab, die sie gegenüber Marken empfinden. Und Sprache spielt hier eine besondere Rolle nach dem Motto: „Sprich und ich sage dir, wer du bist". Aber die Menschen warten nicht ab, bis andere sich eine Meinung von ihnen bilden. Sie sind immer bestrebt, die Eindrücke, die sie auf andere machen, zu steuern, sodass eine ihrem Selbstverständnis entsprechende Meinung entsteht.

5.2   Sprache und Selbstdarstellung

Menschen versuchen, sich selbst im positiven Licht darzustellen. Das geschieht täglich – bewusst oder unbewusst. Psychologen und Kommunikationswissenschaftler sprechen hier von Impression Management, von Handhabung von Eindrücken. *„Individuen kontrollieren (beeinflussen, steuern, manipulieren) in sozialen Interaktionen den Eindruck, den sie auf andere Personen machen"* (Mummenday, 1999, S. 1) – immer, gegenüber jedem Menschen oder jeder Gruppe, durch verbale ebenso wie nicht-verbale Mittel. Mit der Frage, wie wir mit Eindrücken Deutungen steuern können, befasst sich die Theorie des Impression Management. Sie gründet sich einerseits auf dem Pragmatismus von Charles S. Peirce und William James und andererseits auf dem Symbolischen Interaktionismus von George Herbert Mead.

Entscheidend dabei sind die Selbstkonzepte, die Menschen von sich haben. Die leitenden Fragen dabei sind: Wer bin ich? Wie will ich von anderen wahrgenommen werden? Die Antwort ist das Selbstkonzept, das jeder Mensch hat – ob durchdacht und geplant oder nicht. Aber diese Konzepte sind keine solipsistischen Gebilde, sondern gehen immer aus Wechselwirkungen zwischen Eigenwahrnehmung und Fremdbeurteilungen hervor und liegen den täglichen Selbstdarstellungen zugrunde. Wenn Menschen bestimmte Eindrücke bei anderen erzeugen, nehmen sie deren Reaktionen wahr, integrieren sie in ihr Selbstkonzept und passen ihre Inszenierung an dieses modifizierte Selbstkonzept an. Impression Management ist also ein Alltagsphänomen und keine Ausnahmeerscheinung: *„Menschen erfinden sich täglich neu. Wir können in verschiedenen Lebenssituationen in die unterschiedlichsten Rollen schlüpfen. Wir thematisieren, ja wir publizieren uns selbst. Die Realität wird zur Inszenierung, die Inszenierung zur Realität"* (Jung/von Matt, 2002, S. 339).

Das, was von Personen gilt, gilt um so mehr von Unternehmen: „... die Präsentation von Inhalten ist immer mit Selbstdarstellung verbunden. Selbstdarstellung ist keine besondere Form von Eitelkeit. Im Gegenteil! Wir können gar nicht anders, als uns selbst darzustellen. Im Privatleben genauso wie im Unternehmen. Ob unbewusst oder bewusst. Konsequent ausgerichtet, schafft sie Identität und Vertrauen, stabilisiert nach innen und grenzt gleichzeitig nach außen ab. Strategisch genutzt, heißt sie Impression Management, nicht zu verwechseln mit Eindruck-Schinden. Selbstverständlich muss Unternehmenskommunikation Impression Management betreiben. Es wäre grob fahrlässig, dies nicht zu tun" (Posner/Posner-Landsch, 2000, S. 299). So auch van Riel: "Impression Management is the company's policy of presenting itself to target groups in such a way as to evoke in them a favourable picture [image] or to avoid an unfavourable picture" (van Riel, 1995, S. 96). Unternehmen wollen umweltbewusst erscheinen, kundennah, kompetent, kreativ usw. So passen sie ihre Selbstdarstellungstechniken an diese und ähnliche Konzepte an.

Aber die Selbstdarstellungstechniken sind vielfältig. Die folgende Tabelle fasst nur einige wenige Selbstdarstellungstechniken bzw. Impression-Management-Techniken (IM) zusammen:

Tabelle 2: *IM-Techniken*

Self-promotion	Man weist auf eigene Vorzüge hin
Entitelments	Hohe Ansprüche signalisieren
Self-enhancement	Erhöhung des Selbstwertes
Overstatement	Übertreibung
Basking	Sich über Kontakte mit positiv bewerteten Menschen und Gruppen aufwerten
Boosting	Die Bewertung anderer ändern, um selbst in gutem Licht zu erscheinen
Expertise	Kompetenz zeigen
Exemplification	Beispielhaft erscheinen
Attraction	Beliebtheit und Sympathie
Status, Prestige	Statussymbole erwähnen oder zeigen
Credibility	Glaubwürdigkeit und Vertrauenswürdigkeit zeigen
Self-disclosure	Offenheit
Ingratiation	Anbiederung, Einschmeichelung
Apologies	Sich entschuldigen
Justifications	Rechtfertigungen
Disclaimers	Das frühzeitige Hinweisen auf mögliche Schwierigkeiten, um den negativen Eindruck abzuschwächen
Self-handicapping	Beim Misserfolg ist das Handicap zuständig; beim Erfolg erscheint die Leistung in noch besserem Licht

Understatement	Verbale Untertreibung
Supplication	Sich als hilfsbedürftig darstellen
Intimidation	Einschüchterung
Blasting	Abwertung anderer Menschen

Mit diesen Techniken können bestimmte Eindrücke geweckt werden. Aber da Kommunikation eine symbolische Interaktion ist und deshalb auch mehrdeutig, haften diesen Techniken auch Risiken an. Das heißt: Bestimmte Verhaltensweisen können in Interaktionen zu völlig anderen, sogar teilweise gegensätzlichen Eindrücken führen. In diesem Fall sprechen wir von Missverständnissen, die negativere Folgen haben können, als wenn man den Interaktionspartner nicht versteht.

Als Beispiel seien folgende acht Techniken mit ihren möglichen, positiven und negativen, Deutungen erwähnt:

Tabelle 3: Acht IM-Techniken und ihre Deutungen

IM-Techniken	Angestrebter Eindruck	Risiko-Eindruck	Prototypisches Verhalten
Sich beliebt machen (ingratiation)	sympathisch, liebenswert	kriecherisch, unterwürfig	Meinungskonformität, Lob, schmeicheln
Sich als kompetent darstellen (self-promotion)	kompetent, effektiv	eingebildet, angeberisch	eigene Leistungen und Fähigkeiten herausstellen
Sich als Vorbild darstellen (exemplification)	moralisch überlegen, vorbildlich	scheinheilig	Selbstverleugnung, helfen
Andere einschüchtern (intimidation)	gefährlich, stark	kraftlos, großmäulig	drohen, Ärger zeigen
Sich als hilfsbedürftig darstellen (supplication)	hilflos, behindert	faul	Selbstabwertung, Hilfegesuche
Verteidigung der Unschuld (defense of innocence)	glaubwürdig, Opfer	uneinsichtig, stur	Leugnung von Taten und Behauptungen
Ausreden (explanation)	Opfer	unverantwortlich	Umstände für negative Ereignisse verantwortlich machen
Rechtfertigung (justification)	mutig, zielbewusst	selbstherrlich, hochmutig	das Wohl der Allgemeinheit betonen, höherrangige Ziele angeben

Quelle: Bazil, 2005, S. 36

Natürlich erfasst diese Tabelle nicht alle denkbaren Verhaltensweisen. Dies wäre auch nicht möglich. Da uns hier vor allem sprachliche Selbstdarstellungstechniken interessieren, verweist die nachfolgende Tabelle zwar auf die gleichen IM-Techniken, aber setzt sie dieses Mal nur sprachlich um:

Tabelle 4: *IM-Techniken und ihre sprachliche Umsetzung*

IM-Techniken	Beispiele
Sich beliebt machen (ingratiation)	„Wissen Sie, wenn Sie, Herr Appel, Sie sind doch, wie ich auch in diesem Feld, und Sie alle, wir sind doch alte Fuhrmänner."
Sich als kompetent darstellen (self-promotion)	„Ich glaube, dass ich sehr schnell politische Situationen analysieren kann, und ich glaube, dass ich sehr früh erkenne, wie man auf sie reagieren muss."
Sich als Vorbild darstellen (exemplification)	„Ich will jedenfalls alles tun, damit ein Wahlkampf ein Wettbewerb um Entwürfe und um Ideen ist und nicht ein Kampf gegen Personen."
Andere einschüchtern (intimidation)	„Ich muss bestimmten Gruppen, die in einer für mich unakzeptablen Weise ihre egoistischen Partikularinteressen gegenüber dem Gemeinwohl zu stark betonen, gelegentlich auf den Fuß treten."
Sich als hilfsbedürftig darstellen (supplication)	„Es kommt auf jede Stimme an."
Verteidigung der Unschuld (defense of innocence)	„Ich bin nicht bestechlich, habe mich nie bestechen lassen. Jeder, der mich kennt, weiß es."
Ausreden (explanation)	„Möglicherweise war die äußerste Beanspruchung terminlicher und arbeitsmäßiger Art, der ich im Februar und März unterlag, ein Grund für eine nicht hinreichende Aufmerksamkeit."
Rechtfertigung (justification)	„… weil ich es für selbstverständlich erachte, dass ich jede Möglichkeit ergreife, um zu Investitionen in der Bundesrepublik zu ermuntern."

Quelle: Bazil, 2005, S. 33

Diese vorerwähnten Techniken sind nicht die einzigen. Jede symbolische Handlung in der Kommunikation kann dem Selbstkonzept entsprechen oder aber widersprechen. Scheinbare Banalitäten sind ebenfalls verräterisch. Will eine Organisation als informell erscheinen, gibt das Datum in den Briefen aber mit „04.05.2007" an, weckt sie einen gegenteiligen Eindruck. Behauptet ein Unternehmen von sich, innovativ zu sein, der Vorstandsvorsitzende aber seine Reden in Beamtendeutsch hält, dann klaffen Anspruch und Wirklichkeit auseinander. Will ein Unternehmen seine Kunden um Entschuldigung bitten, aber im entsprechenden Brief schreibt: „Wir möchten uns bei Ihnen entschuldigen", dann weiß der Kunde immer noch nicht, ob das Unternehmen dies nur „möchte" oder ob es ihn auch wirklich um Entschuldigung bittet. Hinzu kommt auch: Nicht das Unternehmen entschuldigt sich, sondern der Kunde muss das Unternehmen entschuldigen.

Nehmen wir hier das Beispiel „Vertrauen". Welche sprachlichen Handlungen können Vertrauen schaffen und welche es zerstören? Hier einige Möglichkeiten:

- Vertrauen bilden:
  - verständliche Sprache
  - Rücksichtnahme auf den Empfänger
  - redlicher Umgang mit schlechten Nachrichten
    (Über negative Ereignisse sollte man jedoch nicht erst dann berichten, wenn sie sich absolut nicht mehr verschweigen lassen. Vertrauensbildend sind sie nur dann, wenn der Bericht zwei Eindrücke vermittelt: erstens, dass die schlechten Nachrichten freiwillig berichtet werden, und zweitens, dass das Unternehmen daraus eine Lehre für die Zukunft zieht)

- Vertrauen zerstören:
  - Darstellung irrelevanter Details
  - Weitschweifigkeit ohne inhaltliche Substanz
  - floskelhafte und übergeneralisierende Aussagen
  - Häufung von Superlativen
  - Pathos ohne passenden Anlass
  - inhaltliche Inkonsistenz

Das Selbstkonzept heißt auch Corporate Identity. Organisationen sind bestrebt, ein kohärentes und konsistentes, dem eigenen Selbstverständnis entsprechendes Bild nach innen und außen zu vermitteln. Gewöhnlich unterscheidet man zwischen Corporate Philosophie (Selbstverständnis), Corporate Design (äußeres Erscheinungsbild) und Corporate Behaviour (geschlossenes Auftreten). Alle drei machen die Identität von Organisationen aus.

Da Kommunikation ohne Sprache nicht möglich ist und diese immer auch die Kultur und das Selbstverständnis einer Organisation oder einer Marke ausdrückt, ist Sprache ein untrennbares Element der Corporte Identity bzw. der Markenidentität. Doch bleibt sie in dieser Struktur unterbelichtet. Warum? Über die Gründe kann man trefflich streiten. Eine Erklärung könnte die Tatsache sein, dass es sich bei Design um Vorlagen handelt (Logo, Visitenkarte, Briefbögen, Internetauftritt usw.), die die Mitarbeiterinnen und Mitarbeiter nur übernehmen und einsetzen. Keiner käme auf die Idee, diese Vorlagen nach Stimmung und Geschmack zu ändern. Der Umgang mit der Sprache allerdings unterliegt anderen Bedingungen. Jede Mitarbeiterin und jeder Mitarbeiter kann sprechen und schreiben; jeder Mensch hat einen eigenen Stil, der nicht verallgemeinert und zur Richtschnur für alle erklärt werden kann. Darin besteht auch die Schwierigkeit, mehr oder minder einheitliche sprachliche Regelungen zu schaffen, um dem Selbstkonzept der Organisation gerecht zu werden.

Worauf Organisationen zu Recht immer mehr achten, ist die Stilistik. Dass kurze Wörter, kurze Sätze, anschauliche Sprache, floskelfreie Formulierungen, gegliederte Texte, einfache und prägnante Sätze das Verständnis der Texte, mündlich und schriftlich, erhöhen und eine bessere Kommunikation ermöglichen, gehört zum Allgemeingut. Dazu zählt inzwischen auch die Einsicht, dass Namen, Titel, Bezeichnungen ebenfalls Entscheidendes über das Selbstverständnis von Organisationen offenbaren.

Das Bundesinstitut für Berufsbildung (BIBB) hat zum Beispiel herausgefunden, dass Berufs-bezeichnungen eine erste Vorstellung vom Berufsinhalt vermitteln. Doch verstehen Jugendli-che den Namen eines Berufs nicht nur als bloßen Hinweis auf die mit ihm verbundenen Tä-tigkeiten. Sie prüfen vor allem die Image-Tauglichkeit des Namens unter Freunden. Wichtig für sie ist der Eindruck, den die Bezeichnung des Berufs auf Bekannte und Freunde macht. Erscheint die Berufsbezeichnung dem eigenen Ansehen eher abträglich, wird eine solche Lehrstelle nicht in Betracht gezogen – auch dann nicht, wenn noch freie Ausbildungsplätze zur Verfügung stehen. Berufsbezeichnungen sind „Visitenkarten" der eigenen Persönlichkeit. Attraktiv sind daher Bezeichnungen, die auf einen intelligenten, erfolgreichen und geachteten Menschen hinweisen. Positiv besetzt sind Bezeichnungen wie „Mediengestalter/in für Digi-tal- und Printmedien", negativ dagegen Namen wie „Gebäudereiniger/in" oder „Fachkraft für Kreislauf- und Abfallwirtschaft" oder „Müller/in", „Schornsteinfeger/in", „Bäcker/in" (vgl. Pörksen, 1992; Janich, 2001, Krewerth, 2004).

Ähnliche selbstdarstellerische Funktion haben auch:

- Titel („Dr.", „Prof.", „Dipl.-Ing.")

- Unternehmensnamen („Golf", „Camel", „Allianz")

- Produktnamen („Du darfst", „Post-it", „After Eight")

- Claims („The Chemical Company", „Freude am Fahren", „Energie zum Leben. Jederzeit")

- Schlüsselwörter („natürlich", „sicher", „frisch")

- Plastikwörter („Prozess", „Kommunikation", „Funktion")

- Hochwörter („echt", „ideal", „genial")

- Hinweisschilder („Rauchen ist verboten" und „Danke, dass du nicht rauchst" (IKEA) drücken zwei unterschiedliche Selbstkonzepte aus)

- Ausdrücke der politischen Korrektheit

5.3 SemioDialog – Semiometrisches Sprachmanagement

SemioDialog ist eine Methode zur sprachlichen Bestimmung des eigenen Selbstkonzepts und zur richtigen Ansprache der eigenen Zielgruppen. Mit den semiometrischen Begriffen können Marken ihre Merkwelten schaffen. Wie kann man aber diese Begriffe einsetzen? Bevor wir dieser Frage nachgehen, sei folgende Anmerkung vorausgeschickt: Im Sprachmanagement ist jeder mechanische Umgang mit der Sprache zwecklos. Wenn auch Unternehmen unter hohem Zeitdruck arbeiten (man denke an Call Center) und dieser Druck zu mechanischen Schritten verleitet, um Zeit zu sparen (man denke an die zahlreichen Textbausteine, die in verschiede-nen Abteilungen benutzt werden), sind die Bedeutungen von Wörtern und Sätzen immer abhängig vom jeweiligen Kontext. Alle Versuche, Automatismen einzuführen, erleichtern nur auf den ersten Blick die Arbeit. Auf den zweiten aber erweisen sie sich als wertlos. Das gilt auch für die Benutzung der semiometrischen Begriffe. Sie sind zwar quantitativ begrenzt und decken alle gesellschaftlichen Wertehaltungen ab, können jedoch nicht mechanisch in Texte eingebaut werden.

Es gibt fünf Wege, wie man semiometrische Begriffe sinnvoll verwendet:

1. Gebrauchen

Der Text verwendet die Basisbegriffe:

- „erobern" (*dominant*)
- „Ozean" (*verträumt*)
- „Tradition" (*traditionsverbunden*)
- usw.[1]

■ *dominant*
„Sende- und Empfangsgeräte, Speichermedien, Übertragungskapazitäten – Nachrichtensatelliten! – Digitalisierung, elektronische Hard- und Software haben in den vergangenen 20 Jahren die Welt erobert."

■ *verträumt*
„Mir geht es nicht um Medienpolitik in engerem Sinne, sondern um die Auswirkungen der Medienflut und des Ozeans an Kommunikationen auf unser Leben, unsere Arbeit, auf das Unternehmer-Sein."

■ *traditionsverbunden*
„Durch die traditionelle Braumethode und die besonders kalte Lagerung entsteht der typische, frisch-würzige Geschmack."

2. Ersetzen

Der Text ersetzt die Basisbegriffe durch sinnverwandte Begriffe:

- „gemeinsam" statt „miteinander" (*sozial*)
- „Kenntnisse vermitteln" statt „unterrichten" (*pflichtbewusst*)
- „Genauigkeit" statt „Präzision" (*rational*)

---

[1]   Der einfache Gebrauch kann durch Wiederholung in seiner Wirkung gesteigert werden. So steigt die Wahrscheinlichkeit, dass die vom Begriff ausgelösten Assoziationen sich stärker im Bewusstsein der Öffentlichkeit einprägen. So hat z. B. Johannes Rau in seinen zehn großen Reden zwischen Juni 1985 (Regierungserklärung als NRW-Ministerpräsident) und Ende August 1986 (Rede beim Nürnberger SPD-Parteitag zur Eröffnung des Hauptwahlkampfes zur Bundestagswahlkampf am 25.1.1987) 249 Mal das Wort „Mensch" verwendet, gefolgt von: (Bundes-/Länder-)Regierung (182 x), Politik (144 x), Arbeit (83 x), Bürger/innen (76 x). Der häufige Gebrauch des Wortes „Mensch" war nicht zufällig. Sein Ziel war es, mit diesem Wort Assoziationen bei den Zuhörern hervorzurufen, die sein Erscheinungsbild als „menschlichen" Politiker prägen sollten. Sein Slogan „Versöhnen statt spalten" fügt sich mühelos in diesen Kontext ein.

■ *sozial*

„Wir bauen gemeinsam eine neue Welt."

■ *pflichtbewusst*

„Wenn es darum geht, Kenntnisse zu vermitteln, ist Roberta die richtige Person."

■ *rational*

„Er arbeitet genau und sorgfältig. Deshalb hat seine Kalkulation Hand und Fuß."

3. Entgegensetzen

Der Text verwendet Antonymen – aber in negativem Kontext.

- „Nicht-Chaos" für „Präzision" (*rational*)
- „Nicht-Nachahmer" für „Erfinder" (*rational*)
- „Nicht-Krieg" für „Friede" (*familiär*)

■ *rational*

„Es ist schlimm, auf eine so chaotische und schlampige Weise zu handeln." („Präzision")

■ *rational*

„Wir brauchen keine Mitarbeiter, die ideenarm sind und immer andere kopieren." („Erfinder")

■ *familiär*

„Wir haben gegen Krieg protestiert." („Friede")

4. Umschreiben

Der Text verwendet die denotative Bedeutung eines Basisbegriffs an seiner Stelle.

- „von Freude erfüllt" für „fröhlich" (*sozial*)
- „Angehöriger der Streitkräfte" für „Soldat" (*kämpferisch*)
- „stark ausgeprägter Wunsch" für „Verlangen" (*lustorientiert*)

■ *sozial*

„Von Freude erfüllt verkündete er das beste Ergebnis des Unternehmens in den letzten zehn Jahren."

■ *kämpferisch*

„Als Angehöriger der Streitkräfte muss er Gewehr bei Fuß stehen, wenn sein Chef ihn anruft."

■ *lustorientiert*

„Sein ausgeprägter Wunsch nach immer höherem Gewinn beschleunigt alle Arbeitsprozesse im Unternehmen."

5. Ableiten

Hier leitet der Text aus den Wertefeldern Verhaltensweisen ab, die diesen Werten entsprechen.

- „Ursache" für das Wertefeld „*rational*"
- „Karriere" für das Wertefeld „*kämpferisch*"
- „Nervenkitzel" für das Wertefeld „*erlebnisorientiert*"

■ *rational*

„Die Ursache für diese Entwicklung ist der Siegeszug der Informationstechnologie." („Ursache" ist deshalb dem Wertefeld „rational" zuzuordnen, weil „Forscher", „Wissenschaft", „Logik" ein Denken in Ursache-Wirkung-Kategorien nahe legen.)

■ *kämpferisch*

„Heute sprechen wir von der ‚Informationsgesellschaft'. Wie kam es zu dieser Karriere eines recht abstrakten Begriffs?" („Karriere" ist deshalb eine kämpferische Wertehaltung, weil das Wort Assoziationen wie „kämpfen", „angreifen", „sich durchsetzen" und „Sieg" auslöst.)

■ *erlebnisorientiert*

„Er mag den Nervenkitzel und investiert in Unternehmen, von denen er noch nie gehört hatte." („Nervenkitzel" verweist hier auf eine risikobereite Person, die gegenüber „Abenteuern" und „Erlebnissen" aufgeschlossen ist.)

Gesamteindruck

Genau so wie bei den stilistischen Kunstgriffen, kann im SemioDialog die einfache Verwendung von Schlüsselbegriffen nicht zwangsläufig zum gewünschten Eindruck (Wert) führen. Denn die Wahrnehmung von Texten ist immer ganzheitlich. Auch hier gilt der alte hermeneutische Grundsatz: Das Ganze ist mehr als die Summe seiner Teile. Wichtig für uns ist die Erkenntnis, dass Texte immer zentrale und periphäre Merkmale haben (vgl. Forgas, 1999, S. 55).

Solomon Asch vertritt die These, dass bei Wahrnehmungen nur bestimmte Merkmale des wahrgenommenen Gegenstandes zentrale Rollen spielen und anderen eher periphärische Bedeutung zukommt. Untermauert hat er seine These durch ein Experiment. Er legte zwei Gruppen von Probanden eine Liste von Adjektiven vor, die eine Person beschreiben. Nun sollten die Probanden auf einer zweiten Liste ihre Eindrücke von der Person niederschreiben. Die erste Gruppe erhielt die Adjektive „intelligent", „fähig", „fleißig", „herzlich", „entschlossen", „praktisch" und „vorsichtig". Die zweite Gruppe bekam zwar dieselbe Liste, das Adjektiv „herzlich" aber wurde durch „kühl" ersetzt. Diese kleine Veränderung beeinflusste stark die Probanden. Wer das Adjektiv „herzlich" gelesen hatte, beschrieb die Person als großzügig, weise, glücklich, beliebt, gesellig usw. Wer hingegen das Adjektiv „kühl" vor sich hatte, schätzte die Versuchsperson eher negativ ein. Bei einem weiteren Experiment hat Asch die Adjektive „höflich" und „ungehobelt" verändert. Die Wirkung auf die Probanden war gering. Aus diesen Experimenten folgerte er, dass es bei Wahrnehmungen zentrale Merkmale gibt, die Kristallisationspunkte bilden und die ganzheitliche Eindrucksbildung beeinflussen („herzlich", „kühl"), periphere Merkmale dagegen bleiben unwirksam („höflich", „ungehobelt"). Was nun zum zentralen Merkmal und was zum peripherischen Merkmal vorrückt, ist vom Kontext und von den Wissensbeständen der wahrnehmenden Personen abhängig.

Im SemioDialog gilt es daher, die beschriebenen Methoden so einzusetzen, dass die mit den Schlüsselwörtern verbundenen Werte und Wertevorstellungen die zentralen Merkmale der

Texte bilden. Rücken sie dagegen in die Peripherie, verfehlen sie ihren Zweck – wenn auch sie in schriftlichen und mündlichen Texten zerstreut auftauchen. Ob der Gesamteindruck auch der Wertewelt der Zielgruppen entspricht, könnten Pre-Tests oder Post-Tests klären.

5.4 Die Wirkung zielgruppenorientierter Kommunikation

In den vorangegangenen Kapiteln wurde erläutert, warum eine konsequente Ausrichtung von Marketingmaßnahmen an den Wertehaltungen der anzusprechenden Zielgruppe für den Erfolg von Kommunikationsmaßnahmen so wichtig ist. Am Beispiel der *Persil*-Stammkunden wurde zudem gezeigt, wie sich mit Hilfe des Semiometrie-Modells die spezifischen Wertehaltungen von Vermarktungszielgruppen identifizieren lassen. Im nächsten Schritt wird nun an einem konkreten Beispiel der Nachweis erbracht, dass eine konsequent zielgruppenorientierte Kommunikationsausrichtung auch tatsächlich zielgruppenspezifisch wirkt. Für den taktischen Einsatz von Kommunikation (z.B. in der Werbung) ergibt sich daraus die Erkenntnis, dass sich der Gesamterfolg einer Kampagne durch eine differenzierte Ausrichtung auf die zentralen Zielsegmente signifikant steigern lässt.

Im September 2006 wurde von TNS Infratest ein empirisches Experiment durchgeführt, in dessen Rahmen die zielgruppenspezifische Wirkungsweise zielgruppenorientierter Kommunikation untermauert werden sollte. Darüber hinaus sollte untersucht werden, inwieweit die sprachliche Ausgestaltung eines Textes, einer Rede oder eines Werbemittels die Kommunikationswirkung beeinflusst.

Hierzu wurden zu einem aktuellen politischen Thema (Einführung von Studiengebühren) zwei alternative Argumentationskonzepte entwickelt, die jeweils einer eigenen Überzeugungsstrategie folgten.

Text 1: „Sozialität":
Die sprachliche Ausgestaltung richtete sich an eher altruistisch geprägte Personen, für die Werte wie *Gemeinschaft, Miteinander, Treue, Freundschaft, Vertrauen* usw. eine wichtige Rolle im Leben spielen.

Text 2: „Individualität":
Die sprachliche Ausgestaltung richtete sich an eher individualistisch geprägte Personen, für die Werte wie *Freiheit, Selbstverwirklichung, Selbstbehauptung, Leistung, Macht* usw. bedeutsam sind.

Die Datenerhebung erfolgte in einer Welle des Semiometrie-Panels (n=3.000), das die deutsche Bevölkerung ab 14 Jahren repräsentativ abbildet. Im Rahmen des Experiments wurde die Welle in zwei strukturgleiche Substichproben mit n=1.491 bzw. n=1.509 Personen unterteilt.

Jeder der beiden Substichproben wurde nur eines der beiden Argumentationskonzepte zur Beurteilung vorgelegt. In den hier abgebildeten Fragebogenausschnitten sind die für die jeweilige zielgruppenorientierte Ansprache wichtigen Schlüsselbegriffe unterstrichen gekennzeichnet. Bei der Durchführung des Tests erhielten die Befragten selbstverständlich einen Fragebogen ohne Unterstreichungen.

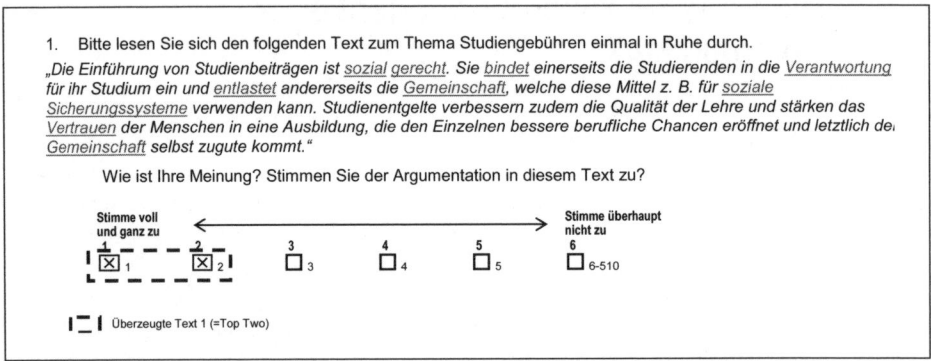

Quelle: TNS Infratest
Abbildung 20: Text „Sozialität"

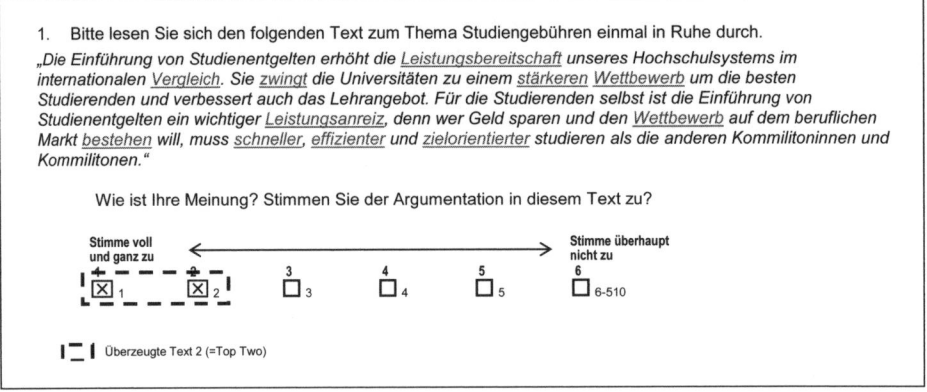

Quelle: TNS Infratest
Abbildung 21: Text „Individualität"

Der Text „Sozialität" folgt einer Argumentation, die den Gemeinschaftsaspekt in den Vordergrund stellt. Der Studierende übernimmt dabei nicht nur für sich selbst Verantwortung, sondern auch für die Gemeinschaft. Aufgrund seiner verbesserten beruflichen Chancen bekommt der Studierende dann später einen Rückfluss von der Gesellschaft, sodass sich gemäß dieser Argumentation mittelfristig ein fairer Interessensausgleich zwischen Individuum und Gemeinschaft ergibt. Die Argumentation wird durch den gezielten Einsatz von Wörtern und Begriffen untermauert, die in die sozial und altruistisch geprägte Wertewelt passen.

Die Argumentation in Text „Individualität" folgt einer anderen Argumentationsstrategie. Hier steht der Leistungsaspekt im Vordergrund. Die Einführung von Studiengebühren erhöht demnach gleichermaßen den Wettbewerb bei den Studierenden wie auch bei den Hochschulen, was beiderseitig zu einer Steigerung von Effizienz und Qualität führt. Auch hier wird die inhaltliche Argumentation flankierend durch die gezielte Sprachwahl untermauert, wobei insbesondere Begriffe aus der individualistisch geprägten Wertewelt verwendet werden.

Die Ergebnisse zeigen, dass die Zustimmungswerte bezüglich der beiden Argumentationskonzepte in beiden Testgruppen nahezu identisch ausfallen. Im Fall von Text „Sozialität" stimmen insgesamt 37 Prozent der Bevölkerungsstichprobe in hohem Maße (Top-Two-Boxes) der Argumentation zu. In der Parallelstichprobe (Text „Individualität") liegt der entsprechende Zustimmungswert bei 36 Prozent. Auch ein soziodemografischer Vergleich der beiden Gruppen zeigt keine prägnanten Unterschiede zwischen den Überzeugten der beiden Argumentationskonzepte.

Tabelle 5: *Soziodemografie*

		Bevölkerung 14+ 100% (n=3.000)	Überzeugte Text "Sozialität" 37% (n=546)	Überzeugte Text "Indidviduälität" 36% (n=549)
Geschlecht	männlich	48	45	⑤⑤
	weiblich	52	⑤⑤	45
Alter	14-29	19	17	16
	30-49	37	33	35
	50+	44	⑤⓪	⑤⓪
Bildung	Volks-/ HS	47	⑤②	44
	mittlere Bildung	36	33	38
	Abitur/Uni	17	14	17
Pers. Netto- Einkommen	bis unter 500 €	23	21	17
	500 b.u. 1500 €	48	48	44
	1500+ €	29	31	③⑨

◯ = Positive Abweichungen von mindestens 4 Prozentpunkten vom Durchschnitt der Bevölkerung 14+

Quelle: TNS Infratest

Beide Gruppen erweisen sich im Vergleich zur Gesamtbevölkerung als tendenziell älter. Beim Sozialitäts-Konzept ist der Frauen-Anteil bei den Überzeugten zudem leicht überdurchschnittlich. Dem Individualitäts-Konzept konnte sich umgekehrt ein erhöhter Anteil von Männern anschließen. Die Tatsache, dass man es hier mit zwei völlig unterschiedlichen Gruppen zu tun hat, wird aus dieser Betrachtung allerdings nicht ansatzweise deutlich.

Erst die tiefer gehende Untersuchung der spezifischen Wertehaltungen beider Gruppen offenbart, welche Personen dem jeweiligen Konzept tatsächlich zugestimmt haben und wo die psychografischen Motive für das jeweilige Zustimmungsverhalten zu finden sind.

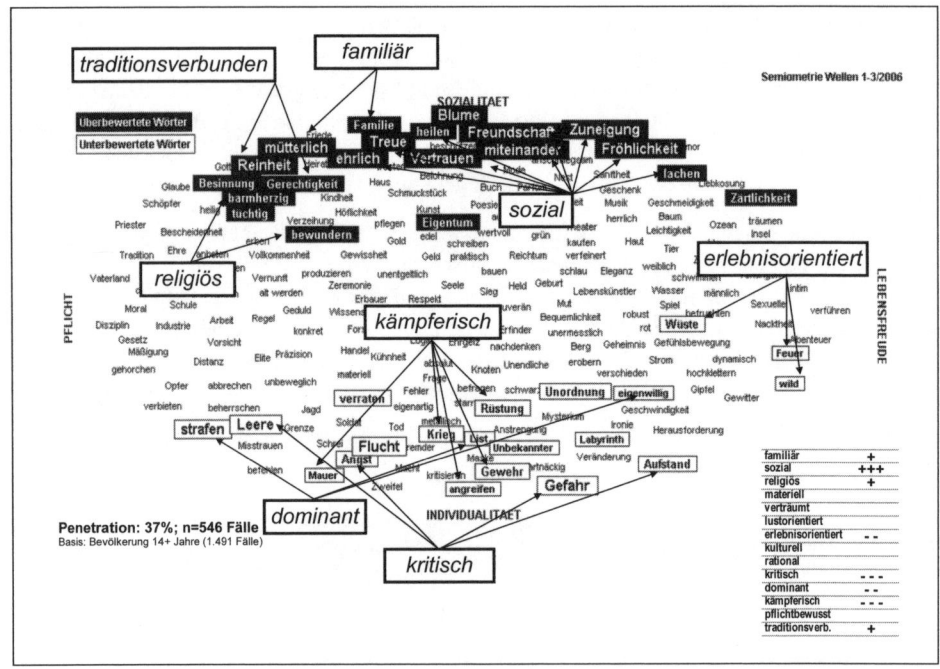

Quelle: TNS Infratest
Abbildung 22:   *Überzeugte Text „Sozialität"*

Bei den Überzeugten von Text „Sozialität" handelt es sich dabei speziell um Personen mit einem stark *sozialen* sowie *familiären, religiösen* und *traditionsverbunden* Wertehintergrund. In diesem Werteverständnis spielen Aspekte wie *Gerechtigkeit, Miteinander, Vertrauen* und *Fairness* eine wichtige Rolle. Genau an diese Wertehaltung appellieren Argumentation und Sprachwahl in Text 1. Es ist also kein Wunder, dass dieser Text gerade Personen mit diesem spezifischen Wertehintergrund überzeugt. Es wird zudem einmal mehr deutlich, dass die Zuordnung spezifischer Wertehaltungen häufig nur wenig mit der Soziodemografie von Personen zu tun hat.

Ein vollkommen anderes Wertemuster zeigt sich bei den Überzeugten von Text „Individualität". Passend zu Argumentationsführung und Sprachwahl fühlen sich hier insbesondere *dominante, kritische* und *kämpferische* Personen angesprochen. Aspekte wie Durchsetzungsstärke, Zielorientierung, Leistungsbereitschaft sowie das Streben nach Herausforderungen (sich beweisen können) passen in diese spezifische Wertewelt. In Text 2 werden genau diese Motive in der Argumentationsführung und Sprachwahl verwendet. Entsprechend systematisch ist daher auch die Kommunikationswirkung.

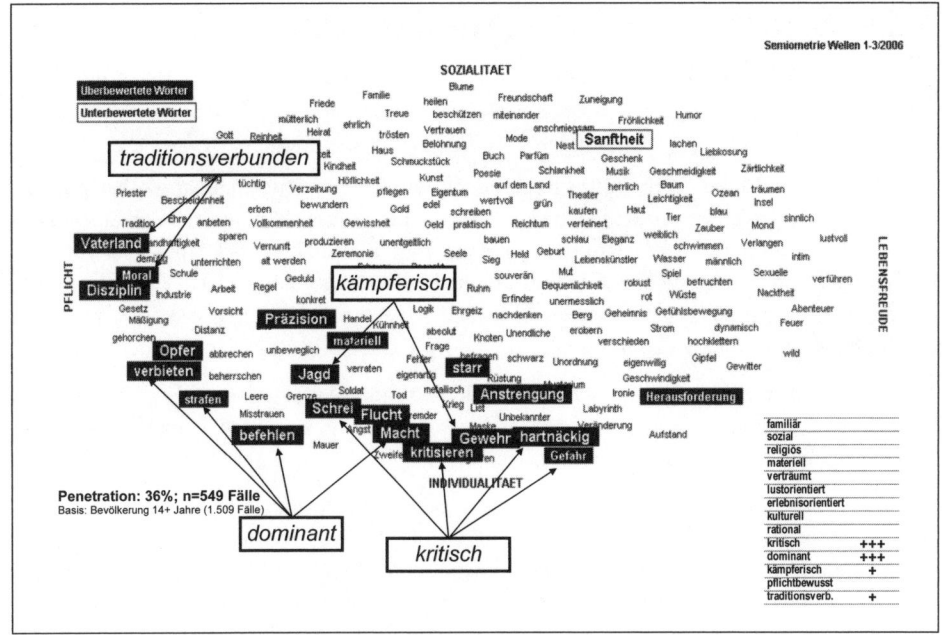

Quelle: TNS Infratest
Abbildung 23: Überzeugte Text „Individualität"

Welche grundlegenden Erkenntnisse lassen sich aus diesen Ergebnissen ziehen? Zum einen wird deutlich, dass Kommunikationskonzepte, die in ihrer Argumentation und Sprachwahl die spezifischen Wertehaltungen von Zielgruppen aufgreifen, bei diesen Zielgruppen auch überdurchschnittliche Kommunikationserfolge erzielen. Zum anderen zeigen die Ergebnisse einmal mehr, dass sich die verhaltensrelevante Charakteristik von Zielgruppen nicht anhand soziodemografischer Merkmale ablesen lässt. Vielmehr ist es notwendig, die spezifischen Wertehaltungen der anvisierten Zielgruppen zu ermitteln, um diese dann jeweils gezielt ansprechen zu können.

Diese grundsätzlichen Erkenntnisse sind letztlich für ein breites Spektrum von Kommunikationssituationen gleichermaßen gültig, angefangen von der Werbung, über politische Kampagnen bis hin zum persönlich zwischenmenschlichen Gespräch. Eine bewusste Orientierung des jeweiligen Senders an den spezifischen Bedürfnissen der Empfänger bzw. Zuhörer erleichtert die Überwindung innerer Reaktanz-Barrieren und erhöht damit die Kommunikationswirkung und Überzeugungsleistung erheblich. Der Gesamterfolg von Kommunikationskampagnen lässt sich daher durch eine differenzierte Ausrichtung auf die anvisierten Zielsegmente signifikant steigern. Salopp formuliert lässt sich diese Erkenntnis auf die Formel verdichten:

„Bedenke (besser noch: Prüfe!) erst, mit wem du sprichst, bevor du sprichst!"

5.5   Sprache als Brücke zwischen Marke und Zielgruppe

Das im vorigen Kapitel vorgestellte Experiment zum Thema Studiengebühren hat gezeigt, dass ein auf die jeweils anzusprechende Zielgruppe abgestimmter Sprachstil auch zu entsprechend überdurchschnittlichem Kommunikationserfolg führt. Diese Erkenntnis ist für eine Vielzahl von Anwendungsgebieten interessant, insbesondere überall dort, wo es ganz bewusst um die gezielte Einflussnahme auf das Verhalten von Personen geht, wie beispielsweise in der Werbung für Produkte und Marken.

Marken entstehen nicht zufällig. Vielmehr bedarf es einer systematischen Entwicklung und Inszenierung. Marken schaffen emotionale Identität, sie wecken Assoziationen und geben Produkten eine unverwechselbare Persönlichkeit!

Ein Geheimnis erfolgreicher Markenführung liegt darin, dass die Botschaften, Images und Identifikationsangebote der Marke exakt auf das Profil der anvisierten Zielgruppe abgestimmt sind. Um dieses Ziel zu erreichen, müssen im Vorfeld allerdings einige grundlegende Fragen analysiert und beantwortet werden:

- ■ Wofür soll die Marke stehen? Welche grundsätzlichen Assoziationen sollen geweckt werden?

- ■ Wie „ticken" die anzusprechenden Kunden? Welche verhaltensrelevanten Werte und Überzeugungen haben sie?

- ■ In welcher Sprache und Tonalität soll die Markenkommunikation vollzogen werden?

Nur wenn diese Fragen eindeutig beantwortet werden, sind die Voraussetzungen für erfolgreiche Markenführung gegeben. Das folgende Beispiel der Biermarke *Beck's* zeigt, wie diese Fragen im Rahmen einer semiometrischen Analyse systematisch untersucht werden und welche markensprachlichen Schlüsse aus den Ergebnissen der Untersuchung gefolgert werden können.

Abbildung 24 zeigt das semiometrische Mapping der Stammkunden[2] von *Beck's*. Die zugrunde liegenden Daten wurden im Rahmen der jährlichen bevölkerungsrepräsentativen Semiometrie-Basisbefragung erhoben. *Beck's*-Kunden bevorzugen insbesondere Begriffe aus den Bereichen „Lebensfreude" und „Individualität" und lehnen Wörter aus den Bereichen „Pflicht" und „Sozialität" ab. Bereits auf den ersten Blick wird deutlich, dass es sich im Kern um eine ausgesprochen hedonistische und individualistische Zielgruppe handelt, die sich von althergebrachten, traditionellen Wertebildern abgrenzt. Begriffe wie „Abenteuer", „wild" und „Herausforderung" verweisen auf eine starke Erlebnisorientierung, während Begriffe wie „eigenwillig", „Aufstand" und „Macht" die ausgeprägte individualistische Grundhaltung ausdrücken. Personen mit dieser Wertehaltung führen im Allgemeinen einen extrovertierten Lebensstil. Die individualistische Prägung offenbart sich in starkem Selbstbewusstsein und

---

[2] Beck's hauptsächlich genutzte Bier-Marke

dem Streben nach Selbstverwirklichung. Daher sollten die mit der Marke verknüpften Assoziationen und Images in hohem Maße emotional aufgeladen werden und typisch individualistische Motive wie Selbstbestimmung, Unabhängigkeit oder Unkonventionalität aufgreifen. Traditionsorientierte Motive zu betonen, wäre dagegen unangemessen.

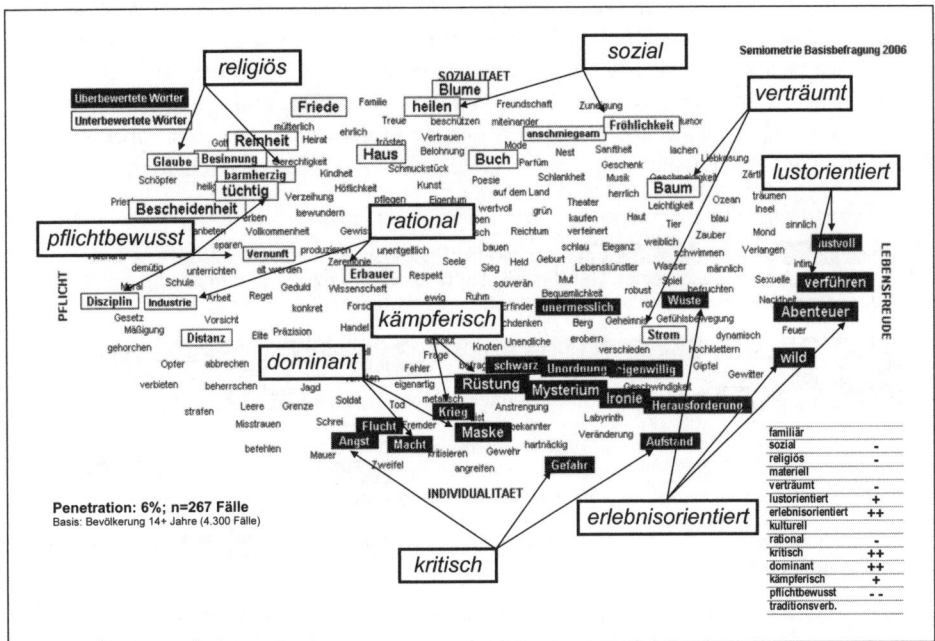

Quelle: TNS Infratest
Abbildung 24: *Beck's Stammkunden*

Implikationen für die Markensprache

Für die Markensprache bedeutet dies: Die Persönlichkeit der Marke soll in Schlüsselwörtern verdichtet werden, die bei der Zielgruppe positive Emotionen auslösen. So zum Beispiel Begriffe wie „Abenteuer" oder „wild" für Erlebnisorientierte. Entsprechend sollen alle Begriffe vermieden werden, die negative Assoziationen hervorrufen, wie „Disziplin" oder „Vernunft". Über die im Semiometrie-Basismapping aufgeführten Begriffe hinaus, gilt es auch, die dazugehörigen Wortfelder zu nutzen (z. B. Synonyme) und die Werte insgesamt sprachlich zu inszenieren („Wie verhalten sich Erlebnisorientierte überhaupt?") – im Sinne von Impression Management.

Wer an *Beck's Bier* denkt, sieht das grüne Segelschiff im Meer. Dieses Schlüsselbild ist 20 Jahre alt. Es zeigt einen Dreimaster, der für „Expedition" und „Entdeckung" steht. Schon Kolumbus segelte mit seinem Dreimaster über offene Meere. Doch haben Marken als Persönlichkeiten nicht nur ein Gesicht. Sie haben auch eine Stimme. Diese Stimme darf nicht nur in Anzeigen hörbar werden. Alle sprachlich relevanten Instrumente sollten mit dieser einen Stimme sprechen – integriert und markengerecht: Kataloge, Neue Medien, Packungstexte, Briefe, Reden, Servicebezeichnungen etc.

Beck's verwendet bereits sprachlich richtige Codes: als Claim „Beck's Experience" und als Song „Sail Away". Beide greifen die Motive *Erlebnis*, *Abenteuer* und *Freiheit* auf und lösen in der relevanten Zielgruppe positive Emotionen aus. Aber wie sieht es mit anderen Textsorten aus? Hier ein Beispiel aus der Webseite von *Beck's* (www.becks.de). Die schwarz hinterlegten Wörter stammen aus den Wertekategorien der Hauptmarkenverwender (überbewertet), während die grau hinterlegten den entgegengesetzten Werten angehören (unterbewertet):

> „Bier**genießer** auf der **ganzen Welt** erkennen ein Beck's sofort – an seiner **reinen** herben Frische, an seinem ausgereiften Geschmack. Durch die **traditionelle** Braumethode und die besonders kalte Lagerung entsteht der typische, frisch-würzige Geschmack.
>
> **Und Beck's Genießer leben das Leben wie es gerade kommt – Hauptsache sie sind mitten drin!** Am besten mit Beck's, denn Beck's ist **überall** da, wo es **spannend** wird. Auf **angesagten Events**, zahlreichen Konzerten und in der nächsten **Szene-Bar**.
>
> Beck's ist in über 120 Ländern der Welt ein unverwechselbares Symbol für **puren** Pilsgeschmack – **grenzenlos** frisch. Grundsteine dieser **Erfolg**sstory sind neben **moderner Technik** und perfekter **Logistik** vor allem die **beständige traditionelle** Brauweise nach dem **Deutschen Reinheitsgebot**. Diese Philosophie hat Beck's zur **führenden** deutschen Exportmarke wachsen lassen und die grüne Flasche als Synonym für **Premium** Pilsener **made in Germany** etabliert.
>
> Neben dem qualitativen Anspruch spielt eine innovative und konsequente Markenführung die Hauptrolle. Ob das klassische Beck's mit seinen Untermarken oder Haake-Beck – jede Marke für sich ist in den **Köpfen** der Verbraucher fest verankert. Und jede Marke ist eine eigene Welt mit ihren ganz besonderen Charakteristika".

Abbildung 25: *Beck's Website (Mustertext)*

Wörter wie „genießen", „Spannung", „Szene-Bar", „Events", „Erfolg", „führen", „Premium", „modern" „grenzenlos" (vgl. Schlüsselwort „unermesslich") und der Kernsatz *Und Beck's Genießer leben das Leben wie es gerade kommt – Hauptsache sie sind mitten drin!"* sind erlebnisorientiert und beschreiben die Wertehaltung der Zielgruppe. Entweder sind diese Begriffe im Basismapping aufgeführt oder sind Synonyme und spiegeln das allgemeine Verhalten der Zielgruppe wider. Dagegen stammen Wörter wie „rein", „pur" „Reinheitsgebot" (vgl. Schlüsselwort „Reinheit") aus dem entgegengesetzten Bereich zwischen *Sozialität – Pflicht* und verfehlen den zentralen Wert der Zielgruppe. Auch die anderen Wörter verfehlen ihr Ziel; sie gehören zum Bereich *Pflicht – Individualität*: „traditionsverbunden" („traditionelle", „Deutsches [Reinheitsgebot]", „made in Germany", auch „beständig"), „rational" („Methode", „Logistik", „Kopf"). Und das Wort „Konzert" fällt zwar in den Bereich des Kulturellen. Im obigen Kontext jedoch deutet es auf Pop- bzw. Jazzmusik.

Der Text ist also widersprüchlich. Konsequente Markenführung bedarf jedoch einer einheitlichen Markensprache. Ein Vorschlag, diesen Text nach semiometrischen Kriterien an die Werte von Erlebnisorientierten anzupassen, ist die folgende, geänderte Version:

„Bier**genießer auf der ganzen Welt** erkennen ein Beck's sofort – an seiner herben Frische und an seinem ausgereiften Geschmack.

Beck´s Genießer leben das Leben wie es gerade kommt – Hauptsache sie sind mitten drin! Am besten mit Beck's. Denn Beck's ist **überall** da, wo es **spannend** wird. Auf **angesagten** **Events**, zahlreichen Konzerten und in der nächsten **Szene-Bar**.

In über 120 Ländern der Welt steht Beck's für unverwechselbaren Pilsgeschmack – **grenzenlos** frisch und **verführerisch** würzig. Das **Geheimnis** dieser **Erfolg**sstory ist die besondere Brauart, die Hopfen, Malz und Wasser zum **Premium** Pilsener vereint. So ist Beck´s zur **führenden** Exportmarke **aufgestiegen** und die grüne Flasche zum Symbol für **Premium** Pilsener.

Dazu tragen neben Qualität auch eine innovative und konsequente Markenführung bei. Ob das klassische Beck's mit seinen Untermarken oder Haake-Beck – Bier**genießer** kennen jede Marke - und jede Marke ist eine eigene Welt mit ihrer ganz besonderen Note".

Abbildung 26: *Beck´s Website (semiometrisch angepasster Text)*

Dieser Text enthält nicht nur überbewertete Wörter wie „verführen" oder „Geheimnis" (vgl. „Mysterium" in Abbildung 25), sondern schwächt auch die zentrale Metapher des ursprünglichen Textes: Pflanze. Wörter wie „frisch", „grün", „wachsen lassen", „ausgereift" verweisen auf sie (vgl. Abbildung 26). Doch diese Metapher passt eher in den Bereich zwischen *Sozialität* und *Lebensfreude*. Ein Blick auf Abbildung 25 zeigt, dass genau die Wörter unterbewertet sind, die mit der Metapher „Pflanze" verflochten sind, nämlich „Baum" und „Blume". Der geänderte Text greift stattdessen eine andere Metapher auf, die eher den Wertvorstellungen von *Erlebnisorientierten* entspricht: „Berg". So ersetzt „aufsteigen" das Wort „wachsen lassen". Und „führen" appelliert ergänzend an die dominante Seite der Zielgruppe – ebenfalls positiv besetzt. Auch den Abschnitt über Technik und Lagerungsart haben wir entfernt, weil für Erlebnisorientierte technische Details nicht im Vordergrund stehen. Somit ist dieser Text widerspruchsfrei und entspricht den Wertevorstellungen der Zielgruppe.

Das Beispiel zeigt, dass Sprache eine wichtige Brücke ist, über die Marken ihre Zielgruppen erreichen können. Sprache ist so alltäglich und selbstverständlich, dass ein markenbewusster Umgang mit ihr nicht mehr so selbstverständlich zu sein scheint. Doch nachlässiger Einsatz der Sprache kommt Unternehmen langfristig teuer zu stehen. Denn sie vergeuden Ressourcen und investieren dafür mehr in andere, noch teurere Maßnahmen, um ihre Marke ins Bewusstsein der Zielgruppe zu heben.

Markengerechter und strategischer Umgang mit der Sprache jedoch – nicht zu verwechseln mit der Tätigkeit von kreativen Werbetextern – haucht dem Motto „differenciate or die" neues Leben ein. Die Instrumente dazu sind Wörter, Metaphern, rhetorische Figuren und andere. Von daher ist es sehr wichtig, Sprachmanagement systematisch in das Markenmanagement einzubauen.

6.   Zielgruppenorientierte Markenführung

6.1   Das Problem heterogener Zielgruppenstrukturen

Im Zusammenhang mit der Durchführung von Zielgruppenanalysen ist die Frage nach dem Grad der Homogenität bzw. Heterogenität von Zielgruppenstrukturen immer wieder ein wichtiger Aspekt. Viele Zielgruppenabgrenzungen, die auf den ersten Blick völlig plausibel erscheinen, erweisen sich bei einer detaillierteren Betrachtung als ungeeignet zur Ableitung zielgruppenorientierter Marketingmaßnahmen. Die Ursache ist häufig, dass die zugrunde liegenden Zielgruppenstrukturen zu heterogen und vielschichtig sind.

Würde man zum Beispiel im Automobil-Bereich auf die Zielgruppendefinition „*Golf*-Fahrer" stoßen, wäre man wahrscheinlich zuerst einmal nicht weiter verwundert. Bei näherer Betrachtung wird allerdings schnell einsichtig, dass es sich bei *Golf*-Fahrern kaum um eine homogene Zielgruppe handeln kann. Der *VW Golf* ist das seit Jahren meistverkaufte Auto, sowohl in Deutschland als auch europaweit. Es gibt mehrere Modellgenerationen und eine Vielzahl von Ausführungsvarianten. Und natürlich verbergen sich hinter den einzelnen Modellen auch sehr unterschiedliche Nutzertypen. So spricht der *Golf GTI* einen eher sportlich-dynamischen Fahrer-Typus an, das *Golf Cabrio* ist besonders bei Frauen beliebt und der *Golf Variant* ist ein praktisches Familien-Auto. Für die Ableitung zielgruppenorientierter Vermarktungsstrategien empfiehlt sich daher eine differenziertere Untergliederung der „*Golf*-Fahrer" in deutlich homogenere Subsegmente.

Allerdings muss der Grad der gewählten Zielgruppendifferenzierung immer mit den Möglichkeiten des verfügbaren Marketinginstrumentariums abgeglichen werden. Zu feingliedrig gewählte Segmentierungen sind nicht zielführend, wenn die identifizierten Zielgruppen anschließend nicht mehr hinreichend differenziert angesprochen werden können. Die heutige Vielfalt werbeführender Medien sowie die immer feiner arbeitenden Planungs- und Selektionstools der Media-Agenturen, Online-Vermarkter und Direktmarketing-Anbieter bieten den Unternehmen allerdings auch immer differenziertere und spezifischere Möglichkeiten zur Zielgruppenerreichung.

Vor dem Hintergrund der gewählten strategischen Zielsetzung ist daher die richtige Abgrenzung der relevanten Vermarktungszielgruppe sowie die Identifikation eigenständig ansprechbarer Subsegmente eine zentrale Aufgabe fundierter Zielgruppenanalysen.

Anhand von zwei Beispielen aus Untersuchungen der TNS Infratest Semiometrie-Forschung wird im Folgenden gezeigt, wie sich heterogene Zielgruppenstrukturen mittels semiometrischer Analysen identifizieren lassen und wie über die spezifische Betrachtung von Subgruppen konkrete Empfehlungen für eine differenziertere und zielgruppengenauere Kommunikation abgeleitet werden können.

6.1.1 Untersuchung der Modemarke *BOSS*

Im Jahr 2001 führte das TNS Infratest Semiometrie Centre im Auftrag eines bekannten deutschen Bekleidungsherstellers eine umfangreiche semiometrische Marken- und Zielgruppenanalyse im Bereich Herrenmode durch. Im Rahmen dieser Untersuchung wurden unter anderem auch verschiedene Wettbewerbsmarken des Herstellers analysiert, unter anderem auch die Marke *BOSS*.

Das folgende Chart zeigt das semiometrische Profil der *BOSS*-Stammkunden:

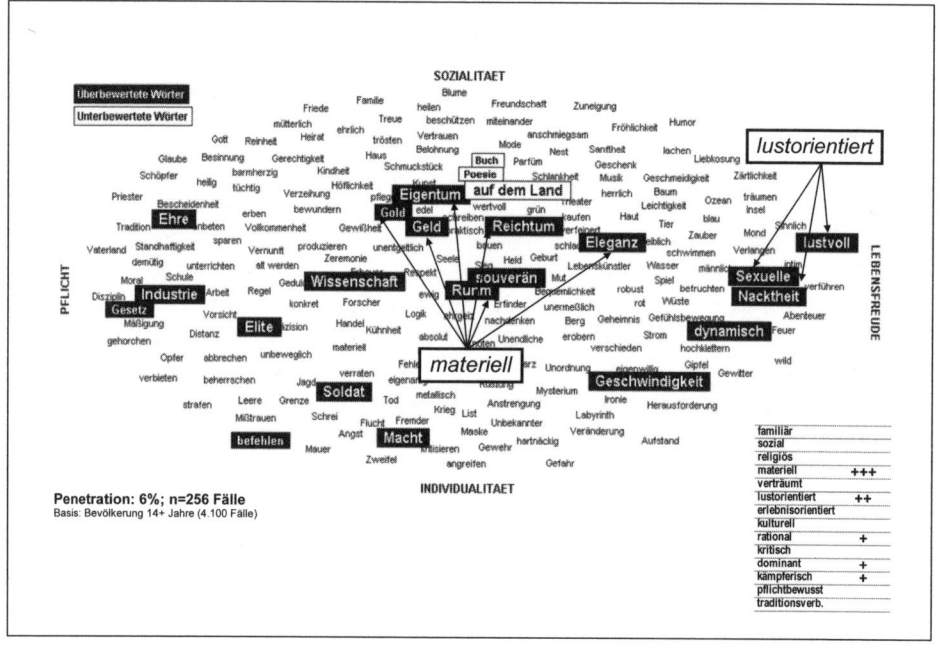

Quelle: TNS Infratest
Abbildung 27: *BOSS Stammkunden*

Im semiometrischen Mapping finden sich zwei Werteschwerpunkte, die für die Verwender der Marke *BOSS* charakteristisch sind. Zum einen gibt es eine stark materielle Orientierung, die sich in einer überdurchschnittlich positiven Beurteilung (= besonders angenehm) von Begriffen wie *Reichtum, Eigentum, Geld, Gold* oder *Ruhm* manifestiert. Des Weiteren lässt sich anhand der überbewerteten Begriffe *lustvoll*, *Nacktheit* und *das Sexuelle* auch eine deutlich hedonistisch-lustorientierte Grundhaltung identifizieren.

Während eines Workshops mit dem Auftraggeber wurde das Werteprofil der *BOSS*-Stammkunden im Rahmen der Wettbewerbsbetrachtung diskutiert. Der verantwortliche Marketingleiter äußerte in diesem Zusammenhang eine spontane Vermutung. Hinter dem Zielgruppenprofil verberge sich ein klarer Alterseffekt. Es sei nämlich wahrscheinlich so, dass die lustorientierte Grundhaltung von den eher jüngeren *BOSS*-Verwendern beigesteuert werde, während die materielle Grundhaltung (Prestige, Status) von den älteren *BOSS*-Kunden stamme. Er vermutete also eine heterogene Zielgruppenstruktur, bei der das aggregierte Gesamtprofil die Verschmelzung der spezifischen Wertehaltungen zweier unterschiedlich charakterisierter Subgruppen widerspiegelt.

Diese Hypothese wurde darauf hin in einer vertiefenden Detailanalyse genauer untersucht. Dazu wurde das Werteprofil der *BOSS*-Verwender jeweils separat innerhalb der beiden Alterssegmente „Männer bis 40 Jahre" und „Männer über 40 Jahre" betrachtet.

Tabelle 6: *Werteprofil BOSS-Kunden*

	BOSS gesamt 6% (n=256)	BOSS bis unter 40 Jahre 6% (n=106)	BOSS 40+ Jahre 6% (n=150)
familiär			+
sozial			
religiös			
materiell	+++	+++	+
verträumt			
lustorientiert	++		+++
erlebnisorientiert		+	
kulturell			
rational	+	+	
kritisch			
dominant	+	+	+
kämpferisch	+		+
pflichtbewusst		+	
traditionsverbunden		+	

Quelle: TNS Infratest

Das Ergebnis war verblüffend. Der Marketingleiter hatte mit seiner Vermutung Recht. Es handelte sich tatsächlich um einen eindeutigen Alterseffekt, allerdings genau umgekehrt als vermutet.

Nicht die jüngeren, sondern vielmehr die älteren *BOSS*-Verwender erwiesen sich als überdurchschnittlich lustorientiert. Und die materielle Orientierung steuerten entgegen der ursprünglichen Vermutung nicht die älteren, sondern gerade die jüngeren Verwender bei. Wie lässt sich dieser Effekt interpretieren, und welche Konsequenzen ergeben sich daraus für die Kommunikation?

Die vertiefende Analyse verdeutlicht, dass gerade für die jüngeren *BOSS*-Verwender das Streben nach materiellem Erfolg, Prestige und Status einen hohen Stellenwert einnimmt. Die Marke *BOSS* bietet ihnen eine Möglichkeit, diese Wertevorstellung in ihrem gesellschaftlichen Umfeld zu kommunizieren.

Die älteren *BOSS*-Kunden tendieren dagegen im Gegensatz zur Mehrheit ihrer Altersgruppe nicht zunehmend zu Pflicht-Werten, sondern überbewerten „typisch junge" Begriffe wie *das Sexuelle, lustvoll* und *dynamisch*. Die Marke *BOSS* bietet ihnen eine Möglichkeit, sich mit Sex-Appeal auszustatten und eine jugendliche Aura zu bewahren.

Diese Erkenntnisse sind für die Entwicklung einer zielgruppenorientierten Kommunikationsstrategie natürlich von großer Bedeutung. So bietet sich die Möglichkeit, im Rahmen der Werbeansprache die jeweils spezifischen Wertehaltungen der beiden Subsegmente gezielt aufzugreifen und entsprechend passende Werbebotschaften zu entwickeln. In Bezug auf die jüngere Zielgruppe wären dies dann insbesondere Motive und Metaphern, die verdeutlichen, dass die Marke *BOSS* für Luxus, Prestige und Status steht. Mit Fokus auf die reiferen *BOSS*-Kunden sollten dagegen eher Werbebotschaften konzipiert werden, welche die Marke *BOSS* mit einem sinnlichen und leidenschaftlichen Lebensgefühl in Verbindung bringen. Über eine entsprechend zielgruppenorientierte Mediaplanung kann eine derart differenziert angelegte Kommunikationsstrategie dann zudem auch ausgesprochen zielgruppengenau adressiert werden.

Das *BOSS*-Beispiel verdeutlicht gleich zwei Dinge eindrucksvoll: Zum einen zeigt es, dass Zielgruppen in ihrer Struktur durchaus heterogen angelegt sein können und dass über die Identifikation deutlich homogenerer Subsegmente eine differenziertere, zielgruppengenauere und somit insgesamt Erfolg versprechendere Kommunikationsansprache möglich ist.

Zum zweiten zeigt das Beispiel aber auch, dass die klassischen, über die Soziodemografie abgeleiteten Assoziationsmuster bezüglich der intuitiven Zuordnung von Einstellungen und Verhaltensmustern zu grundlegenden Fehlinterpretationen führen können. Erst die detaillierte Analyse der psychografischen Wertehaltungen offenbarte im vorliegenden Beispiel, dass eben nicht die jüngeren, sondern gerade die älteren Kunden für die Lustorientierung im Werteprofil der Marke *BOSS* verantwortlich sind.

6.1.2   Semiometrische Analyse von *SPD*-Anhängern

Das folgende Beispiel stammt zwar aus einem ganz anderen thematischen Zusammenhang, zeigt aber in ähnlicher Weise, dass sich hinter einer vermeintlich klar umrissenen Zielgruppe sehr unterschiedlich charakterisierte und durchaus eigenständig ansprechbare Subsegmente verbergen können.

Das semiometrische Mapping zeigt das Werteprofil der *SPD*-Anhänger. Die zugrunde liegenden Daten wurden von TNS Infratest im März 2006 über die so genannte „Sonntagsfrage" innerhalb des repräsentativen Semiometrie-Panels ermittelt. Hier der Wortlaut der Sonntagsfrage: „Welche Partei würden Sie mit Ihrer Zweitstimme wählen, wenn am kommenden Sonntag Bundestagswahl wäre?"

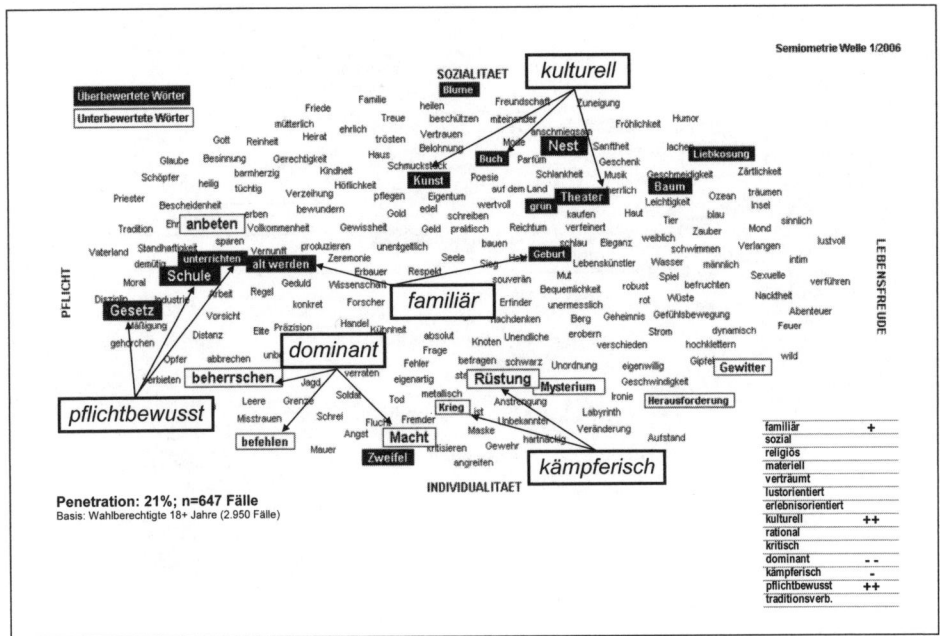

Quelle: TNS Infratest
Abbildung 28: *SPD-Anhänger (gesamt)*

Das semiometrische Profil verdeutlicht, dass sowohl Pflichtbewusstsein (*Gesetz, Schule, Unterrichten*) als auch eine kulturelle Wertehaltung (Buch, Theater, Kunst) für die SPD-Anhänger charakterisierend sind. Da eine derartige Werte-Konstellation bei Zielgruppen eher selten anzutreffen ist, liegt die Vermutung nahe, dass hinter den einzelnen Werteschwerpunkten jeweils eigenständige Subsegmente stehen könnten. So könnten die verschiedenen Werteschwerpunkte zum Beispiel mit einer unterschiedlichen beruflichen Einordnung korrelieren. Die folgenden Darstellungen zeigen daher eine Aufgliederung der *SPD*-Anhänger in die klassische Arbeiterschaft einerseits und die resultierende Rest-Wählerschaft andererseits.

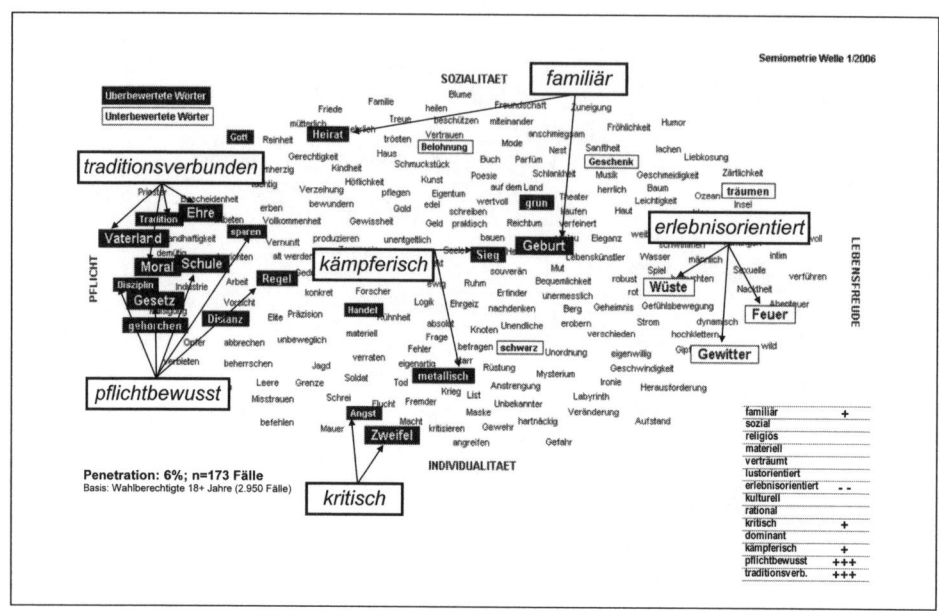

Quelle: TNS Infratest

Abbildung 29: *SPD-Anhänger und Arbeiter*

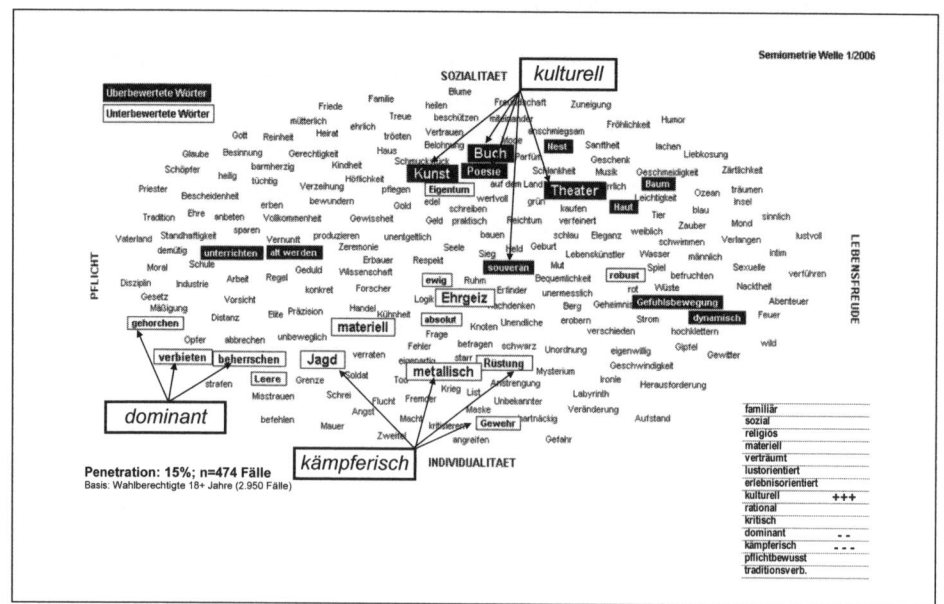

Quelle: TNS Infratest

Abbildung 30: *SPD-Anhänger und nicht Arbeiter*

Die Analyse verdeutlicht, dass es sich bei den *SPD*-Anhängern (21% der Bevölkerung 14+ Jahre; Stand: März 2006) in der Tat keinesfalls um eine homogene Gruppierung handelt. Vielmehr ist es zum Beispiel mit Blick auf die berufliche Herkunft so, dass die Arbeiter (6%) für eine eher traditionell-pflichtbewusste Wertehaltung stehen, während der weitaus größere Teil der *SPD*-Anhänger (21%) stärker kulturell und intellektuell geprägt ist.

Vor diesem Hintergrund ist es natürlich ausgesprochen interessant, einmal zu untersuchen, inwieweit diese grundlegenden Wertehaltungen im Rahmen programmatischer *SPD*-Veröffentlichungen angesprochen werden. Der Text (vgl. Abb. 31, Seite 117) aus dem „Bremer Programmentwurf" der *SPD* wurde der Partei im Jahr 2007 vom Parteivorstand vorgelegt.

Analyse

Der Text verdeutlicht, in welcher Sprache die *SPD* ihre Mitglieder und Anhänger anspricht. Nach der semiometrischen Analyse sind es zwei grundlegende Wertehaltungen, die die Anhänger der Sozialdemokratie positiv kennzeichnen: Kultur und Pflicht (kulturell ++, pflichtbewusst ++). Mit dem ersten Wert sollen, nennen wir sie vereinfachend „Intellektuelle" (grau hinterlegt), und mit dem zweiten, nennen wir sie „Arbeiter" (schwarz hinterlegt), erreicht werden. Die Werte der ersten Gruppe erstrecken sich zwischen den Dimensionen Lebensfreude – Sozialität und die Werte der zweiten Gruppe zwischen Pflicht – Individualität.

Dabei zeigt das semiometrische Mapping auch, dass diese Werteprofile Abschattungen enthalten. Bei „Intellektuellen" überwiegt positiv das Kulturelle und negativ das Kämpferische, während die „Arbeiter" nicht nur pflichtbewusst, sondern auch traditionsverbunden sind und den familiären, kritischen sowie kämpferischen Werten Positives abgewinnen können.

Ausgehend von diesen Wertefeldern können wir nun im Text die entsprechenden Wörter und Sätze den einzelnen Werten zuordnen:

▨ Intellektuelle

kulturell   +++

- „soziale Kultur"
- „Impulse und Ideen"
- „geistige Strömungen"
- „Christentums und des Humanismus, der Aufklärung, des Sozialismus"
- „kulturelle Vielfalt"

kämpferisch   ---

- „niemals Krieg, Unterdrückung oder Diktatur"
- „Widerstand gegen den Nationalsozialismus bis zum politischen Kampf gegen den Kommunismus"

dominant   --

- „nicht durch diktatorische Mittel"
- „niemals Krieg, Unterdrückung oder Diktatur"

■ Arbeiter

pflichtbewusst   +++

- „arbeiten"
- „Einsatz"
- „Aufbau"
- „Arbeiterinnen und Arbeiter"
- „Übernahme nationaler Regierungsverantwortung"
- „Mahnung und Verpflichtung"
- „Erneuerung des wieder vereinten Deutschlands am Ende des 20. Jahrhunderts"
- „Widerstand gegen den Nationalsozialismus bis zum politischen Kampf gegen den Kommunismus"

traditionsverbunden   +++

- „woher"
- „war immer Teil einer großen internationalen Bewegung"
- „von Anfang an"
- „Berliner Programm von 1989"
- „Gerechtigkeit"
- „1925 im Heidelberger Programm"
- „seit ihren Anfängen"
- „Teil einer Freiheitsbewegung"
- „Frauenwahlrecht"
- „Erfahrung von anderthalb Jahrhunderten zurückschauen"
- „Weimarer Republik"
- „Opfer von Verfolgung und Mord"
- „Geschichte"
- „Herkunft"
- „Godesberger Programm von 1959"
- „Frauenbewegung und der Neuen Sozialen Bewegungen"

familiär   +

- „Friede"
- „bewahren"
- „sichert" oder „Sicherheit"
- „mutige"

kritisch   +

- „selbstkritisch"
- „überprüfen"

kämpferisch   +

- „erkämpft"
- „Widerstand gegen den Nationalsozialismus bis zum politischen Kampf gegen den Kommunismus"

Woher wir kommen

Die deutsche Sozialdemokratie war immer Teil einer großen internationalen Bewegung. Von Anfang an war es unser Ziel, eine gemeinsame Politik in Europa und der Welt zu verwirklichen. In unserer Zeit wachsen das dafür nötige Wissen, die Einsicht und die Möglichkeiten. Nicht erst das Berliner Programm von 1989 hat unseren Blick auf die Dimension einer zusammenwachsenden Welt gerichtet, auf Frieden und Gerechtigkeit und das Leitbild der nachhaltigen Entwicklung, die die Grundlagen der menschlichen Zivilisation sichert und bewahrt. Wir arbeiten weiter am Projekt des gemeinsamen Europa, das 1925 im Heidelberger Programm eine Vision war und nun vollendet werden kann. Seit ihren Anfängen betrachtet sich die deutsche Sozialdemokratie als Teil einer Freiheitsbewegung, die in allen modernen Gesellschaften für mehr Demokratie und Gerechtigkeit eintritt. Wir sind stolz darauf, niemals Krieg, Unterdrückung oder Diktatur über unser Volk gebracht zu haben. Sozialdemokratinnen und Sozialdemokraten haben das Frauenwahlrecht in Deutschland erkämpft. Mit der Wiedergründung der Sozialdemokratischen Partei in der DDR haben sich mutige Sozialdemokratinnen und Sozialdemokraten in Solidarität mit den mittelosteuropäischen Bürgerbewegungen zur Freiheit bekannt.

Die SPD kann auf die Erfahrung von anderthalb Jahrhunderten zurückschauen: Vom Einsatz für die wirtschaftlichen und politischen Rechte der Arbeiterinnen und Arbeiter im 19. Jahrhundert bis zur Übernahme nationaler Regierungsverantwortung in der Weimarer Republik, vom Widerstand gegen den Nationalsozialismus bis zum politischen Kampf gegen den Kommunismus, vom Aufbau des demokratischen und sozialen Rechtsstaates in der Bundesrepublik bis zur Erneuerung des wieder vereinten Deutschlands am Ende des 20. Jahrhunderts. Auf diesem langen Weg sind viele Sozialdemokratinnen und Sozialdemokraten Opfer von Verfolgung und Mord geworden. Sie bleiben uns eine dauerhafte Mahnung und Verpflichtung. Sozialdemokratinnen und Sozialdemokraten haben die Geschichte unseres Landes, seine politische und soziale Kultur entscheidend geprägt. In der SPD haben sich Frauen und Männer unterschiedlicher weltanschaulicher Überzeugungen, Glaubenshaltungen und Herkunft zusammengefunden. So wurde die SPD die linke Volkspartei, als die sie sich seit dem Godesberger Programm von 1959 versteht. Sie hat Impulse und Ideen verschiedener geistiger Strömungen und politischer Bewegungen aufgenommen: des Christentums und des Humanismus, der Aufklärung, des Sozialismus und der Gewerkschaften, der Frauenbewegung und der Neuen Sozialen Bewegungen.

Wir wissen, dass Not und Furcht nicht durch diktatorische Mittel, sondern nur durch die Menschen selbst in freier Entscheidung und gemeinsamer Anstrengung überwunden werden können, dass wir solidarisch handeln müssen, wenn wir Erfolg haben wollen, dass wir Visionen brauchen, um konsequente Reformen voranzubringen, dass Freiheit und Sicherheit zusammen gehören und dass wir beides zugleich anstreben müssen, dass wir in kultureller Vielfalt leben und unsere Partner überall auf der Welt finden, dass wir die Ergebnisse unserer Politik immer wieder selbstkritisch überprüfen müssen.

(Die Ausdrücke, die den Werten der Zielgruppe „Arbeiter" entsprechen, sind schwarz und diejenigen der „Nicht-Arbeiter" grau hinterlegt)
Abbildung 31: *Die Grundwerte der Sozialen Demokratie*

Dieser Text bedient zwar beide Gruppen, ist aber vorrangig an die „Arbeiter" gerichtet. Das ist auch weiter nicht verwunderlich, denn dieser Textabschnitt mit dem Titel „Woher wir kommen" blickt inhaltlich auf die lange Tradition der Partei zurück. Daher werden die Werte der „Arbeiter" durchgehend angesprochen, entweder positiv, indem das Positive betont wird (z. B. „Verpflichtung", „Einsatz für die ... Rechte") oder negativ, indem das Negative wider- legt wird (z. B. „niemals Krieg, Unterdrückung oder Diktatur", „Widerstand gegen den Nati- onalsozialismus").

Im 5. Kapitel haben wir auf die Formen des semiometrischen Sprachmanagements hingewie- sen. Die vorerwähnten Zuordnungen beruhen auf diesen fünf Formen, insbesondere auf Ab- leitungen (z. B. „Berliner Programm von 1989" oder „Erfahrung von anderthalb Jahrhunder- ten" oder „woher" stehen für „Tradition", „Aufbau" oder „Einsatz" oder „Erneuerung" für „Arbeit", „Geschichte unseres Landes" oder „nationale Regierungsverantwortung" für „Va- terland", „Impulse und Ideen" oder „geistige Strömungen" für „Kunst"). Im Text treffen wir auch auf einige Entgegensetzungen, wie „niemals Krieg, Unterdrückung oder Diktatur" oder „nicht durch diktatorische Mittel", wobei diese Ausdrücke sich gegen die dominante Werte- haltung „beherrschen", „Macht", „strafen" positionieren. Auch Überlappungen sind möglich. Zum Beispiel kann der Ausdruck „Opfer von Verfolgung und Mord" sowohl „Standhaftig- keit" und „Ehre" bedeuten als auch „Held" oder „Übernahme nationaler Regierungsverant- wortung" sowohl „Arbeit" („Übernahme") als auch „Vaterland" („national") oder „bewah- ren" sowohl „Tradition" als auch „mütterlich". Je nach Deutung verschieben sich natürlich auch die Zuordnungen: „Standhaftigkeit" gehört dem Wertefeld *traditionsverbunden* an, „Held" dem Wertefeld *familiär*; „Arbeit" ist ein Schlüsselbegriff der *Pflichtbewussten*, wäh- rend „Vaterland" ein *traditionsverbundener* Wert ist; „Tradition" ist *traditionsverbunden*, „mütterlich" dagegen ist im *Familiären* angesiedelt. Selbstverständlich werden im Text auch Schlüsselbegriffe einfach eingesetzt („Gerechtigkeit", „Frieden", „selbstkritisch" usw.), um- schrieben („bewahren" und „sichern" für *Tradition*) und ersetzt („Impulse und Ideen ver- schiedener geistiger Strömungen" für *Kultur*).

Nachstehend die Interpretation einzelner Zuordnungen:

Tabelle 7: *Schlüsselbegriffe und zugeordnete Wertefelder*

Text	Schlüsselbegriff	Wertefeld
„soziale Kultur"	„Kultur"	kulturell
„Impulse und Ideen"	„Kunst"	kulturell
„geistige Strömungen"	„Kunst"	kulturell
„Christentums und des Humanismus, der Aufklärung, des Sozialismus"	„Kultur"	kulturell
„kulturelle Vielfalt"	„Kultur"	kulturell
„nicht durch diktatorische Mittel"	„beherrschen"	gegen „dominant"
„niemals Krieg, Unterdrückung oder Diktatur"	„beherrschen"	gegen „dominant"
„arbeiten"	„Arbeit"	pflichtbewusst

Text	Schlüsselbegriff	Wertefeld
„Einsatz"	„Arbeit"	pflichtbewusst
„Aufbau"	„Arbeit"	pflichtbewusst
„Arbeiterinnen und Arbeiter"	„Arbeit"	pflichtbewusst
„Übernahme nationaler Regierungsverantwortung"	„Arbeit"	pflichtbewusst
„Erneuerung des wieder vereinten Deutschlands am Ende des 20. Jahrhunderts"	„Arbeit"	pflichtbewusst
„Widerstand gegen den Nationalsozialismus bis zum politischen Kampf gegen den Kommunismus"	„Krieg"	kämpferisch
„woher"	„Tradition"	traditionsverbunden
„war immer Teil einer großen internationalen Bewegung"	„Tradition"	traditionsverbunden
„von Anfang an"	„Tradition"	traditionsverbunden
„Berliner Programm von 1989"	„Tradition"	traditionsverbunden
„Gerechtigkeit"		traditionsverbunden
„1925 im Heidelberger Programm"	„Tradition"	traditionsverbunden
„seit ihren Anfängen"	„Tradition"	traditionsverbunden
„Teil einer Freiheitsbewegung"	„Tradition"	traditionsverbunden
„Frauenwahlrecht"	„Gerechtigkeit"	traditionsverbunden
„Erfahrung von anderthalb Jahrhunderten zurückschauen"	„Tradition"	traditionsverbunden
„Weimarer Republik"	„Tradition"	traditionsverbunden
„Opfer von Verfolgung und Mord"	„Ehre"	traditionsverbunden
„Geschichte"	„Tradition"	traditionsverbunden
„Herkunft"	„Tradition"	traditionsverbunden
„Godesberger Programm von 1959"	„Tradition"	traditionsverbunden
„Frauenbewegung und der Neuen Sozialen Bewegungen"	„Tradition"	traditionsverbunden
„Mahnung und Verpflichtung"	„Disziplin"	pflichtbewusst
„Frieden"	„Friede"	familiär
„bewahren"	„mütterlich"	familiär
„sichert" oder „Sicherheit"	„mütterlich"	familiär
„mutige"	„Mut"	familiär
„selbstkritisch"	„kritisieren"	kritisch
„überprüfen"	„kritisieren"	kritisch
„erkämpft"	„Krieg"	kämpferisch

Fazit

Die beiden vorangegangenen Analysen zu den *BOSS*-Verwendern und *SPD*-Anhängern zeigen, dass sich innerhalb vermeintlich klar abgrenzbarer Zielgruppen durchaus eigenständige Subsegmente verbergen können, die im Rahmen der Kommunikation differenziert angesprochen werden können. Die Identifikation der die Subsegmente trennenden Merkmale ist dabei nicht immer einfach. Meist bedarf es guter Intuition sowie fundierter Kenntnisse der zugrunde liegenden Themen- bzw. Marktzusammenhänge. Im Rahmen von Zielgruppenanalysen ist es daher grundsätzlich wichtig, auf möglichst viele potenziell relevante Segmentierungsvariablen zugreifen zu können. Dabei ist es erst einmal unerheblich, ob diese Merkmale aus einer Marktforschungsbefragung oder beispielsweise aus Verhaltensmerkmalen innerhalb einer Kundendatenbank stammen. Wichtig ist vor allem, dass die für eine trennscharfe Segmentierung relevanten Variablen identifiziert werden können. Bei der Definition der relevanten Vermarktungssegmente ist es zudem wichtig, dass diese stets im Einklang mit den Möglichkeiten des verfügbaren Marketinginstrumentariums vorgenommen wird. Insbesondere bei zu feingliedrig gewählten Segmentierungen ist eine differenzierte Ansprache der einzelnen Segmente sonst nämlich in der Praxis nicht mehr möglich. Wie bei vielen Dingen, so gilt es daher auch hier, den „Weg der goldenen Mitte" zu finden.

6.2   Strategischer Fokus: Gewinnungs- oder Haltemarketing

Der Erfolg von Kommunikationsmaßnahmen ist in hohem Maße davon abhängig, dass die gesendeten Botschaften in optimaler Weise auf die anvisierte Zielgruppe abgestimmt werden. Aber wer oder was ist eigentlich die anvisierte Zielgruppe? Die Beantwortung dieser Frage steht in engem Zusammenhang mit der Frage nach den angestrebten Kommunikationszielen. Erst wenn explizit festgelegt wurde, was mit einer geplanten Kommunikationskampagne genau erreicht werden soll, kann im nächsten Schritt die relevante Zielgruppe abgesteckt werden. Voraussetzung für die Ausgestaltung zielgruppenorientierter Kommunikation ist daher immer die systematische Analyse und Beantwortung der folgenden Fragen:

- Was sind die angestrebten Kommunikationsziele? Was soll konkret erreicht werden?

- Welche Zielgruppe soll angesprochen werden? Wie kann diese Zielgruppe abgegrenzt werden?

- Welche verhaltensrelevanten Wertehaltungen und Grundüberzeugungen charakterisieren die Zielgruppe? Wie „ticken" die zukünftigen Empfänger der Werbebotschaften?

- Mit welchen Botschaften können diese Personen erreicht werden? Welche Sprache, welche Tonalität sind passend, und welche Lebenswelten müssen angesprochen werden?

- Wo können diese Personen erreicht werden? Was sind geeignete Media- und Kommunikationsumfelder? Welche Werbeträger passen in die Wertewelt der Zielgruppe?

Nur wenn alle diese Fragen eindeutig beantwortet und die einzelnen Maßnahmen entsprechend aufeinander abgestimmt werden, sind die Voraussetzungen für erfolgreiche Kommunikationskampagnen gegeben. Im Folgenden wird am Beispiel der Bausparkasse *LBS* exemplarisch gezeigt, wie diese Fragestellungen mittels einer semiometrischen Zielgruppenanalyse systematisch untersucht und beantwortet werden können.

Zuerst einmal gilt es, die angestrebten Kommunikationsziele festzulegen. Dabei muss insbesondere geklärt werden, ob die geplante Kommunikationskampagne eher auf eine stärkere Bindung von Bestandskunden ausgerichtet ist (=Haltemarketing) oder ob die Kampagne vor allem potenzielle Neu-Kunden (=Gewinnungsmarketing) ansprechen soll. Die Fokussierung auf eine der beiden Stoßrichtungen ist deshalb besonders wichtig, da nicht grundsätzlich davon ausgegangen werden kann, dass Bestandskunden und potenzielle Neukunden in ihrer Charakteristik identische Zielgruppen sind. Gerade auf der Ebene der verhaltensrelevanten Wertehaltungen werden häufig Unterschiede deutlich, die auf Basis rein soziodemografischer Merkmale nicht erkennbar sind. Mit Hilfe des Semiometrie-Modells können die spezifischen psychografischen Profile von Zielgruppen allerdings sehr differenziert gemessen und miteinander verglichen werden.

6.2.1   Beispiel Bausparkasse *LBS*

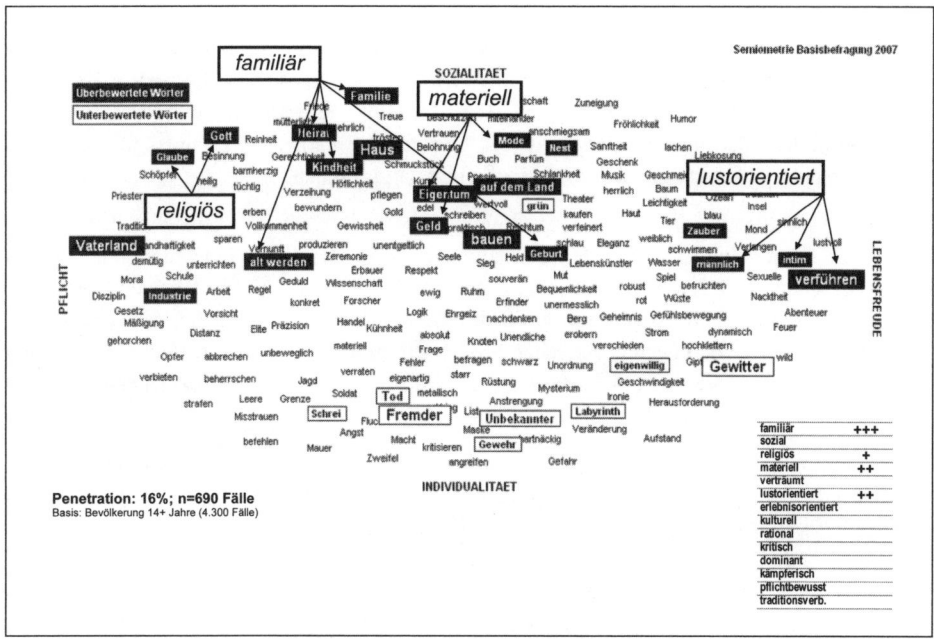

Quelle: TNS Infratest
Abbildung 32: *LBS-Bestandskunden (=Haltemarketing)*

Abbildung 32 zeigt das semiometrische Mapping der *LBS*-Bestandskunden. Die zugrunde liegenden Daten wurden im November 2006 im Rahmen der jährlichen bevölkerungsrepräsentativen Semiometrie-Basisbefragung erhoben. Die überbewerteten Wörter sind durchweg in der oberen Hemisphäre des semiometrischen Werteraums angesiedelt, also im Bereich „Sozialität". Es fällt eine relativ weite Streuung der Begriffe auf, was auf eine vergleichsweise heterogene Zielgruppenstruktur hindeutet. So werden zum Beispiel gleichermaßen Begriffe aus dem Bereich „Lebensfreude" (z.B. „verführen", „intim") wie auch typisch traditionsverbundene Begriffe (z.B. „Vaterland") als besonders angenehm empfunden. Es ist allerdings davon auszugehen, dass hinter diesen unterschiedlichen Grundorientierungen nicht die gleichen Einzelpersonen stehen, sondern dass es sich hier vielmehr um unterschiedliche Bausparer-Subsegmente mit jeweils spezifischem Werthintergrund handelt. Trotz der offensichtlichen Zielgruppenheterogenität gibt es aber auch verbindende Werte, wie beispielsweise die ausgeprägt familiäre Grundhaltung (Familie, Heirat, Kindheit).

Eine familiäre Grundhaltung steht in unmittelbarem Zusammenhang mit dem Thema Bausparen. Eine wichtige Motivation für den Bau eines Eigenheims ist die Gründung einer Familie und die Einleitung der damit verbundenen „Nestbau-Phase". Nun postuliert die bereits im Zusammenhang mit der Entwicklung individueller Wertesysteme vorgestellte Lebenszyklusthese, dass sich individuelle Wertehaltungen bei einschneidenden Wechseln in eine neue Lebensphase (wie z.B. Familiengründung) verändern können. Da Bausparverträge produktbedingt relativ langfristige Kundenbindungszyklen mit sich bringen, stellt sich daher die Frage, ob die heutigen *LBS*-Bestandskunden in einer früheren Lebensphase, also vor dem Abschluss des Bausparvertrags (= Zielgruppe für das Gewinnungsmarketing), bereits die gleichen Grundhaltungen aufgewiesen haben wie in der eigentlichen Bausparphase. Oder anders formuliert: Kann eigentlich automatisch davon ausgegangen werden, dass potenzielle *LBS*-Neukunden, also die Zielgruppe für das Gewinnungsmarketing, zwangsläufig die gleichen Wertehaltungen aufweist wie die aktuellen Bestandskunden?

Zur näheren Untersuchung dieser Fragestellung vergleichen wir im nächsten Schritt zuerst einmal die soziodemografischen Strukturdaten von *LBS*-Bestandskunden und potenziellen *LBS*-Neukunden. Bei den potenziellen *LBS*-Neukunden handelt es sich dabei um Personen, die zwar derzeit nicht *LBS*-Kunde sind, für die diese Bausparkasse aber bei Abschluss eines Bausparvertrages gemäß eigener Angaben grundsätzlich in Frage kommt. Insgesamt können 14 Prozent der Bevölkerung (14+ Jahre) dieser Gruppe zugerechnet werden (Stand: November 2006).

Es ist unmittelbar zu erkennen, dass es sich bei den potenziellen *LBS*-Neukunden um eine deutlich jüngere Klientel handelt. Diese Personen befinden vielfach noch in einer früheren Lebensphase, machen sich aber offensichtlich bereits Gedanken über ihre weitere Lebensgestaltung, wie die Selbsteinstufung als potenzieller Bausparkunde deutlich zeigt. Genau diese Lebensphase und diese spezifische Zielgruppe sind daher für ein Erfolg versprechendes Neukunden-Gewinnungsmarketing im Bereich Bausparkassen besonders interessant. Denn genau dies sind die Personen, die in naher Zukunft potenziell einen Bausparvertrag abschließen werden, und hier gilt es aus Anbietersicht, die eigene Marke entsprechend klar, ansprechend und unverwechselbar zu positionieren.

Tabelle 8: *LBS – soziodemografische Analyse*

		Bevölkerung 14+ 100% (n=4.300)	Halte-Marketing Bestandskunden 16% (n=690)	Gewinnungs-Marketing Potenzielle Neukunden 14% (n=618)
Geschlecht	männlich	48	46	51
	weiblich	52	54	49
Alter	14-29	20	20	(26)
	30-49	34	(38)	(41)
	50+	46	43	34
Bildung	Volks-/ HS	47	47	40
	mittlere Bildung	35	37	35
	Abitur/Uni	18	16	(26)
Persönl. Netto-Einkommen	bis unter 500 €	23	21	(26)
	500 b.u. 1500 €	48	49	42
	1500+ €	29	30	33

◯ = Positive Abweichungen von mindestens 4 Prozentpunkten von der Bevölkerung 14+

Quelle: TNS Infratest

Dazu ist es sehr wichtig, in der kommunikativen Ansprache die richtige Tonalität passend zur Zielgruppe zu treffen. Nur wenn das gelingt, wenn die potenziellen Neukunden also in ihrer eigenen Sprache und entsprechend ihrer spezifischen, aktuellen Werteorientierung erreicht werden, nur dann kann eine Kommunikationskampagne mit dem Ziel „Neukundengewinnung" letztlich auch erfolgreich sein. Aber was sind die für die potenziellen Neunkunden relevanten Wertehaltungen? Allein die Tatsache, dass sie tendenziell eher jünger sind, erlaubt noch keine substanziellen Rückschlüsse auf ihr Wesen. Wie „ticken" sie tatsächlich? Das folgende semiometrische Mapping gibt Aufschluss über die psychografischen Verhaltenstreiber.

Die Analyse zeigt, dass die potenziellen *LBS*-Neukunden in der Tat ein völlig anderes Wertemuster als die Bestandskunden aufweisen. Zum einen fällt sofort die deutlich schärfere, homogenere Profilierung der Zielgruppe auf. Von den potenziellen Neukunden werden insbesondere Begriffe aus dem rechten unteren Quadranten des Werteraumes überbewertet, also aus dem Bereich „Lebensfreude – Individualität". Begriffe aus dem Bereich „Pflicht" werden dagegen klar abgelehnt. Bereits ohne nähere Betrachtung der einzelnen Wörter wird somit deutlich, dass es sich im Kern um eine ausgesprochen hedonistische und bedürfnisorientierte Zielgruppe handelt, die sich von althergebrachten, traditionellen Wertebildern eher abgrenzt. Begriffe wie „Abenteuer", „Feuer", „wild" und „Herausforderung" weisen auf eine starke Erlebnisorientierung hin.

Im Rahmen der Kommunikation sollte daher vor allem auf der emotionalen Ebene angesetzt werden. Das betrifft sowohl den Umgang mit dem Medium Sprache als auch die Verwendung entsprechend passender Metaphern, Stilelemente und Kreativmotive. Eine Überbetonung pragmatisch-rationaler, nüchterner und insbesondere traditionsorientierter Aspekte und Motive wäre dagegen völlig deplatziert. Auch der familiäre Aspekt, der ja für die (vergleichsweise älteren) Bestandskunden so wichtig ist, spielt in dieser Lebensphase noch keine ausgeprägte Rolle. Im Gegenteil, bei den *LBS*-Potenzialen ist dieser Aspekt sogar leicht unterbewertet. Wahrscheinlich überstrahlt in dieser Lebensphase die eigene Abnabelung vom Elternhaus noch den Aspekt der zukünftigen Familienplanung.

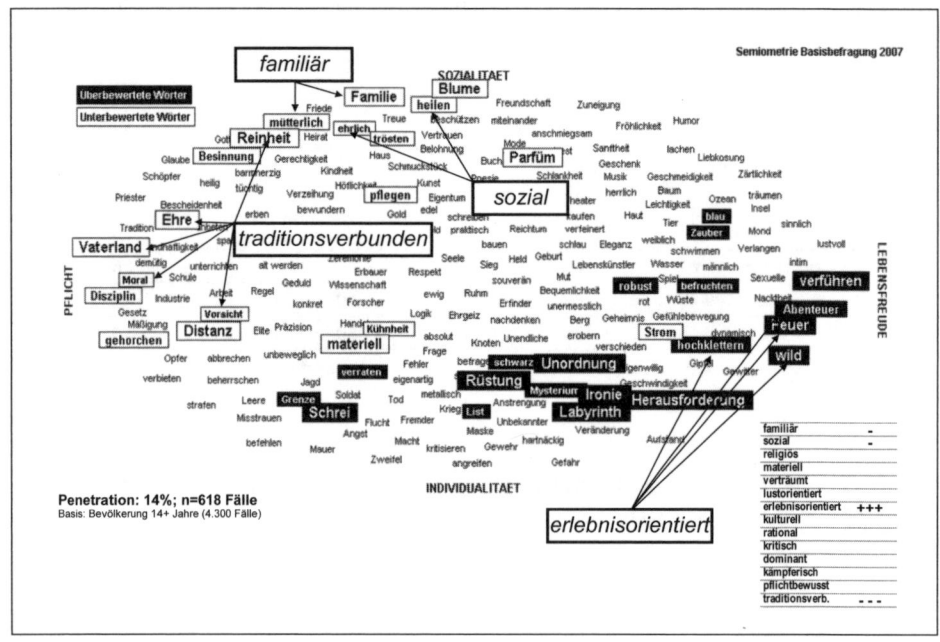

Quelle: TNS Infratest
Abbildung 33: *LBS – potenzielle Neukunden (=Gewinnungsmarketing)*

Schaut man sich nun einmal den realen Kommunikationsauftritt der *LBS* an, so muss den Werbern ein ausgesprochen gutes Gespür bei der zielgruppenadäquaten Ausrichtung der Kommunikationskampagne zugestanden werden. In verschiedenen von der Agentur BBDO entwickelten TV-Spots wurde das Thema „Bausparen" auf äußerst humorvolle Art und Weise in Szene gesetzt. Nach der bereits sehr erfolgreichen Kampagne „n´ Bausparvertrag? Wie uncool" folgte im Mai 2004 der Spot „Spießer".

> Zur Story: Die kleine Lena wohnt mit ihrem Vater Horst in einer Bauwagenkolonie. Sie erzählt ihm von den Eltern einer Klassenkameradin, die ein eigenes Haus haben. Horst entgegnet abfällig: "Sind doch Spießer!" Lena berichtet weiter von Bernd, der eine Wohnung mit einem tollen Ausblick hat. Horst knurrt vor sich hin: "Auch Spießer!" Klein-Lena überlegt kurz und sagt schließlich begeistert: "Du Papa, wenn ich groß bin, will ich auch mal Spießer werden!"

Der Spot war ausgesprochen erfolgreich und erreichte neben verschiedenen Auszeichnungen der Werbebranche innerhalb der relevanten Kernzielgruppe in kürzester Zeit Kultstatus.

Zur ganzheitlichen Einordnung der bisherigen Erkenntnisse ist aber selbstverständlich auch eine Betrachtung der wichtigsten Wettbewerber interessant. In diesem Zusammenhang stellt sich insbesondere die Frage, ob es sich bei der für die *LBS* identifizierten Diskrepanz zwischen den Stoßrichtungen von Halte- und Gewinnungsmarketing lediglich um einen spezifischen Markeneffekt der *LBS* handelt oder ob dahinter nicht vielleicht sogar ein markenübergreifender, produktgattungsspezifischer Effekt ausgemacht werden kann.

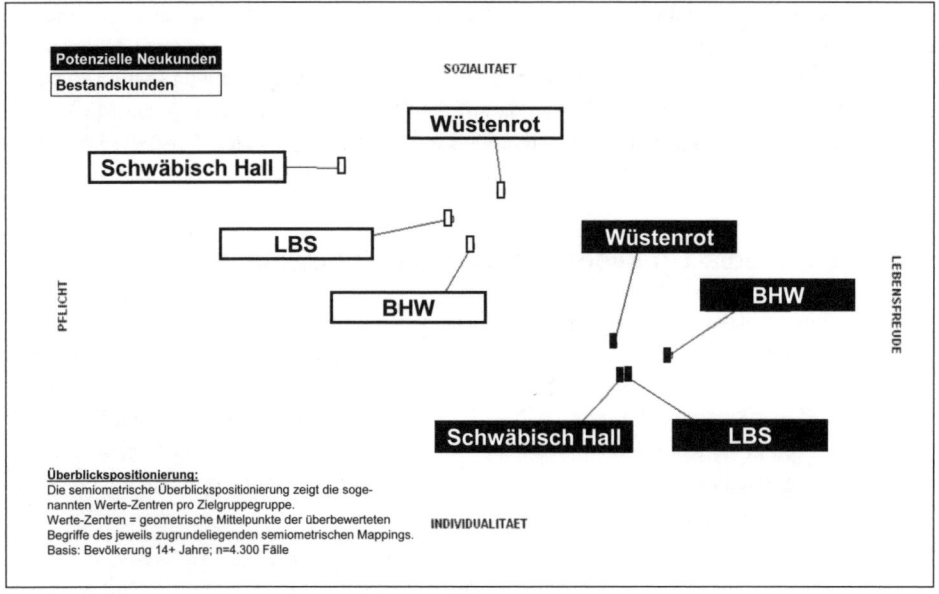

Quelle: TNS Infratest
Abbildung 34: *Die Anbieter im Überblick*

Die semiometrische Überblickspositionierung zeigt die Zentren der anbieterspezifischen Zielgruppen für das Gewinnungs- und Haltemarketing. Die Zentren markieren dabei jeweils den geometrischen Mittelpunkt der überbewerteten Begriffe des zugrunde liegenden semiometrischen Zielgruppenmappings. Bei dieser Darstellung handelt es sich also um eine stark verdichtete Darstellung, die allerdings einen guten Überblick über die aktuelle Wettbewerbssituation innerhalb eines Produktbereichs gibt.

Während die Profile der Bausparkassen-Bestandskunden offensichtlich stärker differenzieren und eher in den oberen linken Bereich des Werteraumes tendieren (Pflicht, Rationalität, Familie, traditionelle Wertemuster) sind die potenziellen Neukunden der verschiedenen Anbieter relativ dicht beieinander und deutlich stärker in Richtung Lebensfreude bzw. Hedonismus angesiedelt. Das bedeutet erst einmal, dass es sich bei den potenziellen Neukunden der einzelnen Bausparkassen um vergleichsweise ähnlich veranlagte Zielgruppen handelt. Eine vertiefende Analyse zeigt zudem, dass es sich dabei oftmals sogar um exakt die gleichen Personen handelt. Wir haben es also im Bereich Bausparkassen in hohem Maße mit Überschneidungen zwischen den anbieterspezifischen Zielgruppen für das Gewinnungsmarketing zu tun.

Im Unterschied zu den Bestandskunden, die sich bereits auf einen konkreten Anbieter festgelegt haben, sind die potenziellen Neukunden also häufig noch unentschlossen und entsprechend mehreren Anbietern gegenüber offen eingestellt. Bezüglich der Diskrepanzen in den Stoßrichtungen von Halte- und Gewinnungsmarketing handelt es sich daher im Bereich Bausparkassen in der Tat um einen produktgattungsspezifischen Effekt, der eben nicht nur für eine einzelne Marke charakteristisch ist, sondern vielmehr jeden der hier untersuchten Anbieter gleichermaßen betrifft. Im Zusammenhang mit der Neukundengewinnung kommt es daher für alle hier untersuchten Bausparkassen darauf an, die Inszenierung der eigenen Marke entsprechend zielgruppenorientiert zu gestalten und in möglichst adäquater Weise die hedonistische Grundorientierung der erreichbaren Neupotenziale anzusprechen.

Passende Media-Umfelder zur Neukundengewinnung

Zur Realisierung eines zielgruppengenauen Gesamt-Kommunikationskonzepts ist neben der Identifikation und detaillierten Charakterisierung der relevanten Empfänger sowie der adäquaten inhaltlichen Ausgestaltung der verwendeten Werbemittel natürlich auch die zielgruppengenaue Media-Selektion von entscheidender Bedeutung. Denn nur wenn sämtliche Einzelkomponenten einer Kommunikationskampagne synergetisch auf das Profil der relevanten Zielgruppe ausgerichtet werden, können die Voraussetzungen für einen optimalen Kommunikationserfolg als erfüllt angesehen werden.

Aber wie lassen sich zum Beispiel auf Basis der bisherigen Erkenntnisse passende Media-Umfelder für eine zielgruppengenaue Ansprache potenzieller *LBS*-Neukunden finden? Auch hier können entsprechende Empfehlungen für sämtliche Mediengattungen über das Semiometrie-System abgeleitet werden. Im Rahmen der semiometrischen Media-Analyse wird dabei untersucht, welche Media-Zielgruppen einen vergleichbaren Wertehintergrund wie die zu bewerbende Markenzielgruppe aufweisen.

Für die potenziellen Neukunden der *LBS* stellt sich daher die konkrete Frage, welche Media-Zielgruppen eine ähnlich erlebnisorientierte Wertehaltung aufweisen wie diese selbst. Sind das im Bereich Print zum Beispiel eher die Leser der *TV Spielfilm* oder der *Hörzu* bzw. sind das im Fernsehen eher die regelmäßigen Zuschauer von *Sex and the City (Pro Sieben)* oder von *Stern TV (RTL)*?

Im Folgenden wird die semiometrische Media-Analyse einmal exemplarisch für das Medium Print dargestellt. Im Rahmen der jährlichen Semiometrie-Basisbefragung wird unter anderem regelmäßig die Nutzung der 60 reichweitenstärksten Print-Titel abgefragt. Auf Basis dieser Abfrage kann dann für jeden Titel das semiometrische Profil der regelmäßigen Leser ("mindestens jede 2. Ausgabe") erstellt werden.

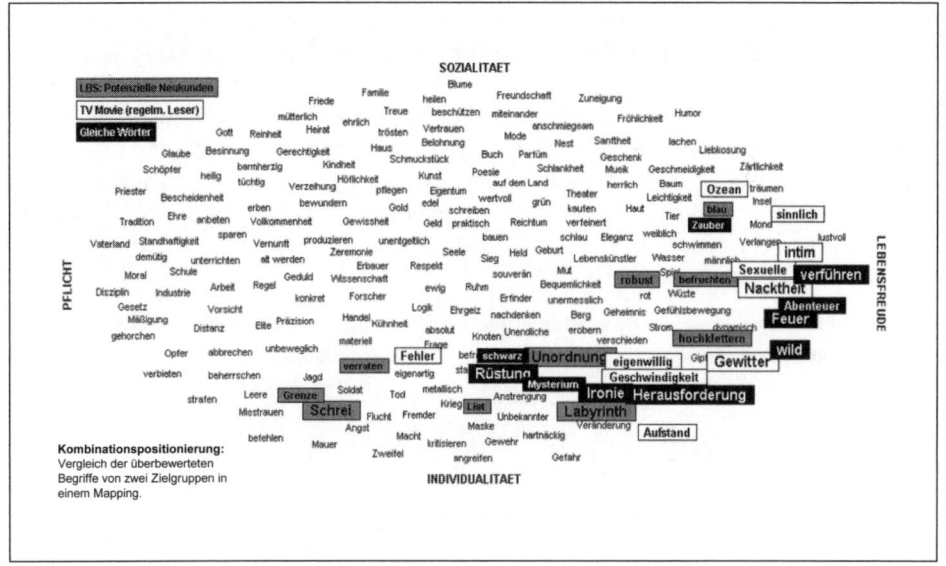

Quelle: TNS Infratest
Abbildung 35: *Qualitative Print-Mediaplanung: Potenzielle Neukunden LBS und TV Movie*

Die Abbildung verdeutlicht, dass beispielsweise die Programmzeitschrift *TV Movie* ein ausgesprochen geeignetes Werbeumfeld für die Ansprache der potenziellen *LBS*-Neukunden darstellt. Wie die *LBS*-Zielgruppe, so weisen auch die regelmäßigen Leser der *TV Movie* eine stark lust- und erlebnisorientierte Grundorientierung auf. Beide Zielgruppen verbindet also eine ausgesprochen ähnliche Lebenshaltung. Weitere passende Print-Titel wären zum Beispiel auch *TV Spielfilm* oder *Auto, Motor und Sport*.

Die hier am Beispiel der Bausparkassen vorgestellte Diskrepanz in den Zielgruppenstrukturen von Halte- und Gewinnungsmarketing ist im Vergleich zu anderen Branchen zwar keinesfalls die Regel, aber grundsätzlich auch kein allzu selten anzutreffendes Phänomen. Vielmehr zeigt die Erfahrung, dass gerade in Produktbereichen mit relativ langfristigen Kunden-Anbieterbeziehungen, wie etwa bei Versicherungen oder Zeitungsabonnements, die potenziellen Neukunden häufig jünger sind und darüber hinaus auch oftmals (allerdings nicht zwangsläufig!) eine eher hedonistisch oder individualistisch geprägte psychografische Charakteristik aufweisen.

6.2.2 Beispiel *Greenpeace*

Eine ähnliche Diskrepanz findet sich zum Beispiel auch im Spenden- bzw. Fundraising-Bereich. Im Spendenbereich ist die Situation vielfach so, dass Organisationen einen beachtlichen Bestand an regelmäßigen Spendern aufweisen, die oftmals über Jahre hinweg, regelmäßig kleinere oder größere Beträge an die Organisation einzahlen. Diese regelmäßigen Spender sind für die Organisationen sicherlich eine sehr wichtige Zielgruppe, die es zu pflegen und immer wieder aufs Neue an die Organisation zu binden gilt. Ähnlich wie beim Beispiel der Bausparkassen ist es aber auch hier oftmals so, dass sich die Bestandsspender im Laufe der Zeit und mit dem Durchschreiten einzelner Lebensphasen in ihrer Wertecharakteristik verändern. Auf der Individualebene sind dies in der Regel sehr langfristig angelegte Prozesse, die sich, wenn überhaupt, dann meist erst im Laufe vieler Jahre vollziehen. Letztlich führen diese Prozesse aber bei einer aggregierten Zielgruppenbetrachtung dazu, dass sich die aktiven Bestandsspender bei vielen Spendenorganisationen zum Teil deutlich von den potenziell erreichbaren Neuspendern unterscheiden.

Das folgende Mapping zeigt das semiometrische Werteprofil der potenziellen Neuspender der Organisation *Greenpeace*.

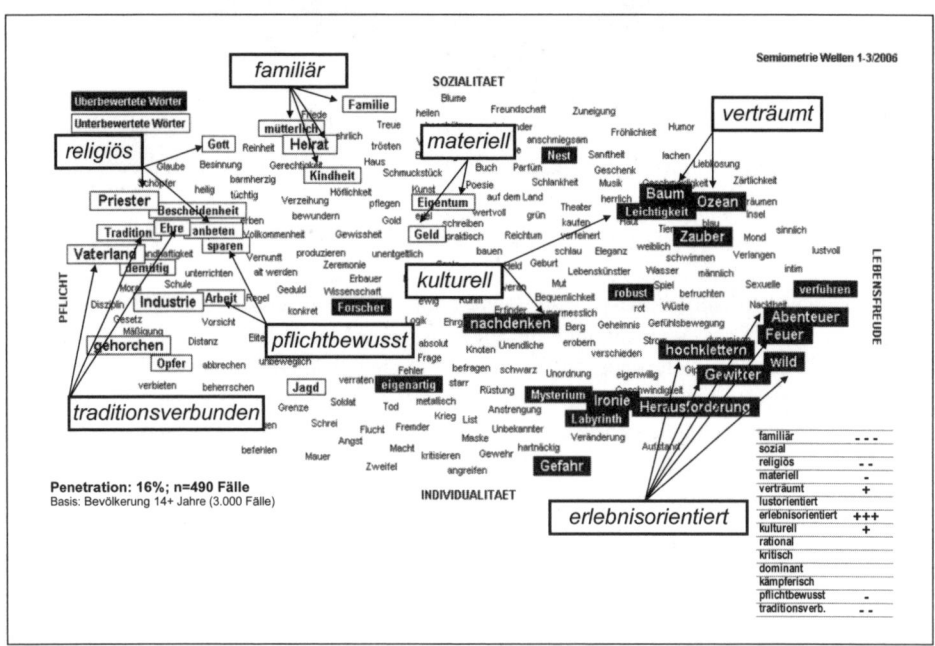

Quelle: TNS Infratest
Abbildung 36: *Greenpeace: Potenzielle Neuspender (=Gewinnungsmarketing)*

Die zugrunde liegenden Daten stammen aus einer Einschaltung in das repräsentative Semiometrie-Panel vom Oktober 2006. Die Abgrenzung von Bestandsspendern und potenziellen Neuspendern erfolgte dabei anhand der in Abbildung 37 dargestellten Fragestellungen unter Vorlage einer Liste mit den 60 größten Spendenorganisationen in Deutschland.

Das Mapping der *Greenpeace*-Neuspender (16 % der Bevölkerung ab 14 Jahren) verdeutlicht, dass es sich bei dieser Zielgruppe um ausgesprochen erlebnisorientierte Personen handelt. Überbewertete Begriffe wie *Abenteuer*, *wild* oder *Herausforderung* weisen auf einen ausgeprägten Aktivitätsdrang sowie die Suche nach intensiven Lebenserfahrungen hin. Der Vergleich mit den aktiven Bestandsspendern (ca. 3 % der Bevölkerung ab 14 Jahren) zeigt zudem, dass es sich bei der Zielgruppe für das *Greenpeace*-Gewinnungsmarketing um eine deutlich jüngere Zielgruppe handelt.

Potenzielle Neuspender:

Stellen Sie sich vor, Sie könnten es sich leisten, 500,– EUR zu spenden.
Welchen gemeinnützigen Organisationen würden Sie dann auf jeden Fall eine Spende zukommen lassen?
Bitte nehmen Sie für die Beantwortung dieser Frage **die beiliegende Liste** von gemeinnützigen Organisationen zur Hand – bitte wenden und Vorder- und Rückseite beachten – und tragen Sie die Codes der Organisationen, denen Sie eine Spende zukommen lassen würden, in die dafür vorgesehenen Kästchen ein.

Bestandsspender:

Welche der folgenden Organisationen haben Sie innerhalb der letzten 12 Monate mit Ihrer Spende unterstützt?
Bitte nehmen Sie für die Beantwortung dieser Frage wieder **die beiliegende Liste** von gemeinnützigen Organisationen zur Hand – bitte wenden und Vorder- und Rückseite beachten – und tragen Sie die Codes der Organisationen, die Sie mit einer Spende unterstützt haben, in die dafür vorgesehenen Kästchen ein.

Abbildung 37: Abgrenzung von Bestandsspendern und potenziellen Neuspendern

Tabelle 9: Greenpeace – Vergleich potenzielle Spender und Bestandsspender

		Bevölkerung 14+ 100% (n=3.000)	Tatsächliche Spender 3% (n=81)	Potenzielle Spender 16% (n=490)
Geschlecht	männlich	48	(59)	50
	weiblich	52	41	50
Alter	14-29	20	18	(27)
	30-49	35	(42)	(47)
	50+	45	41	26
Bildung	Volks-/HS	48	37	38
	mittlere Bildung	35	(43)	38
	Abitur/Uni	17	20	(24)
Persönl. Netto- Einkommen	bis unter 500 €	23	17	24
	500 b.u. 1500 €	47	38	44
	1500+ €	30	(45)	31

( ) = Positive Abweichungen von mindestens 4 Prozentpunkten von der Bevölkerung 14+

	Tatsächliche Spender 3% (n=81)	Potenzielle Spender 16% (n=490)
familiär		- - -
sozial		
religiös		- -
materiell		-
verträumt	++	+
lustorientiert		
erlebnisorientiert	+	+++
kulturell	++	+
rational		
kritisch		
dominant		
kämpferisch		
pflichtbewusst		-
traditionsverbunden		- -

Quelle: TNS Infratest

Zwar ist für beide Zielgruppen die für Idealismus und Naturverbundenheit stehende verträumte Grundhaltung charakterisierend, aber bei den potenziellen Neuspendern kommt eben zudem noch eine sehr ausgeprägte Erlebnisorientierung dazu. Diese sollte daher in speziell auf die Neuspendergewinnung ausgerichteten Kommunikationsmitteln entsprechend Berücksichtigung finden.

Der folgende Text ist ein Spendeaufruf, den *Greenpeace* auf seiner Internetseite eingestellt hat.

Stärken Sie unseren Aktivisten den Rücken!

Gewaltfreie Aktionen haben Greenpeace stark gemacht, sie sind das Herz der Organisation. Jede Aktion ist ein friedlicher Protest gegen die Zerstörung unserer Lebensgrundlagen. Greenpeace-Aktionen wollen aufrütteln, Druck und Mut machen und die Umwelt retten.

Nass und frierend, eine Eisenkette um den Bauch, Hände und Füße gefesselt - so fanden sich 15 Greenpeace-Aktivisten am 14. Juli 2001 in einem US-Gefangenenbus wieder. Zuvor hatten die Umweltschützer auf dem kalifornischen Raketentestgelände Vandenberg friedlich gegen das milliardenschwere Star-Wars-Projekt protestiert. Greenpeace befürchtet ein erneutes Wettrüsten. Wegen Verschwörung drohten ihnen sechs Jahre Haft. Die Aktivisten, darunter zwei Deutsche, durften den US-Bundesstaat drei Monate nicht verlassen. Weltweit protestierten Greenpeacer gegen das harte Vorgehen der US-Behörden. Unabhängig wird Greenpeace sich weiterhin gegen die Aufrüstung im Weltall einsetzen.

Mit Mut und Engagement für die Umwelt

Und hinter jeder Aktion stehen Menschen, die Widerstand leisten. Sie stellen sich Walfängern, Urwaldzerstörern und Atommülltransporten in den Weg. Sie frieren, schwitzen, harren aus, werden bedroht, festgenommen. Diese Menschen riskieren für ihre Überzeugung ihre Gesundheit. Und häufig auch juristische Konsequenzen.

Jede Aktivistin, jeder Aktivist handelt aus Verantwortung für die lebenden und nachfolgenden Generationen. Es versteht sich von selbst, dass alle Beteiligten im Ernstfall unterstützt werden. Wenn Aktivisten festgenommen worden sind, werden sofort Anwälte eingeschaltet, die sich für deren Freilassung einsetzen. Dasselbe gilt für die häufig folgenden Gerichtsprozesse. Aber Anwälte kosten Geld.

Ein Netz für Aktivisten - Der Rechtshilfefonds

Ihre Spenden an den Greenpeace e.V. dürfen nicht verwendet werden, um solche Prozess- oder Vertretungskosten zu begleichen. Das lässt der rechtliche Status der Gemeinnützigkeit des Vereins nicht zu. Deshalb unterhalten Unterstützer seit einigen Jahren einen unabhängigen Rechtshilfefonds, der den Betroffenen bei juristischen Auseinandersetzungen zur Seite steht. Dieser Fonds gewährleistet, dass Umweltaktivisten nicht allein durch das Drohen mit Prozessen und Prozesskosten eingeschüchtert werden können.

Jeder Euro hilft

Zuwendungen zum Zweck der Rechtshilfe werden nicht an den Greenpeace e.V. geleistet. Sie gehen an den unabhängigen Rechtshilfefonds. Für diese Spenden dürfen keine Spendenbescheinigungen ausgestellt werden. Trotzdem bitten wir Sie: Helfen auch Sie mit, dieses Netz für die Umweltaktivisten langfristig zu sichern. Unterstützen Sie den Rechtshilfefonds mit einer Spende - oder erteilen Sie eine Einzugsermächtigung. Egal, ob Sie monatlich fünf Euro oder mehr geben können, jede regelmäßige Spende hilft ...

Abbildung 38: *Greenpeace-Spendenaufruf*

Analyse

Der Text besteht äußerlich aus vier Abschnitten. Inhaltlich jedoch kann man ihn in drei Kernaussagen verdichten:

1. Greenpeace rettet die Umwelt („Gewaltfreie Aktionen …" bis „…Weltall einsetzen")

2. Die Aktionen von Greenpeace sind risikobehaftet („Und hinter …" bis „… kosten Geld")

3. Spenden Sie an den Rechtshilfefonds („Ihre Spenden …" bis „… Spende hilft …")

Die ersten zwei Abschnitte („Gewaltfreie Aktionen …" bis „… kosten Geld") entsprechen der ersten und zweiten Kernaussage und die letzten zwei („Ihre Spenden …" bis „… Spende hilft …") der dritten. Im ursprünglichen Text werden mehrere Wertefelder abgedeckt: *erlebnisorientiert, familiär, sozial, verträumt, kämpferisch, kritisch*. Nachfolgend die einzelnen Begriffe mit den entsprechenden Zuordnungen:

Tabelle 10: *Schlüsselbegriffe und zugeordnete Wertefelder*

Text	Schlüsselbegriff	Wertefeld
Aktivisten	„Abenteuer"	erlebnisorientiert
Gewaltfreie	„Friede"	familiär
Aktionen	„Abenteuer"	erlebnisorientiert
stark gemacht	„Krieg"	kämpferisch
Herz	„Feuer"	erlebnisorientiert
friedlich	„Friede"	familiär
Protest	„Aufstand"	kritisch
Zerstörung	„Krieg"	kämpferisch
Druck machen	„Krieg"	kämpferisch
Mut	„Mut"	familiär
Umwelt	„Baum"	verträumt
retten	„beschützen"	sozial
fesseln	„beherrschen"	dominant
Gefangenenbus	„strafen"	dominant
Umweltschützer	„beschützen"	sozial
befürchten	„Angst"	kritisch
Wettrüsten	„Rüstung"	kämpferisch
Haft	„strafen"	dominant
unabhängig	„Abenteuer"	erlebnisorientiert
Aufrüstung	„Rüstung"	kämpferisch
Engagement	„Abenteuer"	erlebnisorientiert
Widerstand leisten	„Aufstand"	kritisch
bedrohen	„beherrschen"	dominant

Text	Schlüsselbegriff	Wertefeld
festnehmen	„strafen"	dominant
riskieren	„Abenteuer"	erlebnisorientiert
Verantwortung	„beschützen"	sozial
unterstützen	„beschützen"	sozial
Netz	„miteinander"	sozial
Spende	„beschützen"	sozial
Zur Seite stehen	„beschützen"	sozial
einschüchtern	„beherrschen"	dominant
helfen	„beschützen"	sozial
Zuwendung	„beschützen"	sozial
sichern	„beschützen"	sozial

Die innere Logik des Textes legt nahe, vor allem den ersten und zweiten Abschnitt auf die bestehende bzw. potenzielle Zielgruppe auszurichten, während der dritte und vierte Abschnitt, die Bitte um eine Spende, eher einen sozialen Ton anschlagen („helfen", „unterstützen" usw.) sollte.

Obwohl nach der semiometrischen Analyse die verträumte Grundhaltung ein wichtiger Bestandteil der Zielgruppencharakteristik von *Greenpeace* ist, werden im ursprünglichen Text kaum Begriffe verwendet, die diesem Wertefeld entsprechen – abgesehen vom Wort „Umwelt". Will man nun die ersten beiden Abschnitte so formulieren, dass diese speziell auf potenzielle Neuspender, also besonders Erlebnisorientierte zugeschnitten sind, dann könnte man den ursprünglichen Text beispielsweise wie in Abbildung 39 dargestellt ändern.

Die letzten beiden Absätze, in denen *Greenpeace* Gleichgesinnte zur Unterstützung aufruft, tragen auch hier starke soziale Züge. Da dies inhaltlich gerechtfertigt ist, bleiben diese Abschnitte unberührt von Änderungen. Dagegen enthält die Neufassung des Textes mehrere erlebnisorientierte Begriffe (vgl. Tab. 11, Seite 134).

Die Strategie dieses Textes ist es, die Aktionen der Aktivisten als erlebnisorientiert darzustellen. Begriffe wie „Leidenschaft", „Risiko", „Tatkraft", „sofort", „Herausforderung" oder „Begeisterung" dienen dazu. Hilfreich ist auch die häufige Wiederholung von „Aktionen", „Aktivisten" oder „Greenpeace-Aktivisten". Diese Wiederholung rückt das zentrale Wort „Aktion" bzw. „Aktivist" in den Mittelpunkt des Textes. Die Gegner von *Greenpeace* werden hingegen als Menschen dargestellt, die das Erlebniselement hemmen und schwächen wollen: „bedrohen", „festnehmen", „ruhig stellen" weisen darauf hin.

Auch in diesem Text haben wir von weiteren Änderungen abgesehen. Stilistisch könnte man ihn stellenweise noch stringenter formulieren. Entscheidend ist hier aber, dass vor allem in den ersten beiden Abschnitten gemäß der Erkenntnisse der semiometrischen Analyse ausdrücklich Erlebnisorientierte angesprochen werden.

Stärken Sie unseren Aktivisten den Rücken!

Aktionen machen Greenpeace stark – ohne Gewalt und mit Leidenschaft. Sie sind das Herz der Organisation. Jede Aktion ist ein friedlicher Protest gegen die Zerstörung unserer Lebensgrundlagen. Greenpeace-Aktionen rütteln auf, machen Druck und Mut. Aber sie sind auch voller Risiko.

Nass und frierend, eine Eisenkette um den Bauch, Hände und Füße gefesselt - so fanden sich 15 Greenpeace-Aktivisten am 14. Juli 2001 in einem US-Gefangenenbus wieder. Zuvor hatten die Umweltschützer auf dem kalifornischen Raketentestgelände Vandenberg friedlich gegen das milliardenschwere Star-Wars-Projekt protestiert. Wegen Verschwörung drohten ihnen sechs Jahre Haft. Die Aktivisten, darunter zwei Deutsche, durften den US-Bundesstaat drei Monate nicht verlassen. Weltweit protestierten Greenpeacer gegen das harte Vorgehen der US-Behörden.

Greenpeace befürchtet ein erneutes Wettrüsten. Obwohl viele die Aktivisten ruhig stellen wollen, nimmt Greenpeace diese neue Herausforderung auf sich und engagiert sich weiterhin mit Begeisterung und Tatkraft gegen die Aufrüstung im Weltall.

Engagiert und mutig für die Umwelt

Hinter jeder Aktion stehen Menschen, die Widerstand leisten. Sie stellen sich Walfängern, Urwaldzerstörern und Atommülltransporten in den Weg. Sie frieren, schwitzen, harren aus, werden bedroht, festgenommen. Diese Menschen riskieren viel für ihre Überzeugung. Und häufig auch juristische Konsequenzen.

Jede Aktivistin und jeder Aktivist handelt aus Verantwortung für die lebenden und nachfolgenden Generationen. Es versteht sich von selbst, dass alle Beteiligten im Ernstfall unterstützt werden. Wenn Aktivisten festgenommen werden, schalten wir sofort Anwälte ein. Dasselbe gilt für die häufig folgenden Gerichtsprozesse. Aber Anwälte kosten Geld.

Ein Netz für Aktivisten - Der Rechtshilfefonds

Ihre Spenden an den Greenpeace e.V. dürfen nicht verwendet werden, um solche Prozess- oder Vertretungskosten zu begleichen. Das lässt der rechtliche Status der Gemeinnützigkeit des Vereins nicht zu. Deshalb unterhalten Unterstützer seit einigen Jahren einen unabhängigen Rechtshilfefonds, der den Betroffenen bei juristischen Auseinandersetzungen zur Seite steht. Dieser Fonds gewährleistet, dass Umweltaktivisten nicht allein durch das Drohen mit Prozessen und Prozesskosten eingeschüchtert werden können.

Jeder Euro hilft

Zuwendungen zum Zweck der Rechtshilfe werden nicht an den Greenpeace e.V. geleistet. Sie gehen an den unabhängigen Rechtshilfefonds. Für diese Spenden dürfen keine Spendenbescheinigungen ausgestellt werden. Trotzdem bitten wir Sie: Helfen auch Sie mit, dieses Netz für die Umweltaktivisten langfristig zu sichern. Unterstützen Sie den Rechtshilfefonds mit einer Spende - oder erteilen Sie eine Einzugsermächtigung. Egal, ob Sie monatlich fünf Euro oder mehr geben können, jede regelmäßige Spende hilft …

Abbildung 39: *Modifizierter Spendenaufruf*

Tabelle 11:   *Schlüsselbegriffe und zugeordnete Wertefelder*

Text	Schlüsselbegriff	Wertefeld
Aktivisten	„Abenteuer"	erlebnisorientiert
Aktionen	„Abenteuer"	erlebnisorientiert
stark gemacht	„Krieg"	kämpferisch
ohne Gewalt	„Friede"	familiär
Leidenschaft	„Feuer"	erlebnisorientiert
Herz	„Feuer"	erlebnisorientiert
friedlich	„Friede"	familiär
Protest	„Aufstand"	kritisch
Zerstörung	„Krieg"	kämpferisch
Druck machen	„Krieg"	kämpferisch
Mut	„Mut"	familiär
Risiko	„Abenteuer"	verträumt
fesseln	„beherrschen"	dominant
Gefangenenbus	„strafen"	dominant
Umweltschützer	„beschützen"	sozial
Haft	„strafen"	dominant
befürchten	„Angst"	kritisch
Wettrüsten	„Rüstung"	kämpferisch
ruhig stellen	„gehorchen"	dominant
Herausforderung	„Abenteuer"	erlebnisorientiert
Engagement	„Abenteuer"	erlebnisorientiert
Begeisterung	„Feuer"	erlebnisorientiert
Tatkraft	„Feuer"	erlebnisorientiert
Aufrüstung	„Rüstung"	kämpferisch
Widerstand leisten	„Aufstand"	kritisch
bedrohen	„beherrschen"	dominant
festnehmen	strafen	dominant
Verantwortung	„beschützen"	sozial
unterstützen	„beschützen"	sozial
sofort	„Geschwindigkeit"	erlebnisorientiert
Netz	„miteinander"	sozial
Spende	„beschützen"	sozial
zur Seite stehen	„beschützen"	sozial
einschüchtern	„beherrschen"	dominant
helfen	„beschützen"	sozial
Zuwendung	„beschützen"	sozial
sichern	„beschützen"	sozial

Die vorangegangenen Analysen haben gezeigt, dass es für den Erfolg zielgruppenorientierter Kommunikationsstrategien entscheidend darauf ankommt, die anvisierte Empfängergruppe entsprechend ihrer spezifischen psychografischen Charakteristik adäquat anzusprechen. Dazu ist es besonders wichtig, die angestrebten Kommunikationsziele im Vorfeld genau abzustecken. Insbesondere muss geklärt werden, ob die Kampagne im Kern eher auf die Bindung von Bestandskunden (=Haltemarketing) oder die Ansprache potenzieller Neukunden (=Gewinnungsmarketing) fokussieren soll. Die vorangegangen Beispiele haben gezeigt, dass hinter diesen beiden grundsätzlichen strategischen Stoßrichtungen durchaus unterschiedliche Zielgruppen stehen können.

6.2.3   Beispiel *mobilcom*

Selbstverständlich ist es aber keinesfalls grundsätzlich so, dass potenzielle Neukunden im Vergleich zu Bestandskunden immer jünger und hedonistischer sind. Die folgende Gegenüberstellung von Stamm- und potenziellen Neukunden des Mobilfunkanbieters *mobilcom* zeigt ein entsprechendes Gegenbeispiel (Stand: November 2006):

Tabelle 12:   *mobilcom – Vergleich Stamm- und potenzielle Neukunden*

		Bevölkerung 14+ 100% (n=3.000)	Stammkunden 3% (n=136)	Potenzielle Neukunden 8% (n=344)		Stammkunden 3% (n=136)	Potenzielle Neukunden 8% (n=344)
Geschlecht	männlich	48	(58)	(56)	familiär		
	weiblich	52	42	44	sozial		
Alter	14-29	20	(24)	20	religiös		
	30-49	35	(39)	(49)	materiell		- -
	50+	45	37	31	verträumt	+	
Bildung	Volks-/ HS	48	46	36	lustorientiert	++	
	mittlere Bildung	35	(39)	37	erlebnisorientiert		+++
	Abitur/Uni	17	15	(27)	kulturell	-	
Persönl. Netto-Einkommen	bis unter 500 €	23	25	22	rational		+++
	500 b.u. 1500 €	47	50	39	kritisch		
	1500+ €	30	25	(39)	dominant		
					kämpferisch		
◯ = Positive Abweichungen von mindestens 4 Prozentpunkten von der Bevölkerung 14+					pflichtbewusst		- - -
					traditionsverbunden		- -

Quelle: TNS Infratest

Während sich bei *mobilcom* insbesondere die Stammkunden als ausgesprochen jung erweisen, sind die potenziellen Neukunden der Marke eher im mittleren Alterssegment der 30 bis 49-Jährigen zu finden. Sie weisen zudem eine deutlich höhere Schulbildung auf und sind einkommensstärker. Ein Blick auf die semiometrischen Wertehaltungen zeigt darüber hinaus, dass es sich bei den potenziellen Neukunden zwar um erlebnisorientierte, aber insbesondere auch um ausgesprochen rational geprägte Personen handelt. Mit einer ausschließlich auf Action, Fun und Abenteuer basierten Kommunikation wäre es hier also keinesfalls getan. Vielmehr muss diese anspruchsvolle und neben ihrer Erlebnisorientierung auch durchaus pragmatisch veranlagte Zielgruppe gleichermaßen mit stichhaltigen Argumenten überzeugt werden. Die Herausforderung für eine zielgruppenadäquate kommunikative Ansprache liegt also gerade darin, diese beiden, auf den ersten Blick nicht gerade komplementären Wertehaltungen, in einem gemeinsamen Kreativkonzept miteinander zu verbinden.

6.3   Zielgruppenabgrenzung über Einstellungs- und Verhaltensmerkmale

Wenn es um die strategische Ausrichtung von Marketingaktivitäten geht, dann erfolgt die Abgrenzung der relevanten Zielgruppen häufig über die Marke. So werden zum Beispiel Bestands- oder potenzielle Neukunden einer Marke analysiert und mit den jeweiligen Wettbewerbern verglichen. Aus diesen Analysen lassen sich zumeist auch wichtige Erkenntnisse zur Markenpositionierung und zielgruppengenauen Ausrichtung von Kommunikationsmaßnahmen ableiten.

Allerdings können die für die Vermarktung relevanten Zielgruppen nicht immer sinnvoll über die Marke definiert werden. Die Ursachen hierfür sind vielfältig:

- Markenzielgruppen sind häufig nicht sehr homogen
  ⇒ Folge: keine klar umrissenen Zielgruppenprofile identifizierbar

- Involvement in den Produktbereich ist eher gering (Bsp.: Schnürsenkel)
  ⇒ Folge: geringe Markenbindung und unscharfe Markennutzer-Profile

- Präsenz (Bekanntheit, Marktanteil) der Marke vergleichsweise niedrig

- Kaufentscheidungen im Produktbereich fallen eher aufgrund anderer Merkmale wie Preis oder Verfügbarkeit (Bsp.: Tankstellen)

- Bei bestimmten Marketingprozessen wie z.B. Produktneueinführungen, Relaunches kann bzw. soll in der Regel nicht an bestehende Markenzielgruppen angeknüpft werden

In Produktbereichen oder Marktsituationen, in denen ein oder mehrere dieser Aspekte zutreffen, sollte daher nach anderen, trennschärferen Indikatoren für die Zielgruppenabgrenzung gesucht werden. In diesem Zusammenhang haben sich insbesondere Einstellungs- und Verhaltensmerkmale bewährt, die eng an das Nutzungsverhalten innerhalb der jeweiligen Produktkategorie angelehnt sind. Diese liefern dann meist eine deutlich bessere Grundlage für eine trennscharfe Segmentierung der relevanten Vermarktungszielgruppen.

Das folgende Beispiel aus dem Produktbereich Bio-Lebensmittel zeigt einmal exemplarisch, wie eine trennscharfe und vermarktungsrelevante Zielgruppenabgrenzung auch ohne unmittelbaren Markenbezug vorgenommen werden kann.

Der Absatz biologisch hergestellter Lebensmittel ist in den letzten Jahren rasant gestiegen. Die prozentualen Umsatzzuwächse liegen im zweistelligen Bereich. Allein im Jahr 2006 lag der Umsatz in Deutschland bei über vier Milliarden Euro. Bio-Lebensmittel haben damit sehr erfolgreich ihren Weg aus einem Nischen- hin zu einem Massenmarkt gefunden. Heute hat fast jede Supermarktkette und jeder Discounter Bio-Lebensmittel im Sortiment. Neben diversen Handelsmarken lässt sich dabei auch ein breites Spektrum kleinerer, zum Teil nur regional begrenzt aktiver Anbieter ausmachen. Eine trennscharfe Zielgruppenabgrenzung über die Marke ist vor diesem Hintergrund schwierig, da viele der angebotenen Marken den potenziell erreichbaren Konsumenten oftmals kaum bekannt sind.

Vor diesem Hintergrund hat TNS Infratest Anfang 2007 eine semiometrische Zielgruppenanalyse für den Bereich Bio-Produkte durchgeführt, die losgelöst von der Markenebene auf grundlegende Verhaltens- und Einstellungsmerkmale in Bezug auf biologisch hergestellte Lebensmittel fokussiert.

Als Grundlage für die Zielgruppenabgrenzung wurden die folgenden, umrahmt gekennzeichneten Fragestellungen aus einer Einstellungsbatterie des bevölkerungsrepräsentativen Semiometrie-Panels herangezogen:

In der folgenden Übersicht finden Sie einige Feststellungen und Meinungen, denen man zustimmen kann oder auch nicht.
Lesen Sie sich bitte jede Feststellung durch, und kreuzen Sie an, ob Sie ihr voll und ganz, weitgehend, eher nicht oder überhaupt nicht zustimmen.

	Dem stimme ich zu ... Voll und ganz	Weitgehend	Eher nicht	Überhaupt nicht
Ich achte sehr auf meine Gesundheit	☐ 1	☐ 2	☐ 3	☐ 4-324
Bei den meisten Beschwerden gehe ich nicht zum Arzt, sondern hole mir ein Mittel aus der Apotheke	☐ 1	☐ 2	☐ 3	☐ 4-325
Ich achte sehr auf gesunde Ernährung	☒ 1	☒ 2	☐ 3	☐ 4-326
Es ist mir sehr wichtig, etwas für mein körperliches und seelisches Wohlbefinden zu tun	☐ 1	☐ 2	☐ 3	☐ 4-327
Ich kaufe gezielt umweltfreundliche Produkte	☐ 1	☐ 2	☐ 3	☐ 4-328
Für Produkte aus ökologischem Anbau (Bio-Produkte) bin ich bereit mehr auszugeben	☒ 1	☒ 2	☐ 3	☐ 4-329
Fertigprodukte sind eine sinnvolle Erleichterung für die Hausfrau..	☐ 1	☐ 2	☐ 3	☐ 4-330
Ich kleide mich gern nach der neuesten Mode	☐ 1	☐ 2	☐ 3	☐ 4-331
Usw.				

➔ **Zielgruppe Bio-Affine:** Alle Personen, die auf gesunde Ernährung achten (Top Two) UND bereit sind, für Bio-Produkte mehr auszugeben (Top Two)

Datenquelle:	Semiometrie-Basisbefragung 2007
Erhebung:	November-Dezember 2006
Grundgesamtheit:	Bevölkerung 14+ Jahre (= 65,1 Mio. Personen, MA 2006 Radio II)
Stichprobe:	n=4.300 Fälle
Methode:	Schriftlich-postalische Panelbefragung

Quelle: TNS Infratest
Abbildung 40: *Zielgruppendefinition*

Als Kriterium für die Abgrenzung der Bio-Zielgruppe wurde eine zumindest weitgehende Zustimmung zu den beiden eingerahmten Statements festgelegt.

Insgesamt 35 Prozent der Bevölkerung ab 14 Jahren weisen demnach eine hohe Affinität zu Bio-Lebensmitteln auf. Das entspricht einer potenziellen Käufergruppe von etwa 22 Millionen Personen.

Tabelle 13:   *Soziodemografie*

		Bevölkerung 14+ 100% (n=4.300)	Bio-Affine 35% (n=1.527)
Geschlecht	männlich	48	39
	weiblich	52	(61)
Alter	14-29	20	12
	30-49	35	28
	50+	45	(59)
Bildung	Volks-/ HS	48	48
	mittlere Bildung	35	32
	Abitur/Uni	17	20
Persönl. Netto- Einkommen	bis unter 500 €	23	21
	500 b.u. 1500 €	48	48
	1500+ €	29	32

◯ = Positive Abweichungen von mindestens 4 Prozentpunkten von der Bevölkerung 14+

Quelle: TNS Infratest

Soziodemografisch handelt es sich dabei eher um Frauen sowie um Personen aus der Altersgruppe der über 50-Jährigen. Vor dem Hintergrund des Trends einer sich weiter verstärkenden Nachfrage nach Bio-Lebensmitteln werden aber zunehmend auch jüngere Bevölkerungsgruppen erreicht. Immerhin stammen bereits 40 Prozent der Bio-Affinen aus dem jüngeren Segment der 14- bis 49-Jährigen. Um daher sicher zu gehen, dass es sich bei vermeintlich erkennbaren psychografischen Charakteristika nicht nur überwiegend um grundlegende Alterseffekte handelt, wurde die semiometrische Analyse jeweils separat für die Altersgruppen 50+ und 14 bis 49 Jahre durchgeführt. Die Ergebnisse zeigen allerdings, dass sich bezüglich der beiden Altersegmente keine signifikanten Unterschiede in den Werteprofilen der Bio-Affinen ausmachen lassen. Die grundlegende Zielgruppencharakteristik der Bio-Affinen dominiert eindeutig einen theoretisch denkbaren Alterseffekt. In Abbildung 41 ist das semiometrische Profil der Bio-Affinen in der für viele Werbetreibende besonders interessanten Werbekernzielgruppe 14 bis 49 Jahre dargestellt.

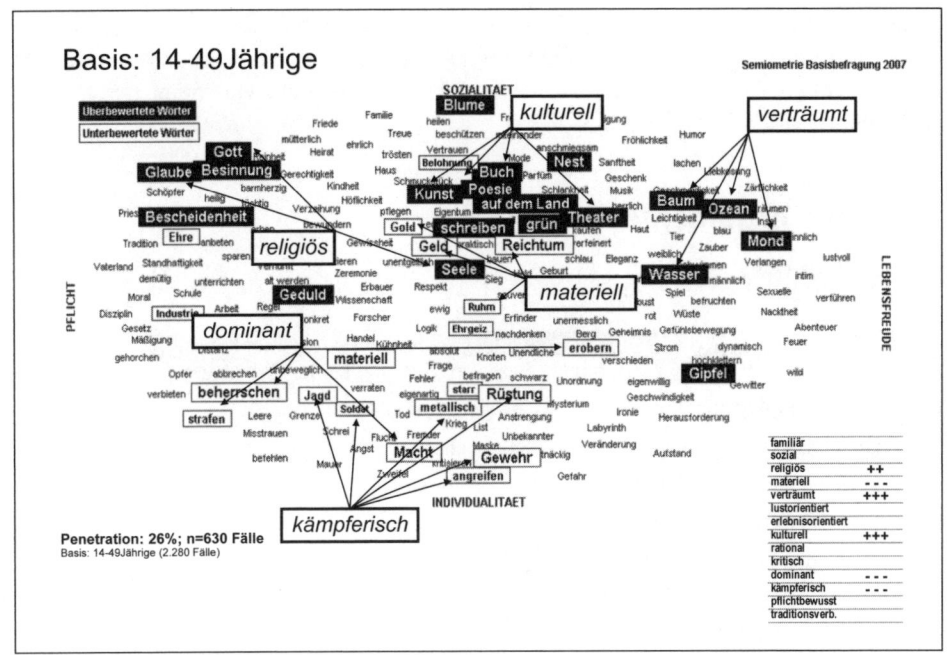

Quelle: TNS Infratest
Abbildung 41: *Bio-Affine*

Psychografisch erweisen sich die Bio-Affinen als eine stark kulturell, verträumt und religiös geprägte Zielgruppe. Gerade die verträumt-idealistische Orientierung, die sich in der Über-bewertung von Begriffen wie *Baum, Wasser, Ozean* oder *Mond* widerspiegelt, zeigt die große Nähe der Bio-Affinen zum Thema Natur. Die kulturelle Orientierung wiederum ist typisch für anspruchsvolle und qualitätsorientierte Zielgruppen. Selbstreflektion sowie das Streben nach Nachhaltigkeit sind für diese Personen ebenfalls charakterisierend. In der religiösen Werte-welt spielt Vertrauen zudem eine große Rolle. Aus Anbietersicht ist es daher sehr wichtig, von der Zielgruppe als glaubwürdig und kompetent wahrgenommen zu werden.

Im Rahmen der kommunikativen Ansprache sollten entsprechende Aspekte daher besonders betont werden. Dagegen sollten eher „weltliche", materielle Themen sowie Motive, die das Individuum in den Vordergrund stellen, vermieden werden.

Die Analyse zeigt, dass sich eine für die konkrete Produktvermarktung relevante Zielgruppe auch völlig unabhängig von der Marke definieren und beschreiben lässt. Aber wie können diese allgemeinen Erkenntnisse über die Zielgruppe der Bio-Affinen nun für markenorientierte Kommunikationsmaßnahmen genutzt und umgesetzt werden? Zuerst einmal ist es in diesem Zusammenhang sehr wichtig, der spezifischen Wertewelt der Zielgruppe bereits mit einem passenden Sprachstil und einer entsprechenden Tonalität zu begegnen. Der folgende Text entstammt der Website der Bio-Marke *Bioland* (www.bioland.de). Im Rahmen einer semio-metrischen Textanalyse wird dieser Text nun vor dem Hintergrund der dargestellten Ergebnisse auf seine Zielgruppeneignung hin überprüft. Dazu wird zuerst untersucht, welche Begriffe und Passagen in die Wertwelt der Bio-Affinen passen (schwarz hinterlegt) und welche nicht (grau hinterlegt). Auf Basis dieser Analyse wird dann im Anschluss ein optimierter Textvorschlag entwickelt.

„Starke Argumente für Bio

Biolandbau

Biolandbau ist Leben und schafft Lebensmittel. Zehn starke Argumente für Bio liefern Fakten zum Biolandbau, seinen Erzeugnissen und seinen Prinzipien.

... damit wir TIERE nicht nur „zum Fressen gern" haben!

... damit QUALITÄT kein leeres Versprechen ist!

... damit die WAHLFREIHEIT in Zukunft erhalten bleibt!

... damit die ARBEIT sich noch lohnt!

... damit auch BAUERN „artgerecht" leben können!

... damit wir für ein gutes KLIMA ENERGIE sparen!

... damit die NATUR im nächsten Frühjahr nicht verstummt!

... damit wir nicht den BODEN unter den Füßen verlieren!

... damit uns nicht das WASSER abgegraben wird!

... damit uns nicht die LUFT ausgeht!"

Abbildung 42: *Starke Argumente für Bio*

Textanalyse

Die semiometrische Zielgruppenanalyse hat verdeutlicht, dass gesundheitsaffine Zielgruppen religiös, kulturell und verträumt sind und dominante, kämpferische sowie materielle Werte ausdrücklich ablehnen. Der Werbetext nennt plakativ zehn Argumente für den Biolandbau und teilt sie in Pro-Contra- Positionen auf – pro Bio, Tiere, Qualität, Wahrfreiheit, Arbeit, Bauern, Klima, Natur, Boden, Wasser und Luft. Die Contra-Positionen werden sowohl durch positive Aussagen angeführt, wie beispielsweise „erhalten bleibt", „sich lohnt", „leben können", „Energie sparen", als auch durch Negationen: „nicht nur ,'zum Fressen gern' haben", „nicht verstummt", „nicht den Boden unter den Füssen verlieren", „nicht das Wasser abgegraben wird", „nicht die Luft ausgeht".

Die Pro-Positionen ergeben sich aus dem Gedanken der Erhaltung oder Bewahrung der Schöpfung bzw. der Natur – eine durch und durch religiöse Einstellung. Die Contra-Positionen dagegen gehen von der Ablehnung jener Handlungen aus, die die Natur beherrschen oder verändern wollen und sie damit auch letztlich zerstören („verstummen", „verlieren", „abgraben", „ausgehen").

Auch hier werden die semiometrischen Wörter unterschiedlich eingesetzt:

■ Gebrauchen („Wasser", „Land"),

■ Ersetzen („Bio" und „Natur" für „Schöpfung", das unmittelbar mit dem Wort „Schöpfer" zusammenhängt) und

■ Ableiten („Luft", „Klima" oder „Tiere" für „Schöpfung" und „Land" oder „Bauern" für „Land").

Natürlich kann man auch das Wort „Boden" mit dem Wort „grün" (kulturell) in Beziehung setzen oder das Wort „Leben" mit dem Wort „grün", aber die Wertehaltungen gesundheits-affiner Zielgruppen bleiben die gleichen: Sie bewegen sich in der oberen Hälfte des semiometrischen Basismappings.

Daraus ergeben sich die Zuordnungen wie in Tabelle 14 dargestellt.

Tabelle 14: *Schlüsselbegriffe und die zugeordneten Wertefelder*

Text	Schlüsselbegriff	Wertefeld
Bio	„Schöpfer"	„religiös"
Biolandbau	„Schöpfer", „Land"	„religiös", „kulturell"
Leben	„Schöpfer"	„religiös"
schaffen	„Schöpfer"	„religiös"
Tiere	„Schöpfer", „Land"	„religiös", „kulturell"
Bauern	„Land"	„kulturell"
artgerecht	„Schöpfer"	„religiös"
Klima	„Schöpfer", „Land"	„religiös", „kulturell"
Natur	„Schöpfer"	„religiös"
Boden	„Schöpfer", „Land"	„religiös", „kulturell"
Wasser	„Wasser"	„verträumt"
Luft	„Schöpfer", „Land"	„religiös", „kulturell"

Wie steht es nun mit den unterbewerteten Begriffen?

■ „...bau"   (rational)

■ „Wahlfreiheit"   („Freiheit" gehört zum Kreis individualistisch geprägter Werte)

■ „Arbeit"   (pflichtbewusst)

■ „...gerecht"   (traditionsverbunden)

■ „sparen"   (pflichtbewusst)

Bei „Biolandbau" und „artgerecht" fallen die beiden Begriffe „Bau" und „gerecht" insofern nicht ins Gewicht, als der Kontext, sowohl im Wort als auch im gesamten Text, religiös und kulturell bestimmt ist, und den Leserinnen und Lesern diese zusammengesetzten Wörter auch bekannt sind. Geändert werden müssen dagegen die anderen drei Begriffe, nämlich „Wahlfreiheit", „Arbeit" und „sparen". Man könnte zwar auch hier die These vertreten, dass der gesamte Kontext diesen individualistisch geprägten Begriffen ihre Schärfe nehme, doch darüber, ob dies wirklich der Fall ist, kann letztlich nur ein empirischer Test entscheiden. Hier drei Änderungsvorschläge, die die vorerwähnten Begriffe durch andere ersetzen.

■ statt: „... damit die WAHLFREIHEIT in Zukunft erhalten bleibt!"

    besser: „... damit die BIO-ALTERNATIVE erhalten bleibt"

■ statt: „... damit die ARBEIT sich noch lohnt!"

    besser: „...damit neue BIO-ARBEITSPLÄTZE geschaffen werden"

■ statt: „... damit wir für ein gutes KLIMA ENERGIE sparen!"

    besser: „...damit wir unser KLIMA schützen"

In diesen drei neuen Formulierungen signalisiert „Bio" sowohl im Wort „Bio-Alternative" als auch im Wort „Bio-Arbeitsplätze" den Bezug zur Natur, Schöpfung und zum Land. Zudem schwächt „Bio" im zusammengesetzten Wort „Bio-Arbeitsplätze" die pflichtbewusste Wertehaltung. „Geschaffen" knüpft mit „Schöpfung" und „schützen" an den Grundgedanken des Textes an, nämlich Erhaltung und Bewahrung der Schöpfung.

Die Analyse verdeutlicht, dass es zum Teil nur geringfügiger sprachlicher Anpassungen bei zentralen Schlüsselbegriffen bedarf, um den Charakter eines Textes signifikant zu verändern. Die Wirkung dieses bewusst zielgruppenorientierten Einsatzes von Sprache vollzieht sich dabei auf der Empfänger-Seite meist im Bereich des Unbewussten. Aus der Werbeforschung ist allerdings bekannt, dass gerade die sich unbewusst vollziehenden Effekte häufig einen ganz entscheidenden Einfluss auf die Wahrnehmung und Evaluierung von Produkten und Werbeaussagen haben.

6.4   Entwicklung einer synergetischen Gesamtstrategie

In den vorangegangen Kapiteln wurde anhand verschiedener Beispiele verdeutlicht, warum es für den Erfolg von Kommunikationskampagnen so wichtig ist, die spezifischen Wertehaltungen der anvisierten Zielgruppe richtig zu verstehen und adäquat anzusprechen. Im Rahmen des vorgestellten Experiments zum Thema Studiengebühren konnte zudem empirisch nachgewiesen werden, dass sowohl die Art der Argumentationsführung als auch der zielgruppenspezifische Einsatz des Mediums Sprache unmittelbaren Einfluss auf die Kommunikationswirkung haben.

Neben der zielgruppenorientierten inhaltlichen Gestaltung der verwendeten Kommunikationsmittel spielt aber selbstverständlich auch die Auswahl passender Kommunikations- und Media-Umfelder eine wichtige Rolle für den Erfolg einer Kampagne. Denn erst die konsequent zielgruppenorientierte Abstimmung sämtlicher Marketing-Einzelmaßnahmen bietet letztlich die Voraussetzungen für eine optimale Kommunikationsleistung.

Tabelle 15: *Auswahl geeigneter Werbemittel und Kommunikationsfelder*

Produkt ➝ Kreation ➝ Media

	Potenzielle Neukunden Kreditkarte	Motivierte Spot 2	Focus TV Regelm. Seher
familiär			
sozial	-	- -	
religiös	- -	- -	
materiell			
verträumt			
lustorientiert	++	+	++
erlebnisorientiert	++	+++	+
kulturell			
rational	+++	+++	+++
kritisch			
dominant			
kämpferisch			
pflichtbewusst		- -	
traditionsverbunden	- -	- - -	

Die Grafik veranschaulicht diesen Prozess anhand eines anonymisierten Beispiels aus dem Finanzbereich (Produktneueinführung einer spezifischen Kreditkarte).

Die vorab durchgeführte Potenzialanalyse zeigt, dass es sich bei den potenziellen Kunden der neuen Kreditkarte um vergleichsweise pragmatisch (rational) orientierte Personen handelt, die aber gleichzeitig auch ein ausgeprägtes Maß an Lust- und Erlebnisorientierung mitbringen. Soziodemografisch sind die potenziellen Neukunden zudem eher männlich, im mittleren Alterssegment der 30- bis 49-Jährigen angesiedelt, höher gebildet und überwiegend berufstätig.

6.4.1 Kreation und Werbemittel-Pretest

Bevor ein Werbemittel tatsächlich zum Einsatz kommt, wird es in der Regel vorab einem Pretest unterzogen. Dabei wird überprüft, inwieweit es den Gestaltern des Werbemittels gelingt, die Konsumenten durch die verwendete Kreatividee anzusprechen und von dem Produkt zu überzeugen bzw. grundsätzlich für die Marke zu arbeiten. Viele Spots werden bei diesen Tests bereits vorab aussortiert, da Überzeugungsleistung oder Durchsetzungskraft im Umfeld konkurrierender Werbemittel zu schwach sind. Neben der Durchsetzungsstärke eines Werbemittels stellt sich allerdings auch die Frage nach der spezifischen Zielgruppencharakteristik der jeweils überzeugten Personen.

Die folgende Übersicht zeigt die Pretest-Ergebnisse für zwei alternative TV-Spot-Konzepte, die im Zusammenhang mit der geplanten Kreditkarten-Neueinführung entwickelt wurden. Beide TV-Spots konnten im Test bezüglich ihrer Durchsetzungsstärke und Motivationsleistung gleichermaßen überzeugen. Allerdings zeigt ein Vergleich der semiometrischen Werteprofile, dass von den beiden Spot-Konzepten jeweils unterschiedliche Personen angesprochen werden.

Tabelle 16:   *Pretest von zwei TV-Spots*

Produkt ➝ Werbemittel-Pretests

	Potenzielle Neukunden Kreditkarte	Motivierte Spot 1	Motivierte Spot 2
familiär			
sozial	-		- -
religiös	- -		- -
materiell			
verträumt		+++	
lustorientiert	++	+++	+
erlebnisorientiert	++	+	+++
kulturell			
rational	+++	-	+++
kritisch			
dominant		- -	
kämpferisch			
pflichtbewusst		-	- -
traditionsverbunden	- -	- - -	- - -

Spot 1 zeigt einen jungen Mann, der in seinem Cabrio durch eine schöne Landschaft fährt und von den Sorgen des Alltags befreit das Leben genießt. Dieser Spot setzt vor allem auf der emotionalen Ebene an und vermeidet konsequent die Verwendung sachlicher Argumente. Entsprechend erreicht dieser Spot auch insbesondere lustorientierte und verträumte Personen. Allerdings wird die für die potenziellen Neukunden so prägende rationale Grundhaltung hier nicht angesprochen. Diese Wertedimension ist bei den Überzeugten des Spots 1 sogar leicht unterbewertet.

Spot 2 verwendet ebenfalls das Grundmotiv des Cabrio-Fahrers, integriert aber gleichzeitig konkrete Argumente für die neue Kreditkarte. Dies geschieht in einer unterhaltsam humoristischen Form. Wie die Ergebnisse zeigen, gelingt es hier in optimaler Weise, die anvisierte, sowohl pragmatisch als auch lust-/erlebnisorientierte Potenzialzielgruppe adäquat zu erreichen. Daher ist Spot 2 aufgrund der hohen Zielgruppen-Adäquanz eindeutig die zu bevorzugende Variante, obwohl Spot 1 bezüglich seiner Durchsetzungsstärke im Pretest ebenfalls überzeugen konnte.

6.4.2 Mediaplanung

Die grundsätzliche Aufgabe der Mediaplanung besteht darin, im Rahmen des vorgegebenen Werbebudgets eine möglichst hohe Anzahl qualitativ hochwertiger Werbekontakte innerhalb der anvisierten Zielgruppe herzustellen. Wichtige Kennzahlen der Mediaplanung sind dabei Reichweiten, Tausend-Kontakt-Preise (TKP) und die Gross Rating Points (GRP). Neben den rein quantitativen Zielen spielt allerdings auch die Qualität der erzeugten Media-Kontakte eine ganz entscheidende Rolle. Bei weitem nicht jedes Medium ist für die Ansprache einer spezifischen Zielgruppe gleichermaßen geeignet. Vor dem Hintergrund der immer größeren Vielfalt verfügbarer Medien und Werbeumfelder muss daher eine zielgruppenorientierte Vorabauswahl geeigneter Werbeträger der eigentlichen Belegungsplanung auf Basis von Reichweiten- und Kontaktpreis-Kriterien grundsätzlich vorausgehen.

Wie in den vorherigen Kapiteln anhand verschiedener Beispiele gezeigt wurde, reichen dabei rein soziodemografische Abgrenzungen keinesfalls aus. Im Gegenteil, derart grobe und unzureichende Zielgruppendefinitionen bergen sogar die Gefahr grundlegender Fehlbelegungen in sich, die in der Folge zu hohen Streuverlusten und somit zur Verschwendung von Werbegeldern führen können.

Die folgende Übersicht zeigt am Beispiel der neu einzuführenden Kreditkarte, wie mittels eines semiometrischen Zielgruppenabgleichs unter Einbeziehung der besonders verhaltensrelevanten psychografischen Ebene konkrete Empfehlungen zu passenden TV-Formaten und Print-Titeln abgeleitet werden können. Die Datengrundlage für den Zielgruppenabgleich bilden dabei 110 besonders werberelevante TV-Formate sowie die 60 reichweitenstärksten Print-Titel, die im Rahmen der jährlichen Semiometrie-Basisbefragung jeweils aktuell erhoben werden.

Tabelle 17: *Qualitative Mediaplanung*

Produkt ➡	TV	Print

	Potenzielle Neukunden Kreditkarte	Focus TV Regelm. Seher	Handelsblatt Regelm. Leser
familiär			+
sozial	-		
religiös	- -		
materiell			
verträumt			
lustorientiert	++	++	+++
erlebnisorientiert	++	+	++
kulturell			
rational	+++	+++	++
kritisch			
dominant			
kämpferisch			
pflichtbewusst			
traditionsverbunden	- -		

Aus der Darstellung wird deutlich, dass sowohl die regelmäßigen Seher (mindestens jede 2. Folge) des *ProSieben*-Formats *Focus TV* als auch die regelmäßigen Leser (mindestens jede 2. Ausgabe) der Zeitung *Handelsblatt* einen ausgesprochen ähnlichen Wertehintergrund wie die anvisierte Zielgruppe aufweisen. Auch die soziodemografischen Strukturen passen zu den potenziellen Neukunden der Kreditkarte. Beide Werbeträger können daher aus qualitativer Sicht als besonders geeignete Kommunikationsumfelder eingestuft und für die weitere Belegungsplanung empfohlen werden. Entsprechende Auswertungen für das Medium Hörfunk können von *RMS Radio Marketing Service*, Hamburg, vorgenommen werden.

6.4.3   Sponsoring und Testimonials

Sponsoring hat sich in den letzten Jahren für viele Unternehmen zu einem wichtigen Kommunikationsinstrument entwickelt. Die Erscheinungsformen des Sponsorings sind vielfältig und reichen vom Sportsponsoring über Kunst- und Kultursponsoring, Sozialsponsoring, Ökosponsoring, Wissenschaftssponsoring bis hin zum Programm- und Mediensponsoring.

Neben der Förderung des jeweiligen Empfängers geht es beim Sponsoring in der Regel darum, auf das eigene Unternehmen aufmerksam zu machen und einen positiven Imagetransfer vom Gesponserten auf den Sponsor zu erreichen. Darüber hinaus bietet Sponsoring den Vorteil, dass die Zielgruppenansprache und Kontaktpflege meist in einer nicht unmittelbar kommerziellen Situation stattfindet. Dadurch wird die Glaubwürdigkeit der unterschwellig vermittelten Werbebotschaft deutlich erhöht. Sponsoring bietet zudem oftmals höhere Kontaktqualitäten als die klassische Kommunikation. Auch lassen sich über das Sponsoring zum Teil Zielgruppen ansprechen, die mit klassischen Kommunikationsmaßnahmen nur schwer erreicht werden können.

Eine dem Sponsoring eng verwandte Werbeform ist der Einsatz so genannter Testimonials. Testimonial (lat. testimonium = Zeugnis, Zeugenaussage, Beweis) bezeichnet dabei die konkrete Fürsprache für ein Produkt oder eine Dienstleistung durch Personen, die sich als überzeugte Nutzer des Produkts oder der Dienstleistung ausgeben. In der Werbung werden häufig Prominente als Testimonials eingesetzt, von denen sich das werbetreibende Unternehmen eine hohe Affinität der Zielgruppe und einen entsprechend positiven Imagetransfer verspricht (ähnlich wie beim Sponsoring). Die in Deutschland wohl bekannteste und langjährigste Zusammenarbeit zwischen einem Unternehmen und einem Testimonial dürfte das Engagement von Thomas Gottschalk für die Firma *Haribo* sein.

Bei der Auswahl potenzieller Sponsoring- oder Testimonialpartner spielen neben dem verfügbaren Sponsoringbudget noch eine ganze Reihe weiterer Auswahlkriterien eine wichtige Rolle. Grundvoraussetzung für ein Erfolg versprechendes Engagement ist zuerst einmal, dass die potenziellen Sponsoring- bzw. Testimonialpartner über hinreichende Bekanntheits-, Image- und Sympathiewerte verfügen. Die alleinige Erfüllung dieser Kriterien reicht allerdings bei weitem nicht aus. Denn genau wie bei den klassischen Werbeträgern, so muss auch beim Sponsoring sichergestellt sein, dass die beabsichtigte Werbewirkung auch tatsächlich innerhalb der richtigen (=angestrebten) Zielgruppe erreicht wird. So ist es durchaus möglich, dass ein Prominenter trotz hoher Sympathiewerte dennoch nicht als Testimonial für eine bestimmte Marke geeignet ist, da sich die Sympathisanten des Prominenten bezüglich ihrer Charakteristik nicht mit der anvisierten Kernzielgruppe decken. Für eine Erfolg versprechende Zusammenarbeit ist daher neben hinreichenden Bekanntheits- und Sympathiewerten immer auch ein hohes Maß an Kompatibilität zwischen dem Sponsoringpartner und der anvisierten Zielgruppe notwendig. Nur wenn die Wertewelten beider Zielgruppen zueinander passen, können aus der Zusammenarbeit positive Kommunikationseffekte resultieren.

Im Folgenden soll dies einmal exemplarisch am Beispiel der Marke *Bacardi* verdeutlicht werden. Die Marke *Bacardi* eignet sich als Beispiel deshalb besonders gut, da Bestands- und potenzielle Neukunden bei *Bacardi* eine ausgesprochen ähnliche Struktur aufweisen. Überlegungen bezüglich einer strategischen Schwerpunktsetzung in Richtung Halte- oder Gewinnungsmarketings erübrigen sich daher weitestgehend, da beide Stoßrichtungen nahezu identische Zielgruppen ansprechen.

Tabelle 18: *Empfehlungen zu Sponsoring und Testimonials*

Marke ⟶ Sponsoring   Testimonial

	Bacardi Bestandskunden	Bacardi Potenzielle Neukunden	American Football Interesse	Jennifer Lopez Sympathie
familiär			- -	-
sozial		-		
religiös	- - -		- - -	- -
materiell	+			
verträumt				
lustorientiert	+++	++	+	+++
erlebnisorientiert	+++	++	+++	++
kulturell	-	- -	- - -	- -
rational				
kritisch		+	++	
dominant	+	+	+	+
kämpferisch	+	++	+++	
pflichtbewusst	- - -	- - -	- -	- -
traditionsverbunden		-		

Die Werteprofile verdeutlichen, dass *Bacardi* eine ausgesprochen hedonistische (lust-/erlebnisorientiert), aber auch individualistische (kämpferisch, dominant, kritisch) Zielgruppe anspricht. In die hedonistische Wertewelt passt ein extrovertierter, emotional geprägter und bedürfnisorientierter Lebensstil. Die individualistische Prägung steht zudem für starkes Selbstbewusstsein und Streben nach Selbstverwirklichung. Beide Aspekte sollten daher in der Kommunikation gleichermaßen angesprochen werden. Die kommunikative Ansprache sollte emotional ausgerichtet sein und Spaß, Lebensfreude sowie eine Prise Abenteuer vermitteln, aber auch typisch individualistische Motive wie Selbstbestimmung, Freiheit oder Unkonventionalität aufgreifen.

Selbiges gilt auch für die Auswahl geeigneter Sponsoringumfelder und Testimonials. Im Rahmen des Semiometrie-Panels wird im Rahmen der regelmäßigen Befragungswellen kontinuierlich das Interesse für potenzielle Sponsoringumfelder sowie die Bekanntheit und Sympathie von Prominenten abgefragt. Auf Basis dieser Ergebnisse ist es dann möglich, die Zielgruppenprofile der jeweiligen Interessenten (Sponsoring-Events) bzw. Sympathisanten (Testimonials) zu ermitteln und mit der anvisierten Werbezielgruppe abzugleichen.

Wie die Auswertungen zeigen, wäre beispielsweise American Football ein durchaus geeignetes Sponsoring-Umfeld für *Bacardi*. Die semiometrischen Werteprofile für *Bacardi* und die Interessenten der Sportart American Football weisen eine sehr ähnliche Struktur auf, und auch die soziodemografischen Charakteristika würden zueinander passen. Beide Zielgruppen sind eher männlich, tendenziell jünger und mit leicht überdurchschnittlicher Bildung. American Football wäre insbesondere dann ein sehr geeignetes Sponsoringumfeld, wenn gerade die individualistische Charakteristik (*kämpferisch, dominant, kritisch*) der Marke hervorgehoben werden soll.

Als Testimonial würde sich zum Beispiel Jennifer Lopez sehr gut eignen. Die „Latino-Queen" steht für Emotion und Leidenschaft pur, was sich in der deutlich lustorientierten Wertehaltung ihrer Sympathisanten entsprechend widerspiegelt. Wie die *Bacardi*-Zielgruppen, so sind auch die Sympathisanten von Jennifer Lopez eher männlich (leichter Überhang!) und weisen eine tendenziell jüngere Altersstruktur auf. Jennifer Lopez wäre daher ein hervorragend passendes und zudem international einsetzbares Testimonial, welches sich insbesondere eignen würde, die emotional-hedonistische Seite der Marke zu unterstreichen.

6.4.4   Direktmarketing

Ganz eigene Wege müssen bei der Übertragung von Zielgruppenprofilings auf das Direktmarketing beschritten werden. Denkt man beispielsweise an den Versand adressierter Mailings, dann liegen die zur anvisierten Zielgruppe passenden, personifizierten Empfängeradressen in der Regel erst einmal nicht vor, sondern müssen über so genannte Adressbroker oder andere Direktmarketing-Anbieter bezogen werden. In diesem Zusammenhang muss allerdings immer klar im Fokus bleiben, welches konkrete Ziel mit einer Kampagne eigentlich erreicht werden soll und welche spezifische Marketingzielgruppe dementsprechend angesprochen werden muss. Denn gerade im Direktmarketing ist häufig zu beobachten, dass „pragmatische" Lösungen gesucht werden, die dem strategischen Fokus der beabsichtigten Marketingmaßnahme nur bedingt gerecht werden.

Ein klassisches Beispiel für ein derart „pragmatisches" Vorgehen sind Kampagnen zur Neukundengewinnung, deren Zielgruppenprofilings dann allerdings auf der Basis von Bestandskunden-Analysen erstellt werden. Dieses Vorgehen ist insbesondere dann problematisch, wenn sich die Zielgruppen für das Gewinnungs- und Haltemarketing signifikant voneinander unterscheiden oder, anders ausgedrückt, wenn die Bestandskunden eine deutlich andere Zielgruppenstruktur aufweisen als die potenziellen Neukunden. In einem der vorangegangen Kapiteln wurde dieses durchaus nicht seltene Phänomen bereits detaillierter, unter anderem am Beispiel der Bausparkasse *LBS* untersucht und beschrieben.

Tabelle 19: *LBS – Vergleich potenzielle Neukunden und Bestandskunden*

		Bevölkerung 14+	Potenzielle Neukunden	Bestands-kunden
Geschlecht	männlich	48	51	46
	weiblich	52	49	54
Alter	14-29	20	(26)	20
	30-49	34	(41)	(38)
	50+	46	34	43
Bildung	Volks-/ HS	47	40	47
	mittl. Bildung	35	35	37
	Abitur/Uni	18	(26)	16
Persönl. Netto-Einkommen	< 500	23	(26)	21
	500 < 1500	48	42	49
	1500+	29	33	30

○ = Positive Abweichungen von mindestens 4 Prozentpunkten vom Durchschnitt der Bevölkerung 14+

Wertesteckbrief	Potenzielle Neukunden	Bestands-kunden
familiär	-	+++
sozial	-	
religiös		+
materiell		++
verträumt		
lustorientiert		++
erlebnisorientiert	+++	
kulturell		
rational		
kritisch		
dominant		
kämpferisch		
pflichtbewusst		
traditionsverbunden	- - -	

Im Fall der *LBS* ist die Situation dadurch gekennzeichnet, dass die potenziellen Neukunden deutlich jünger als die Bestandskunden sind und sich offensichtlich mehrheitlich in einer früheren Lebensphase befinden, die mit entsprechend anderen Wertemustern einhergeht. Ein Zielgruppenprofiling auf Basis einer Bestandskundenanalyse würde in diesem Fall also eindeutig die für das Gewinnungsmarketing eigentlich relevante Zielgruppe verfehlen.

Vor diesem Hintergrund stellt sich die Frage, auf welche Weise die häufig sehr differenzierten und vermarktungsrelevanten Zielgruppeninformationen aus Marktforschungsuntersuchungen auf das Direktmarketing übertragen werden können. Dies ist in der Tat kein ganz einfaches Unterfangen. In der Marktforschung hat man es nämlich meist mit vergleichsweise überschaubaren Repräsentativstichproben zu tun, innerhalb derer die für das jeweilige Vermarktungsthema relevanten Informationen anhand von Befragungen erhoben werden können. Im Gegensatz dazu arbeitet das Direktmarketing überwiegend mit sehr großen Adress-Datenbeständen, wobei für die einzelnen Adressen meist nur ein fest vorgegebenes Set an Informationen verfügbar ist. Eine spezifische Abfrage der für die Steuerung von Direktmarketingmaßnahmen idealerweise benötigten Informationen ist dabei in der Regel schon allein aufgrund des Umfangs der Adressdaten-Bestände nicht möglich.

Im Direktmarketing wird daher vielfach mit Prognosemodellen gearbeitet, die in der Praxis auch häufig als Modellings oder Scorecards bezeichnet werden. Als Datenbasis für die Erstellung eines Prognosemodells dient dabei in der Regel ein Auszug des Gesamtadressbestandes, für den sowohl die zu erklärenden (=abhängigen) als auch die erklärenden (=unabhängigen) Merkmale vorliegen. Die Aufgabe des Modells besteht dann darin, die individuellen Ausprägungen der unabhängigen Variable möglichst präzise über entsprechend intelligente Verknüpfungen der erklärenden Variablen abzubilden. Ist das Modell erst einmal kalibriert, so kann anschließend mittels der unabhängigen Variablen für den gesamten Adressbestand ein Prognosewert bezüglich der abhängigen Variablen abgeleitet werden.

Dieser grundsätzlichen Vorgehensweise haben sich auch TNS Infratest und der Direktmarke-tinganbieter AZ Direct (Bertelsmann) bedient, als sie im Jahr 2001 die 14 semiometrischen Wertefelder über Scoring-Modelle aus dem repräsentativen Semiometrie-Panel (Bevölkerung 14+ Jahre) in die 60 Millionen Personenadressen umfassende Direktmarketing-Datenbank von AZ Direct projizierten und damit eine in dieser Form einzigartige Schnittstelle zwischen Marktforschung und Direktmarketing entwickelten. Die folgende Abbildung gibt einen schematischen Überblick über den Aufbau und die Struktur der AZ Direktmarketing-Datenbank.

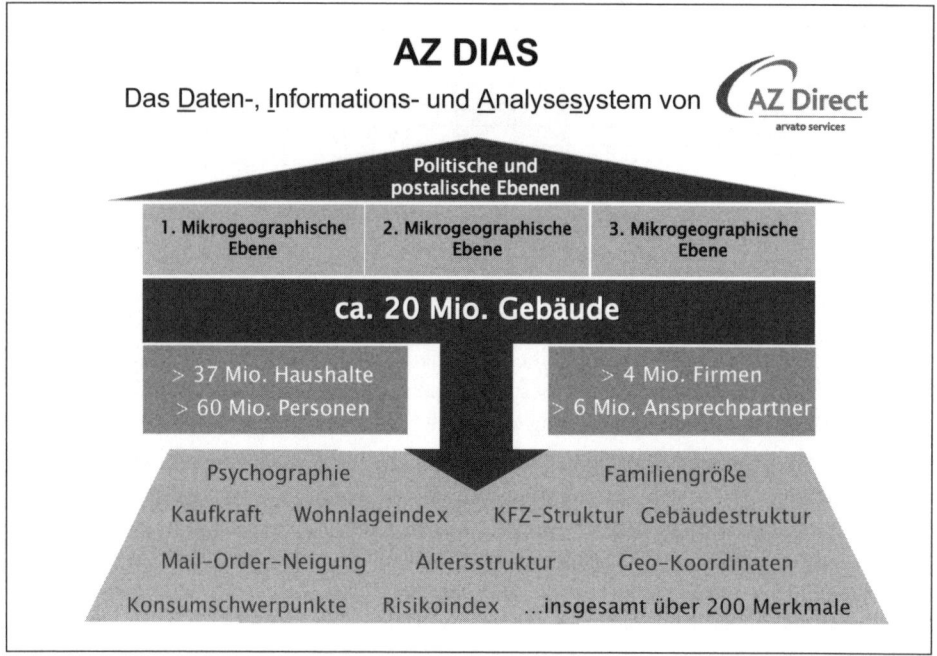

Abbildung 43: *Daten-, Informations- und Analysesystem von AZ Direct*

Es handelt sich um eine relationale Datenbankstruktur, in der die verschiedenen Datenebenen (Personen-, Haushalts-, Gebäude-, Firmendaten) in einem integrierten Gesamtsystem mitein-ander verknüpft sind. Als Grundlage für die Modellierung psychografischer Informationen ist dabei insbesondere die Verfügbarkeit personenspezifischer Daten sehr wichtig, da Psychogra-fie ein unmittelbar auf der Personenebene anzusiedelndes Merkmal ist.

In der AZ Direktmarketing-Datenbank liegen insgesamt ca. 60 Millionen personifizierte Adressen vor. Das entspricht einer Abdeckung von ca. 92 Prozent der Bevölkerung ab 14 Jahren. Jede dieser Personenadressen kann anhand von bis zu 200 Merkmalsvariablen cha-rakterisiert werden. Natürlich sind diese 200 Merkmalsvariablen nicht für jede einzelne Per-sonenadresse vollständig gefüllt. Das ist für die Modellierung auch gar nicht so wichtig. Viel

wichtiger ist dagegen gerade im Zusammenhang mit der Abbildung psychografischer Merkmale, dass die verfügbaren Variablen ein möglichst breites Spektrum verhaltensrelevanter
Informationsebenen abdecken. Diese Voraussetzung ist in der AZ Direktmarketing-Datenbank in hohem Maße erfüllt. Es finden sich Informationen angefangen von der Soziodemografie (z.B. Geschlecht, Alter, Haushaltsgröße) über das Konsumverhalten (Konsum-
schwerpunkte, Kaufkraft, Mail-Order-Neigung) zur Mikrogeographie (Wohnlage-Index,
Gebäudestruktur) bis hin zu Bonitätseinstufungen (Wahrscheinlichkeit von Zahlungsausfäl-
len). Im Rahmen der vorangegangen Kapitel wurde bereits ausführlich dargelegt, welchen
hohen und unmittelbaren Einfluss die spezifischen Wertehaltungen von Personen auf deren
Verhalten haben. Vor diesem Hintergrund ist es natürlich umgekehrt auch möglich, anhand
entsprechend vorliegender Verhaltensvariablen Rückschlüsse auf die spezifischen Grundhaltungen von Person zu ziehen.

Genau auf diesem korrelativen Zusammenhang basieren die semiometrischen Prognosemodelle,
mit denen TNS Infratest und AZ Direct die 14 semiometrischen Wertefelder nachmodelliert
haben. Die Datenbasis für die Berechnung der Modellings bildet dabei das repräsentative
Semiometrie-Panel, dem die ca. 200 Merkmalsvariablen aus der AZ Direktmarketing-
Datenbank zugespielt werden. Innerhalb dieses erweiterten Datensatzes liegen somit also
einerseits die „echten" Semiometrie-Bewertungen (Befragungsvariablen) als abhängige Variablen sowie die 200 AZ-Merkmale als unabhängige Variablen personen-identisch vor. Im
Rahmen eines umfangreichen mehrstufigen Analyse- und Validierungsprozess konnte
schließlich für jedes der 14 semiometrischen Wertefelder ein trennscharfes Prognosemodell
(=SemioScores) entwickelt werden. Mit Hilfe der resultierenden Scorings ist es damit möglich, für über 90 Prozent der deutschen Wohnbevölkerung einen 14-dimensionalen semiometrischen Wertesteckbrief zu prognostizieren. Natürlich kann eine derartige Schätzung
niemals so exakt sein wie die unmittelbar erfragte Originalinformation. Es handelt sich hier
aber immerhin um das im Rahmen der „verfügbaren Möglichkeiten" optimale Prognosemodell. Da die AZ Direktmarketing-Datenbank zu den umfangreichsten Datenbeständen dieser
Art in Deutschland gehört, sind die „verfügbaren Möglichkeiten" an dieser Stelle als entsprechend gut einzustufen. Aber was bedeutet dies nun für die unmittelbare Praxis? Wie lassen
sich diese Informationen ganz konkret für das Direktmarketing nutzen?

Hier können im Kern zwei Anwendungsformen unterschieden werden, nämlich die Adress-
Selektion (z.B. für Mailings) auf Basis eines semiometrischen Zielgruppenprofilings einerseits und auf der anderen Seite die Zuspielung der 14 SemioScores zu beliebigen (Bestands-
kunden-)Adressbeständen.

a) SemioSelect:
Adress-Selektion anhand semiometrischer Zielgruppenprofilings

Ausgangspunkt für eine semiometrische Adress-Selektion ist immer eine semiometrische
Zielgruppenanalyse, in deren Rahmen das spezifische psychografische Profil der anvisierten
Kommunikationszielgruppe ermittelt wurde. Selbstverständlich werden dabei neben der

Semiometrie auch weitere Informationen (wie z.B. die Soziodemografie) mit berücksichtigt. Im nächsten Schritt können dann auf Basis dieses Zielgruppenprofils unmittelbar passende Adressen aus der AZ Direktmarketing-Datenbank selektiert werden.

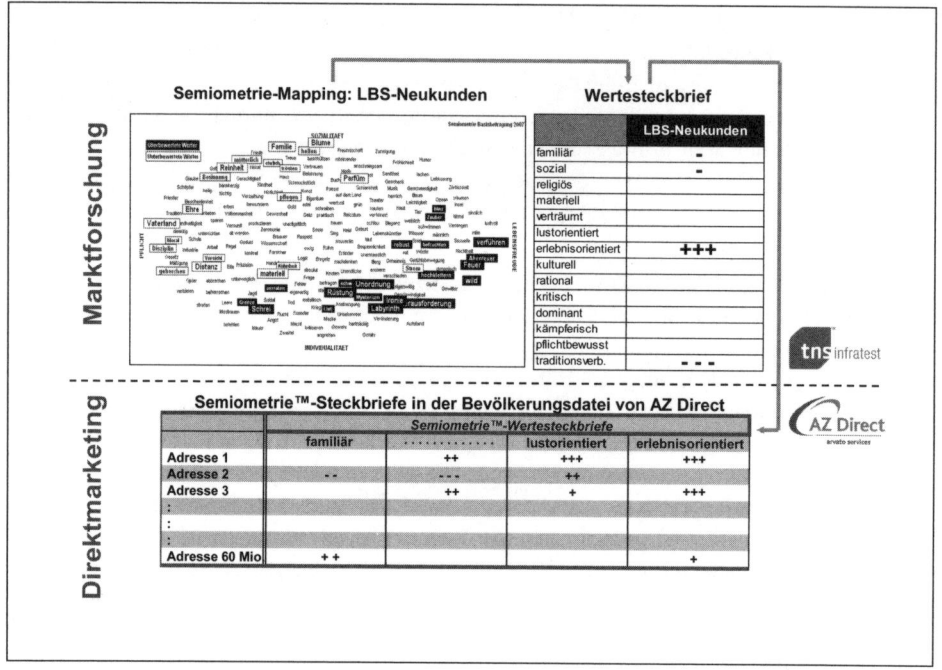

Abbildung 44: *Adress-Selektionen mit SemioSelect*

Dazu werden die Adressen im ersten Schritt entsprechend ihrer Passgenauigkeit zum Zielgruppenprofil gerankt und dann anschließend von oben abselektiert. Wird dann im Rahmen des zu versendenden Mailings die inhaltliche Gestaltung auch noch gleichermaßen optimal auf die Charakteristik der anzusprechenden Zielgruppe ausgerichtet, dann sind im Prinzip beste Voraussetzungen für eine Erfolg versprechende Kampagne mit einer entsprechend hohen Responsewahrscheinlichkeit gegeben.

b) SemioScore:
Zuspielung der 14 SemioScores zu (Bestandskunden-)Adressbeständen

Neben der Selektion von Adressen lassen sich die 14 semiometrischen Prognosemodelle auch für die Anreicherung beliebiger Adressbestände verwenden. Für die Anreicherung wird dabei lediglich die vollständige Adresse benötigt, die dann mit der AZ Direktmarketing-Datenbank abgeglichen wird. Da innerhalb der AZ Direktmarketing-Datenbank ca. 92 Prozent der deutschen Wohnbevölkerung mit ihrer Adresse erfasst sind, können die SemioScores entsprechend auch dem überwiegenden Teil fast aller Kunden-Adressbestände zugespielt werden.

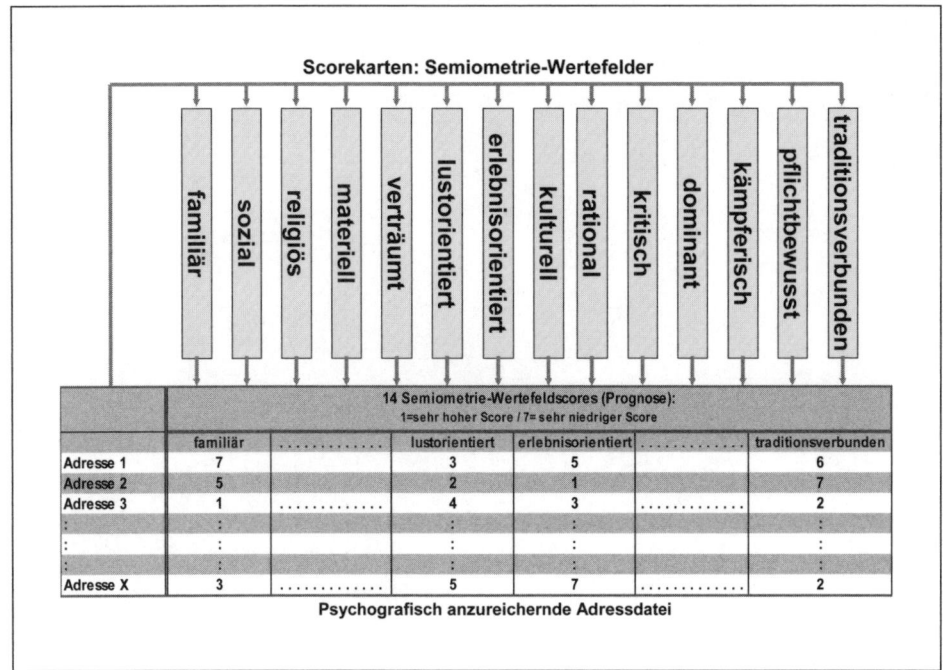

Abbildung 45: *Anreicherung von Adressbeständen mit SemioScore*

Die Integration psychografischer Merkmalsvariablen in einen (Kunden-)Datenbestand bietet dabei vielfältige Anwendungsmöglichkeiten für CRM-Analysen. So kann beispielsweise untersucht werden, inwieweit sich einzelne Kundensegmente (z.B. Käufer bestimmter Artikel, Stammkäufer versus Gelegenheitskäufer etc.) bezüglich ihrer spezifischen Wertehaltungen unterscheiden. Diese Informationen können anschließend zum Beispiel zur Optimierung der inhaltlichen Zielgruppenansprache, für die Steuerung von CRM-Maßnahmen oder aber unmittelbar als Profiling für die Selektion von Neuadressen genutzt werden.

Wichtig:

Im Rahmen einer konsistent zielgruppenorientierten Markenführung ist es ausgesprochen wichtig, sämtliche Einzelmaßnahmen mit großer Konsequenz synergetisch auf die relevante Vermarktungszielgruppe abzustimmen. Dies beginnt bereits bei der inhaltlichen Gestaltung und Kreation der verwendeten Werbe- und Kommunikationsmittel und setzt sich über die Mediaselektion, das Sponsoring bis hin zum Direktmarketing fort. Denn nur wenn alle Einzelmaßnahmen auf diese Weise systematisch auf den spezifischen Charakter der relevanten Vermarktungszielgruppe ausgerichtet werden, können Irritationen in der Markenwahrnehmung vermieden und kommunikative Synergieeffekte zur Steigerung des Kommunikationserfolgs genutzt werden.

7. Zusammenfassung

Eine häufig gestellte Frage im Marketing lautet: Was steht eigentlich am Anfang der Planung – das Produkt oder die Zielgruppe? In der Praxis ist diese Frage oft kaum noch eindeutig zu beantworten. Tatsache ist allerdings, dass zwischen Produkt und Zielgruppe eine unmittelbare Wechselwirkung besteht. Das eine resultiert quasi aus dem anderen. Bestimmte Produkte sprechen bestimmte Zielgruppen an, und umgekehrt suchen spezifische Konsumentengruppen ganz gezielt nach Produkten, die ihre spezifischen Bedürfnisse und Erwartungen erfüllen. Erfolgreiche Unternehmen zeichnen sich meist dadurch aus, dass ihre Aktivitäten, angefangen vom Produkt über den gesamten Prozess der Markenkommunikation, konsequent auf die Bedürfnisse der von ihnen angesprochenen Kundensegmente zugeschnitten sind.

Allerdings unterliegen die Bedürfnisse von Kunden auch kontinuierlichen Veränderungen. Die Ursachen für diese Veränderungen sind vielfältig. Gesellschaftliche und wirtschaftliche Rahmenbedingungen verändern sich – technologische Standards verändern sich, Geschmack und Zeitgeist verändern sich und entsprechend verändert sich dann auch das Konsumentenverhalten. Personen, die heute noch zum eigenen Vermarktungssegment gezählt werden können, wenden sich unter Umständen schon morgen den Angeboten eines Wettbewerbers zu, der mit attraktiveren Produktinnovationen in den Markt drängt und neue Standards setzt.

Für die langfristige Sicherung des Markterfolgs ist es daher aus Unternehmenssicht außerordentlich wichtig, nicht nur das allgemeine Marktgeschehen, sondern insbesondere auch die Strukturen und Bedürfnisse der eigenen Vermarktungszielgruppen kontinuierlich zu beobachten. Aber wer oder was ist überhaupt die für das eigene Produkt bzw. die eigene Marke relevante Zielgruppe? Wie kann sie identifiziert und klar abgegrenzt werden? Welche spezifischen Charakteristika weist sie auf? Und wie kann sie im Rahmen der Kommunikation inhaltlich optimal und ohne unnötige Streuverluste angesprochen werden?

Bezüglich der Abgrenzung von Zielgruppen wird in der Praxis nach wie vor häufig auf soziodemografische Merkmale zurückgegriffen. Sie sind leicht erfassbar, meist eindeutig messbar und gut vergleichbar. Und in der Tat lassen sich in vielen Produktbereichen Zusammenhänge zwischen dem beobachtbarem Konsumentenverhalten und deren soziodemografischen Eigenschaften nachweisen. Soziodemografische Merkmale sind im Zusammenhang mit der Abgrenzung und Charakterisierung von Zielgruppen zwar häufig hilfreich, für eine trennscharfe Zielgruppendefinition aber in den meisten Fällen nicht ausreichend. Moderne Segmentierungsverfahren arbeiten daher überwiegend mit produktgattungsspezifischen Verhaltensmerkmalen sowie Informationen zu Einstellungen und Lebensstilen und insbesondere mit psychografischen Charakterisierungsvariablen. Gerade die psychografischen Merkmale, und dabei vor allem soziokulturelle Wertehaltungen, haben sich in vielen Produktbereichen als wichtige Indikatoren zur Zielgruppenabgrenzung und -charakterisierung sowie zur (Kauf-) Verhaltensprognose herauskristallisiert. Auch in der wissenschaftlichen Werteforschung gibt es über verschiedene Disziplinen hinweg einen breiten Konsens bezüglich der hohen Verhaltensrelevanz individueller Wertehaltungen. So definiert zum Beispiel Kmieciak (1976, S. 47) Werte als „innere Führungsgrößen des menschlichen Tuns und Lassens", und Trommsdorff (1989, S. 147 ff.) beschreibt Werte als „Breitband-Prädiktoren für Verhaltensmuster".

Wie das Verhalten im Allgemeinen, so wird auch das Konsumverhalten vom individuellen Wertesystem einer Person bestimmt. Für das Verständnis des spezifischen Konsumverhaltens von Individuen oder Zielgruppen ist es daher von grundlegender Bedeutung, Informationen über die jeweils spezifischen Wertehaltungen zu gewinnen. Erst wenn wirklich klar ist, wie eine Zielgruppe „tickt", lassen sich entsprechend zielgruppenadäquate Marketingmaßnahmen entwickeln. Aber wie kommt man zu einem repräsentativen, möglichst unverzerrten Bild vom Wertesystem einer Person bzw. Zielgruppe?

Die Ergründung der psychischen Determinanten des Käuferverhaltens ist ein zentrales Anliegen der empirischen Markt- und Meinungsforschung. Allerdings entziehen sich gerade die so wichtigen psychischen Bestimmungsfaktoren aus verschiedenen Gründen (Rationalisierungseffekte, Diskrepanz Selbst-/Fremdeinschätzung, Effekte sozialer Erwünschtheit) den Möglichkeiten einer direkten Messung oder Beobachtung. Zur Vermeidung entsprechender Verzerrungen kommen daher häufig indirekte Messtechniken zum Einsatz. Das Semiometrie-Modell bedient sich solch einer indirekten Vorgehensweise. Die Grundidee des Modells besteht darin, die Wertehaltungen von Personen anhand der individuellen Bewertung von 210 Begriffen zu bestimmen. Wörter dienen in diesem Ansatz also als Indikatoren zur indirekten Messung von Wertehaltungen. Zur Charakterisierung beliebig definierbarer Zielgruppen werden die zielgruppenspezifischen Begriffsbewertungen mit der Gegengruppe (=Nicht-Zielgruppe) verglichen. Das Ergebnis (signifikant über-/unterbewertete Begriffe) wird in ein zweidimensionales Basismapping projiziert, das die spezifischen Wertepräferenzen der Zielgruppe anzeigt. Zu jedem Mapping gibt es zudem einen Wertesteckbrief. Dieser zeigt anhand von 14 zentralen Wertefeldern (*familiär, sozial, traditionsverbunden* etc.) das spezifische Werteprofil der betrachteten Zielgruppe an.

Durch das indirekte Vorgehen bei der Ermittlung des semiometrischen Werteprofils lässt sich somit ein ausgesprochen trennscharfes Psychogramm der Zielgruppe zeichnen. Diese grundlegenden Informationen zum Charakter der Zielgruppe sind nicht nur im Zusammenhang mit strategischen Überlegungen zur Markenpositionierung von Relevanz. Sie liefern darüber hinaus auch vielfältige Hinweise für die zielgruppenadäquate Ausrichtung operativer Marketingmaßnahmen. Dies beginnt bereits im Bereich der Kommunikation mit der Wahl der richtigen Sprache. Denn die Sprache ist eine zentrale Brücke, über die Marken ihre Zielgruppen erreichen und umgekehrt die Zielgruppen sich mit ihren Marken identifizieren können.

Konsequente Markenführung bedarf einer einheitlichen Markensprache. Alle sprachlich relevanten Instrumente, wie zum Beispiel Werbemittel, Packungstexte, Kataloge, Imagebroschüren, Briefe, Reden oder Internetauftritte, sollten daher dementsprechend markengerecht formuliert werden. Auch für die Kreativen in den Werbeagenturen sind fundierte Informationen zur psychografischen Charakteristik der anzusprechenden Zielgruppen außerordentlich wichtig. Denn nur auf dem Fundament eines wirklich trennscharfen Zielgruppenbildes lassen sich stilistisch passende Konzepte, Ideen, Bilder, Metaphern, Slogans etc. entwickeln. Marken haben ein Gesicht (Design) und eine Stimme (Sprache).

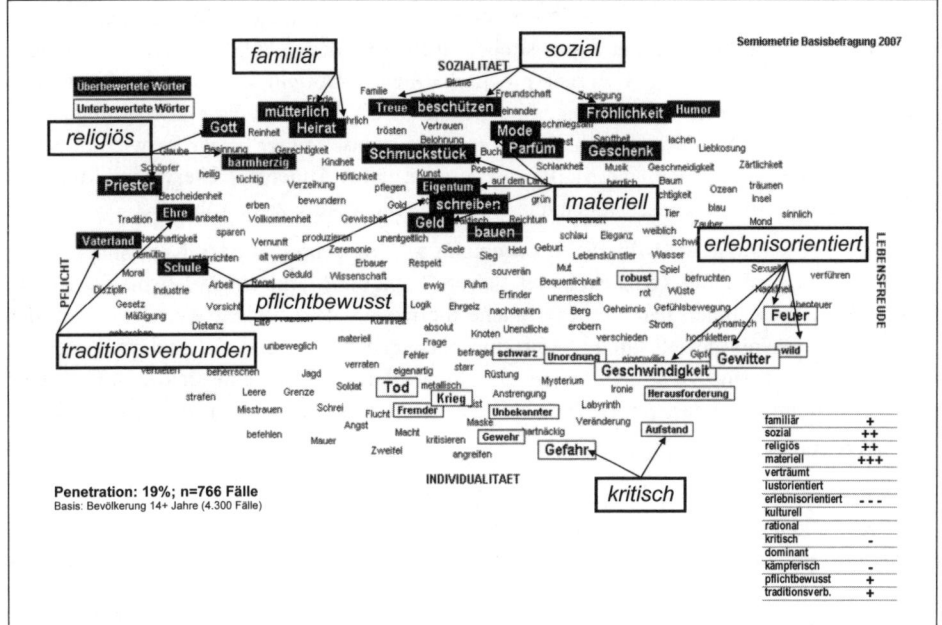

Abbildung 46: *C&A Stammkunden*

Wie deutlich der Effekt einer konsequenten Zielgruppenorientierung in Bezug auf die Kommunikationswirkung ist, konnte im Rahmen eines hier vorgestellten Experimentes (Einführung von Studiengebühren) empirisch nachgewiesen werden. Dabei konnte zudem gezeigt werden, dass sich die Kommunikationswirkung einer Kampagne durch eine differenzierte Ausrichtung auf einzelne Zielsegmente signifikant steigern lässt. In der Praxis muss der Grad der gewählten Zielgruppendifferenzierung allerdings immer mit den Möglichkeiten des verfügbaren Marketinginstrumentariums abgeglichen und unter Kosten-Nutzen-Gesichtspunkten individuell bewertet werden. Grundsätzlich lässt sich allerdings festhalten: Je heterogener die Zielgruppenstrukturen der relevanten Vermarktungssegmente, desto eher lohnt sich eine entsprechende Differenzierung von Marketingmaßnahmen.

Die Frage nach dem Grad der Homogenität bzw. Heterogenität von Zielgruppenstrukturen ist im Zusammenhang mit der Durchführung von Zielgruppenanalysen immer wieder ein wichtiger Aspekt. Viele Zielgruppenabgrenzungen, die auf den ersten Blick völlig plausibel erscheinen, erweisen sich bei einer detaillierteren Betrachtung aufgrund ihrer heterogenen und vielschichtigen Struktur für die Ableitung zielgruppenorientierter Marketingmaßnahmen als ungeeignet. Am Beispiel der Modemarke *BOSS* konnte gezeigt werden, dass sich jüngere und ältere männliche *BOSS*-Verwender in ihren Wertehaltungen grundsätzlich voneinander unterscheiden. Interessanter Weise zeigten die beiden Teilgruppen dabei genau die umgekehrten psychografischen Charaktermuster, als man es bei einem Alterseffekt dieser Art üblicherweise vermuten würde. Nicht die jüngeren, sondern vielmehr die älteren *BOSS*-Verwender erwiesen sich nämlich als besonders lustorientiert, während für die jüngeren Verwender eine deutlich materielle Orientierung festgestellt werden konnte. Für die jüngeren Verwender, die nach materiellem Erfolg, Prestige und Status streben, bietet die Marke *BOSS* somit eine Möglichkeit, diese Wertevorstellung in ihrem gesellschaftlichen Umfeld zu kommunizieren. Die älteren *BOSS*-Kunden tendieren dagegen im Gegensatz zur Mehrheit ihrer Altersgruppe nicht zunehmend zu Pflicht-Werten, sondern überbewerten „typisch junge" Begriffe wie *das Sexuelle, lustvoll* und *dynamisch*. Die Marke *BOSS* bietet ihnen dementsprechend eine Möglichkeit, sich mit Sex-Appeal auszustatten und eine jugendliche Aura zu bewahren.

Derartige Erkenntnisse sind für die Entwicklung zielgruppenorientierter Kommunikationsstrategien von großer Relevanz. So bietet sich im Falle der Marke *BOSS* beispielsweise die Möglichkeit, im Rahmen der Werbeansprache die jeweils spezifischen Wertehaltungen der beiden Subsegmente gezielt aufzugreifen und entsprechend passende Werbebotschaften zu entwickeln. Über eine zielgruppenorientierte Mediaplanung kann eine derart differenziert angelegte Kommunikationsstrategie dann auch noch sehr zielgruppengenau adressiert werden.

Das *BOSS*-Beispiel verdeutlicht gleich drei Dinge eindrucksvoll:

- Zum einen zeigt es, dass Zielgruppen in ihrer Struktur durchaus heterogen angelegt sein können und dass über die Identifikation deutlich homogenerer Subsegmente eine differenziertere, zielgruppengenauere und somit insgesamt Erfolg versprechendere Kommunikationsansprache möglich ist.

- Zum zweiten zeigt das Beispiel aber auch, dass die klassischen, über die Soziodemografie abgeleiteten Assoziationsmuster bezüglich der intuitiven Zuordnung von Einstellungen und Verhaltensmustern zu grundlegenden Fehlinterpretationen führen können. Erst die detaillierte Analyse der psychografischen Wertehaltungen offenbarte nämlich in diesem Falle, dass eben nicht die jüngeren, sondern gerade die älteren Kunden für die Lustorientierung im Werteprofil der Marke *BOSS* verantwortlich sind.

- Und schließlich wird an dem Beispiel auch deutlich, dass eine Zielgruppenabgrenzung, die ausschließlich über das Merkmal „Marke" (hier: Verwender der Marke) erfolgt, keinesfalls automatisch zu trennscharfen und vermarktungsrelevanten Zielgruppensegmenten führen muss.

Für den Produktbereich Bio-Lebensmittel wurde in diesem Zusammenhang einmal exemplarisch gezeigt, wie sich eine für die Produktvermarktung relevante Zielgruppe auch ohne jeglichen Markenbezug definieren und beschreiben lässt. Die „Bio-Affinen" erwiesen sich dabei als eine verträumt-idealistische, aber auch kulturelle, anspruchsvolle und qualitätsorientierte Zielgruppe, deren spezifische Charakteristik insbesondere über die Psychografie und weniger über die Soziodemografie bestimmt wird.

Gerade in Produktbereichen, die durch eine sehr breit gefächerte Nutzerschaft charakterisiert sind oder in denen die Präsenz (Bekanntheit, Marktanteil) einzelner Marken vergleichsweise niedrig ist oder aber das Involvement und die Markenbindung insgesamt eher gering ausfallen, empfiehlt sich, unabhängig von der Markenebene, die Suche nach anderen, trennschärferen Indikatoren zur Abgrenzung von Zielgruppen. Dabei haben sich insbesondere Einstellungs- und Verhaltensmerkmale bewährt, die sehr eng an das Nutzungsverhalten innerhalb der jeweiligen Produktkategorie angelehnt sind.

Aus den Erkenntnissen fundierter Zielgruppenanalysen lassen sich aber nicht nur vielfältige Hinweise bezüglich der adäquaten inhaltlichen Ansprache der relevanten Vermarktungssegmente gewinnen, sondern es können zudem auch unmittelbare Empfehlungen zur Auswahl passender Kommunikations- und Media-Umfelder abgeleitet werden. Dabei sind die Voraussetzungen für einen überdurchschnittlichen Kommunikationserfolg umso besser, je konsequenter sämtliche Marketing-Einzelmaßnahmen auf die spezifische Charakteristik der anvisierten Vermarktungszielgruppe abgestimmt werden. So kann zum Beispiel im Rahmen von Werbemittel-Pretests untersucht werden, ob ein spezifisches Werbemittel neben einer hinreichenden Überzeugungsleistung und Durchsetzungsstärke auch tatsächlich die richtige (=vermarktungsrelevante) Zielgruppe anspricht. Denn was nützt ein leistungsstarkes Werbemittel, wenn es die falsche Zielgruppe erreicht? Genauso muss auch im Bereich der Media-Selektion darauf geachtet werden, dass die ausgewählten Kommunikationsumfelder bezüglich ihrer Nutzerstrukturen tatsächlich kompatibel zur anvisierten Vermarktungszielgruppe sind. Gerade vor dem Hintergrund der immer größeren Vielfalt verfügbarer Medien und Werbeumfelder sollte eine auf qualitativen Kriterien basierende, zielgruppenorientierte Vorauswahl geeigneter Werbeträger der klassischen Belegungsplanung anhand von Reichweiten- und Kontakpreis-Kriterien grundsätzlich vorausgehen.

Das gleiche gilt im Prinzip auch für die Auswahl von Sponsoring- und Testimonialpartnern. Auch hier spielt der Aspekt der Zielgruppen-Kompatibilität eine ganz entscheidende Rolle. So ist es beispielsweise gut möglich, dass ein Prominenter trotz insgesamt hoher Sympathiewerte nicht als Testimonial für eine bestimmte Marke geeignet ist, da sich die Sympathisanten des Prominenten bezüglich ihrer Charakteristik nicht mit der anvisierten Vermarktungszielgruppe decken. Für eine Erfolg versprechende Zusammenarbeit ist daher neben hinreichenden Bekanntheits- und Sympathiewerten immer auch ein hohes Maß an Kompatibilität zwischen dem Sponsoringpartner und der anvisierten Zielgruppe notwendig. Denn nur wenn die Wertewelten beider Zielgruppen zueinander passen, können aus der Zusammenarbeit positive Kommunikationseffekte resultieren.

Ganz besondere Herausforderungen an das Zielgruppeninstrumentarium stellen sich im Direktmarketing. Denkt man beispielsweise an den Versand adressierter Mailings, dann liegen die zur anvisierten Zielgruppe passenden, personifizierten Empfängeradressen in der Regel nicht vor, sondern müssen mit möglichst hohem Zielgruppenbezug aus den meist sehr umfangreichen Adressdatenbanken von Adressbrokern oder anderen Direktmarketing-Anbietern selektiert werden. Vor diesem Hintergrund stellt sich dann oftmals die Frage, wie die meist sehr differenzierten Zielgruppeninformationen aus Marktforschungsuntersuchungen auf das Direktmarketing übertragen werden können. In der Tat gibt es für dieses Problem in der Praxis bislang kaum einsetzbare Lösungskonzepte. Eine in ihrer Form einzigartige Schnittstelle zwischen Marktforschung und Direktmarketing haben das Marktforschungsinstitut TNS Infratest und der Direktmarketing-Anbieter AZ Direct (Bertelsmann) entwickelt. Dabei werden die 14 semiometrischen Wertefelder mittels spezieller statistischer Prognosemodelle auf die 60 Mio. Personenadressen (ca. 92 % der Bevölkerung ab 14 Jahren) umfassende Direktmarketing-Datenbank von AZ Direct projiziert. Auf dieser Basis ist es dann möglich, die psychografisch untermauerten Erkenntnisse einer semiometrischen Zielgruppenanalyse in Mailing-Kampagnen unmittelbar für die Selektion von Adressen zu nutzen, die zur Vermarktungszielgruppe passenden.

Fazit

Das Geheimnis erfolgreich geführter Marken besteht meist darin, dass mit großer Konsequenz sämtliche Einzelmaßnahmen synergetisch auf die relevante Vermarktungszielgruppe abgestimmt werden. Ein derartiges Vorgehen setzt allerdings immer voraus, dass die relevante Vermarktungszielgruppe zuerst einmal eindeutig definiert, grundlegend analysiert und verstanden wird. Nur wenn wirklich klar ist, *wer* mit einem spezifischen Produktangebot erreicht werden kann und soll, nur dann können im nächsten Schritt auch systematisch alle Marketingaktivitäten zielgruppenadäquat ausgerichtet und koordiniert werden.

Dies beginnt bereits bei der inhaltlichen Gestaltung und Kreation der verwendeten Werbe- und Kommunikationsmittel. Wenn hier nicht die spezifische Sprache und Wertecharakteristik der anvisierten Zielgruppe getroffen wird, kann in der Folge auch mit der differenziertesten Mediastrategie kein optimaler Kommunikationserfolg erzielt werden. Des Weiteren gilt es dann, von der klassischen Werbung über das Sponsoring bis hin zum Direktmarketing sämtliche Kommunikationskanäle entsprechend des Kriteriums einer möglichst hohen Zielgruppenkongruenz zu optimieren. Nur wenn sämtliche Einzelmaßnahmen auf diese Weise systematisch auf den spezifischen Charakter der relevanten Vermarktungszielgruppe ausgerichtet werden, sind letztlich die Voraussetzungen für einen optimalen Kommunikationserfolg erfüllt.

Anhang: Semiometrisches Wörterbuch

Als Orientierung und Hilfestellung haben wir hier nachstehend, angelehnt an den Duden, ein semiometrisches „Wörterbuch" zusammengestellt, das die Bedeutung der Schlüsselbegriffe (in kursiv) und die entsprechenden sinnverwandten Wörter (in Standard) erfasst.

Familiär

Kindheit

Zeit, in der jmd. noch ein Kind ist, in der jmd. aufwächst, heranwächst; Lebensabschnitt eines Menschen als Kind; Altersstufe von der Geburt bis zur Geschlechtsreife

Jugend, Kinderjahre, Kinderzeit, Kindesalter

Familie

aus einem Elternpaar od. einem Elternteil u. mindestens einem Kind bestehende [Lebens-] gemeinschaft; Gruppe aller miteinander [bluts-]verwandten Personen; Sippe

Angehörige, Anhang, Verwandtschaft

Mut

Fähigkeit, in einer gefährlichen, riskanten Situation seine Angst zu überwinden; Furchtlosigkeit angesichts einer Situation, in der man Angst haben könnte

Beherztheit, Bravour, Draufgängertum, Entschlossenheit, Forschheit, Furchtlosigkeit, Heldentum, Kühnheit, Risikobereitschaft, Rückgrat, Tapferkeit, Unerschrockenheit, Verwegenheit, Wagemut, Waghalsigkeit, Zivilcourage, Courage, Mumm, Schneid, Traute

Heirat

das Eingehen, Schließen einer Ehe; eheliche Verbindung

Eheschließung, Hochzeit, Trauung, Verheiratung, Vermählung, Ehe, eheliche Verbindung, Bund fürs Leben

Geburt

das Gebären; Entbindung

Entbindung, Geburtsvorgang, Niederkunft, Geburtsakt, Ankunft, Abstammung, Herkommen, Herkunft

Friede

[vertraglich gesicherter] Zustand des inner- od. zwischenstaatlichen Zusammenlebens in Ruhe u. Sicherheit; Zustand der Eintracht, der Harmonie

Friedenszustand, Friedenszeit, Waffenstillstand, Friedensschluss, Versöhnung, Verständigung, Einmütigkeit, Einvernehmen, Eintracht, Harmonie, Übereinstimmung, Einklang, Ruhe, Stille

mütterlich

der Mutter zugehörend; von der Mutter kommend, stammend; in der Art einer Mutter; fürsorglich, liebevoll

aufopfernd, aufopferungsvoll, bemutternd, besorgt, fürsorglich, gütig, hingebungsvoll, liebevoll, selbstlos, betulich

alt werden

in vorgerücktem Lebensalter, bejahrt sein

angealtert, angejahrt, gealtert, betagt

Geduld

Ausdauer im ruhigen, beherrschten, nachsichtigen Ertragen oder Abwarten von etwas

Ausdauer, Beharrlichkeit, Beharrungsvermögen, Beständigkeit, Durchhaltevermögen, Durchstehvermögen, Engelsgeduld, Hartnäckigkeit, Kondition, Unermüdlichkeit, Langmut

Sanftheit

sanfte Beschaffenheit, Wesensart

Freundlichkeit, Friedfertigkeit, Friedlichkeit, Güte, Herzensgüte, Milde, Rücksicht, sanftes Wesen, Sanftmut, Sanftmütigkeit, Weichheit, Zartheit

---

Sozial

Fröhlichkeit

von Freude erfüllt, unbeschwert froh, vergnügt lustig, ausgelassen sein; Freude bereitend; vergnüglich sein

Ausgelassenheit, Frohsinn, Lustigkeit, Übermut, Unbekümmertheit, Vergnügtheit

ehrlich

ohne Verstellung, aufrichtig, offen; auf Grund der gehörigen Achtung vor fremdem Eigentum[-srecht] zuverlässig u. ohne Täuschungsabsicht mit Geld- od. Sachwerten umgehend

aufrecht, aufrichtig, fair, geradlinig, geradsinnig, glaubwürdig, grundehrlich, offen[-herzig], ohne Verstellung, redlich, reell, unverhohlen, vertrauenswürdig, ehrbar, ehrenwert, honett, lauter

heilen

gesund machen; durch entsprechende ärztliche, medikamentöse o. ä. Behandlung beheben, beseitigen; von einem falschen Glauben, einem Laster o. Ä. befreien

erfolgreich behandeln, gesund machen, hochbringen, kurieren, retten, wiederherstellen, wieder auf die Beine bringen, beheben, beseitigen, frei machen, befreien, sich erholen, gesund werden, wieder auf die Beine kommen

Treue

das Treusein

anhängliche Haltung, Anhänglichkeit, Ergebenheit, Hingabe, Beständigkeit, Zuverlässigkeit

miteinander

einer/eine/ eines mit dem/ der anderen; gemeinsam, zusammen, im Zusammenwirken o. Ä.

einer/eine/eines mit dem/der anderen, gegenseitig, untereinander, Arm in Arm, gemeinsam, gemeinschaftlich, geschlossen, Hand in Hand, im Zusammenwirken, in Gemeinschaft, kollektiv, mit vereinten Kräften, Schulter an Schulter, Seite an Seite, vereinigt, vereint, zusammen

Vertrauen

festes Überzeugtsein von der Verlässlichkeit, Zuverlässigkeit einer Person, Sache

Glaube, Optimismus, Zutrauen, Zuversicht[-lichkeit]

Zuneigung

deutlich empfundenes Gefühl, jmdn. etw. zu mögen, gern zu haben; Sympathie

Gefühl, Gunst, Liebe, Neigung, Sympathie, Wohlwollen, Geneigtheit, Gewogenheit

beschützen

Gefahr von jmdm. oder etw. abhalten

abschirmen, absichern, aufpassen, behüten, bewachen, bewahren, decken, in Schutz nehmen, Schutz gewähren, sichern, unter seine Fittiche nehmen, verteidigen, beschirmen

lachen

durch eine Mimik, bei der der Mund in die Breite gezogen wird, die Zähne sichtbar werden u.
um die Augen Fältchen entstehen, [zugleich durch eine Abfolge stoßweise hervorgebrachter,
unartikulierter Laute] Freude, Erheiterung, Belustigung o. Ä. erkennen lassen

aus vollem Hals lachen, einen Lachanfall/Lachkrampf bekommen, ein Gelächter anstimmen,
in Gelächter/Lachen ausbrechen, sich schieflachen, Tränen lachen, sich kaputtlachen, sich
kranklachen, sich kringeln, sich kugeln vor Lachen, losprusten, wiehern, sich krummlachen,
sich totlachen, sich einen Ast lachen

Freundschaft

auf gegenseitiger Zuneigung beruhendes Verhältnis von Menschen zueinander

Beziehung, Brüderschaft, Bund, Eintracht, Gemeinschaft, Harmonie, Kameradschaft, Verbindung, Verbundenheit, Vertrautheit, Zuneigung, Zusammengehörigkeit

Religiös

Gott

höchstes übernatürliches Wesen, das als Schöpfer Ursache allen Naturgeschehens ist, das
Schicksal der Menschen lenkt, Richter über ihr sittliches Verhalten und ihr Heilsbringer ist

Allwissender, der liebe Gott, Er, Gott der Herr, Gottvater, Herr, Schöpfer, Unsterblicher,
Allerbarmer, Allgütiger, Allmächtiger, Erbarmer, Gottheit

Glaube

gefühlsmäßige, nicht von Beweisen, Fakten o. Ä. bestimmte unbedingte Gewissheit, Überzeu-
gung; Religion, Bekenntnis

Überzeugung, Vertrauen, Zuversicht, Frömmigkeit, Glaubensüberzeugung, Gläubigkeit,
Gottergebenheit, Gottesfurcht, Gottesglaube, Religiosität, Frommheit, Bekenntnis, Konfessi-
on, Religion

heilig

im Unterschied zu allem Irdischen göttlich vollkommen u. daher verehrungswürdig; von
göttlichem Geist erfüllt; göttliches Heil spendend; durch seinen Ernst Ehrfurcht einflößend;
unantastbar

geheiligt, gesegnet, geweiht, sakral, göttlich, himmlisch, selig, fromm, rein, Ehrfurcht einflößend, tabu, unantastbar, sakrosankt

Priester

(in vielen Religionen) als Mittler zwischen Gott u. Mensch auftretender, mit besonderen göttlichen Vollmachten ausgestatteter Träger eines religiösen Amtes, der eine rituelle Weihe empfangen hat u. zu besonderen kultischen Handlungen berechtigt ist

Diener Gottes, Diener der Kirche, Geistlicher, Pfarrer, geistlicher Würdenträger, Hirte, Gottesmann, Seelenhirte, Pastor

Schöpfer

jmd., der etw. Bedeutendes geschaffen, hervorgebracht, gestaltet hat; Gott als Erschaffer der Welt

Allwissender, der liebe Gott, Er, Gott [der Herr], Gottvater, Herr, Schöpfergott, Unsterblicher, Allmächtiger, Erbarmer, Gottheit; Vater im Himmel

anbeten

(ein höheres Wesen) betend verehren; jmdn. überschwänglich verehren, vergöttern,

anschmachten, anschwärmen, aufblicken, aufschauen, aufsehen, bewundern, verehren, vergöttern, schwärmen, zu Füßen liegen

Seele

Gesamtheit dessen, was das Fühlen, Empfinden, Denken eines Menschen ausmacht; Psyche; substanz-, körperloser Teil des Menschen, der nach religiösem Glauben unsterblich ist, nach dem Tode weiterlebt

Empfindungsleben, Gefühlsleben, Gemüt, Herz, Innenwelt, Inneres, Psyche, Kern [-stück], Mitte, Nabel, Seele des Ganzen, Herzstück

barmherzig

mitfühlend, mildtätig gegenüber Notleidenden; Verständnis für die Not anderer zeigend

glimpflich, [grund-]gütig, milde, mitfühlend, nachsichtig, mildtätig, gnädig

ewig

zeitlich unendlich, unvergänglich, zeitlos

endlos, grenzenlos, unendlich, unermesslich, beständig, dauernd, endlos, immer während, immerzu, permanent, stet

bewundern

eine Sache, Person od. deren Leistung als außergewöhnlich betrachten u. staunend anerkennende Hochachtung für sie empfinden [u. diese äußern]

anbeten, anschwärmen, aufblicken, aufsehen, bestaunen, Bewunderung entgegenbringen, vergöttern, voller Bewunderung sein

Materiell

Reichtum

großer Besitz, Ansammlung von Vermögenswerten, die Wohlhabenheit u. Macht bedeuten

Besitz, Besitztümer, Gelder, Güter, Kapital, Mittel, Schätze, Vermögen, Vermögenswerte, Wohlhabenheit

Gold

rötlich gelb glänzendes, weiches Edelmetall (chemisches Element); Gegenstand aus Gold

aus Gold, goldfarben

Geld

vom Staat geprägtes od. auf Papier gedrucktes Zahlungsmittel; größere [von einer bestimmten Stelle stammende, für einen bestimmten Zweck vorgesehene] Summe

Banknoten, Münzen, Scheine, Währung, Zahlungsmittel

Eigentum

jmdm. Gehörendes; Sache, über die jmd. die Verfügungs- u. Nutzungsgewalt, die rechtliche (aber nicht unbedingt die tatsächliche) Herrschaft hat; Recht od. Verfügungs- u. Nutzungsgewalt des Eigentümers, rechtliche (aber nicht unbedingt tatsächliche) Herrschaft über etw.

Besitz(-tum,), Gut, Habseligkeit, Haus und Hof, Reichtum, Schatz, Vermögen, Eigen, Geld und Gut, Habe, Hab und Gut

Schmuckstück

oft aus kostbarem Material bestehender Gegenstand (wie Kette, Reif, Ring), der zur Verschönerung, zur Zierde am Körper getragen wird; etw. besonders Schönes, ein besonders schönes Exemplar seiner Art, Gattung

Kleinod, Schmuck, Schmuckstein, Juwel, Geschmeide

kaufen

etw. gegen Bezahlung erwerben

akquirieren, ankaufen, anschaffen, besorgen, sich eindecken, sich erlauben, erstehen, sich leisten, sich zulegen, einkaufen, shoppen

Eleganz

geschmackvolle Vornehmheit; kultivierte, elegante Form, Beschaffenheit

Apartheit, Feinheit, Schick, Schönheit, Stil, Vornehmheit, Noblesse, Geschmeidigkeit, Ausgesuchtheit, Erlesenheit, Gepflegtheit, Auserlesenheit

Mode

in einer bestimmten Zeit, über einen bestimmten Zeitraum bevorzugte, als zeitgemäß geltende Art, sich zu kleiden, zu frisieren, sich auszustatten

Look, Moderichtung, Modetrend, Zeiterscheinung, Zeitgeschmack

wertvoll

von hohem [materiellem, künstlerischem od. ideellem] Wert, kostbar; sehr gut zu verwenden, nützlich u. hilfreich

bedeutend, de luxe, edel, exquisit, geliebt, geschätzt, gut, hochwertig, kostbar, lieb, nicht mit Gold zu bezahlen/ aufzuwiegen, qualitätvoll, teuer, unbezahlbar, unentbehrlich, unersetzlich, viel wert, von besonderer Güte, vornehm, vortrefflich, vorzüglich, brauchbar, dienlich, förderlich, fruchtbar, Frucht bringend, Gewinn bringend, Gold wert, gut, gute Dienste leistend, heilsam, nicht zu unterschätzen, nutzbringend, nütze, Nutzen bringend, nützlich, segensreich, segensvoll, sinnvoll, von Nutzen/ Wert, vorteilhaft, wirksam, zu gebrauchen, zuträglich, zweckmäßig

Ruhm

weit reichendes hohes Ansehen, das eine bedeutende Person auf Grund von herausragenden Leistungen, Eigenschaften bei der Allgemeinheit genießt

Ansehen, Berühmtheit, Weltgeltung, Weltruf, Weltruhm

Verträumt

Ozean

große zusammenhängende Wasserfläche zwischen den Kontinenten; riesiges Meer; Weltmeer

[das große] Wasser, die See, [Welt-]meer, der große Teich

Insel

ringsum von Wasser eines Meeres, Sees, Flusses umgebenes Stück Land

Atoll, Schäre, Werder

Wasser

(aus einer Wasserstoff-Sauerstoff-Verbindung bestehende) durchsichtige, weitgehend farb-, geruch- u. geschmacklose Flüssigkeit, die bei 0°C gefriert u. bei 100°C siedet; Wasser eines Gewässers; ein Gewässer bildendes Wasser; Gewässer

Flüssigkeit, Trinkwasser, Gewässer

schwimmen

sich im Wasser aus eigener Kraft (durch bestimmte Bewegungen der Flossen, der Arme u. Beine) fortbewegen; von einer Flüssigkeit (bes. Wasser) getragen, sich an deren Oberfläche befinden [u. treiben]; etw. im Überfluss haben od. genießen

kraulen, tauchen, rudern, baden, planschen, driften, treiben

Mond

der einzige natürliche Satellit der Erde, der nur an bestimmten Tagen sichtbar ist, wegen seiner großen Erdnähe ziemlich groß erscheint u. unter bestimmten Bedingungen die Nacht mehr oder weniger stark erhellen kann; einen Planeten umkreisender Himmelskörper; Satellit

Erdtrabant

Strom

großer (meist ins Meer mündender) Fluss; Strömung; fließende Elektrizität, in einer (gleich bleibenden od. periodisch wechselnden) Richtung sich bewegende elektrische Ladung

fließendes Gewässer, Fließgewässer, Fluss, große Zahl, Lawine, Legion, Masse, Menge, Schar, Vielzahl, Unmasse

Tier

mit Sinnes- u. Atmungsorganen ausgestattetes, sich von anderen tierischen od. pflanzlichen Organismen ernährendes, in der Regel frei bewegliches Lebewesen, das nicht mit der Fähigkeit zu logischem Denken u. zum Sprechen befähigt ist

Bestie, Barbar, Barbarin, Gewaltmensch, Unmensch, Scheusal, Vieh

Spiel

Tätigkeit, die ohne bewussten Zweck zum Vergnügen, zur Entspannung, aus Freude an ihr selbst u. an ihrem Resultat ausgeübt wird; das Spielen

Gesellschaftsspiel, Wettkampf, Aktion, Aufführung, Auftreten, Darstellung, Gestaltung, Performance, Schau[-stellung], Show, Verkörperung, Vorführung, Vorstellung, Bühnendichtung, Bühnenstück, Bühnenwerk, Drama, dramatisches Werk, Schauspiel, Stück, Theaterstück

Baum

Holzgewächs mit festem Stamm, aus dem Äste wachsen, die sich in Laub od. Nadeln tragende Zweige teilen

träumen

einen bestimmten Traum haben

einen Traum haben, erträumen, erhoffen, herbeisehnen, ersehnen, herbeiwünschen, sich in der Hoffnung wiegen

Lustorientiert

intim

sehr nahe u. vertraut (in Bezug auf das persönliche Verhältnis zwischen Menschen); sexuell

eng, innig, nahe [stehend], persönlich, tief, vertraut, erotisch, geschlechtlich, sexuell, zärtlich, anheimelnd, behaglich, gemütlich, heimelig, lauschig, traulich

Sexuelle

die Sexualität betreffend, darauf bezogen

geschlechtlich, körperlich, sexual, sinnlich, erotisch, intim, libidinös

verführen

jmdn., dazu bringen, etw. Unkluges, Unrechtes, Unerlaubtes gegen seine eigentliche Absicht zu tun; verlocken, verleiten

animieren, anregen, anreizen, anstacheln, anstiften, bestechen, gewinnen, hinreißen, irreführen, motivieren, nötigen, reizen, überreden, verleiten, betören, verlocken, manipulieren, zum Anbeißen bringen, in Versuchung bringen/führen, versuchen

Nacktheit

das Nacktsein, Unbekleidetsein

Blöße, Nudität

lustvoll

von einem sehr angenehmen Gefühl begleitet; voller Lust

begierig, behaglich, genüsslich, lustbetont, schwelgerisch, sinnenhaft, sinnlich, voller Behagen, voller Genuss, begehrlich, sinnenfreudig, sinnenfroh, wollüstig, wonnevoll

Verlangen

stark ausgeprägter Wunsch (nach jmdm., etw.); starkes inneres Bedürfnis; ausdrücklicher Wunsch; nachdrücklich geäußerte Bitte, Forderung

Appetit, Bedürfnis, Begierde, Drang, Gier, Lust, Sehnsucht, Wunsch, Begehr, Begehren, Gelüste, Hunger

Zärtlichkeit

starkes Gefühl der Zuneigung u. damit verbundener Drang, dieser Zuneigung Ausdruck zu geben; das Zärtlichsein

Umarmung, Liebkosung, Fürsorglichkeit, Hingabe

männlich

dem zeugenden, befruchtenden Geschlecht angehörend; für den Mann typisch, charakteristisch

maskulin, viril

sinnlich

zu den Sinnen gehörend, durch sie vermittelt; mit den Sinnen wahrnehmbar, aufnehmbar; auf Sinnengenuss ausgerichtet; dem Sinnengenuss zugeneigt

mit den Sinnen, sensuell, sinnenhaft, fühlbar, hörbar, riechbar, sichtbar, tastbar, wahrnehmbar, genießerisch, genussfreudig, genüsslich, lustbetont, sinnenfreudig, weltlich, lüstern, lustvoll, sinnenfroh, wonnevoll, begehrlich, erotisch, geschlechtlich, sexuell, triebhaft, verführerisch, faunisch, fleischlich, lüstern

Liebkosung

zärtliche Berührung, Streicheln o. Ä.

Erlebnisorientiert

---

hochklettern

in die Höhe, nach oben klettern; hinaufklettern

aufsitzen, besteigen, sich hinaufschwingen, sich hochschwingen, sich schwingen, steigen, klettern, besteigen, emporsteigen, erklettern, ersteigen, heraufsteigen, hinaufgehen, hinaufklettern, hinaufsteigen, hochsteigen, erklimmen, klimmen, aufsteigen, aufdampfen, aufwallen, aufwärts steigen, emporsteigen, hochkommen

Gipfel

höchste Spitze eines [steil emporragenden, hohen] Berges; das höchste denkbare, erreichbare Maß von etw.; das Äußerste; Höhepunkt

Berggipfel, Bergspitze, [Baum-]krone, [Baum-]wipfel, Gipfelpunkt, Glanzpunkt, Höchstmaß, Höhe[-punkt], Krönung, Kulminationspunkt, Optimum, Siedepunkt, Spitze, Klimax, Maximum, Zenit

Berg

größere Erhebung im Gelände; große Masse, Haufen

Anhöhe, Bergkegel, Bergrücken, Erhebung, Gipfel, Höhe, Anhäufung, Ansammlung, Flut, Fülle, große Zahl, Lawine, Masse, Menge, Reihe, Stapel, Stoß, Turm, Vielzahl, Haufen, Ladung, Schwung

Wüste

durch Trockenheit, Hitze u. oft gänzlich fehlende Vegetation gekennzeichnetes Gebiet der Erde, das über weite Strecken mit Sand u. Steinen bedeckt ist; ödes, verlassenes od. verwüstetes Gebiet

Wüstenlandschaft, Trockengebiet, Einöde, einsame Gegend, Einsamkeit, Öde, Wildnis

Anstrengung

Bemühung, Kraftaufwand, Einsatz (für ein Ziel); [Über-]beanspruchung, Strapaze

Bemühung, Bestrebung, Eifer, Einsatz, Emsigkeit, Energie, Kraftanstrengung, Kraftaufwand, Engagement, Arbeit, Beanspruchung, Belastung, Beschwerde, Beschwerlichkeit, Mühe

Feuer

Form der Verbrennung mit Flammenbildung, bei der Licht u. Wärme entstehen

Brand, Flammen, Schadenfeuer, Feuermeer, Feuersbrunst, Begeisterung, Dynamik, Eifer, Einsatz, Energie, Kraft, Lebendigkeit, Lebhaftigkeit, Leidenschaft, Leidenschaftlichkeit, Pep, Regsamkeit, Schwung, Spannkraft, Tatendrang, Tatkraft, Temperament, Überschwang, Unternehmungslust, Vitalität

Geschwindigkeit

Verhältnis von zurückgelegtem Weg zu aufgewendeter Zeit; Schnelligkeit, Tempo

Fahrt, Schnelle, Schnelligkeit, Tempo

Abenteuer

mit einem außergewöhnlichen, erregenden Geschehen verbundene, gefahrvolle Situation, die jmd. mit Wagemut zu bestehen hat; außergewöhnliches, erregendes Erlebnis

Erlebnis, Experiment, gewagtes Unternehmen, Risiko, Unterfangen, Wagnis

wild

nicht domestiziert; nicht kultiviert, nicht durch Züchtung verändert; wild lebend; wild wachsend; unzivilisiert, nicht gesittet; heftig, stürmisch; ungestüm, ungezügelt; durch nichts gehemmt, abgeschwächt, gemildert

nicht domestiziert, nicht kultiviert, ungebändigt, wild lebend, wild wachsend, barbarisch, unkultiviert, unzivilisiert, wüst, unkontrolliert, wuchernd, außer Kontrolle geraten, entfesselt, frei, grenzenlos, nicht reglementiert, ohne Einschränkung/ Kontrolle, schrankenlos, unbeaufsichtigt, unbehindert, unbeschränkt, uneingeschränkt, ungehemmt, ungehindert, ungesichert, enthemmt, heftig, heißblütig, hemmungslos, hitzig

Gewitter

mit Blitzen, Donner [u. Regen o. Ä.] verbundenes Unwetter

Blitz und Donner, Unwetter, Wetterleuchten, Donnerwetter

Kulturell

Kunst

schöpferisches Gestalten aus den verschiedensten Materialien od. mit den Mitteln der Spra-
che, der Töne in Auseinandersetzung mit Natur u. Welt; einzelnes Werk, die Werke eines
Künstlers, einer Epoche o. Ä.; künstlerisches Schaffen; das Können, besonderes Geschick,
[erworbene] Fertigkeit auf einem bestimmten Gebiet

Gesamtwerk, Kunstwerk, [künstlerisches] Schaffen, Werk

Theater

zur Aufführung von Bühnenwerken bestimmtes Gebäude; Theater als kulturelle Institution;
darstellende Kunst [eines bestimmten Volkes, einer bestimmten Epoche, Richtung] mit allen
Erscheinungen

Bühne, Festspielhaus, Kammerspiele, Oper, Opernhaus, Schauspielhaus, Aufführung, Inszenierung, Vorstellung, darstellende Kunst

Poesie

Dichtung als Kunstgattung; Dichtkunst

Dichtkunst, Dichtung, Lyrik, Magie, magische Wirkung, poetische Stimmung, Verzauberung,
Zauber

Buch

größeres, gebundenes Druckwerk; in Buchform veröffentlichter literarischer, wissenschaftli-
cher o. ä. Text

Band, Bestseller, Druckerzeugnis, Druckwerk, Einzelband, Foliant, Hardcover, Leporelloal-
bum, Leporellobuch, Longseller, Paperback, Printmedium, Reader, Taschenbuch, Sammel-
band, Titel, Abhandlung, Arbeit, Niederschrift, Publikation, Schrift, Studie, Text, Titel, Untersuchung, Veröffentlichung, Werk

Zeremonie

in bestimmten festen Formen bzw. nach einem Ritus ablaufende feierliche Handlung

(festlicher)Akt, feierliche Handlung, Feierlichkeit, Ritual, Ritus

Musik

Kunst, Töne in bestimmter Gesetzmäßigkeit hinsichtlich Rhythmus, Melodie, Harmonie zu einer Gruppe von Klängen u. zu einer stilistisch eigenständigen Komposition zu ordnen

Tonkunst, Klänge

Leichtigkeit

geringes Gewicht; Eigenschaft, leicht zu sein

Kinderspiel, Einfachheit, Mühelosigkeit, Problemlosigkeit, Unkompliziertheit

Lebenskünstler

jmd., der die Lebenskunst beherrscht

souverän

Souveränität besitzend, auf Grund seiner Fähigkeiten sicher und überlegen im Auftreten und Handeln

Autonom, eigenständig, eigenverantwortlich, frei, selbstbestimmt, selbstständig, unabhängig, ungebunden

nachdenken

sich in Gedanken eingehend mit jmdm./etw. beschäftigen; versuchen, sich in Gedanken über jmdn./über einen Sachverhalt klar zu werden

sich auseinander setzen, [sich] bedenken, sich befassen, sich beschäftigen, sich besinnen, brüten, drehen und wenden, durchdenken, sich durch den Kopf gehen lassen, sich Gedanken machen, grübeln, in sich gehen, mit sich Rat halten/zurate gehen, nachgrübeln, sinnieren, überdenken, überlegen, Überlegungen anstellen, von allen Seiten betrachten

---

Rational

Forscher

jmd., der auf einem Gebiet [wissenschaftliche] Forschung betreibt

Erfinder, Erfinderin, Gelehrter, Gelehrte, Wissenschaftler, Wissenschaftlerin

Erfinder

jmd., der etw. erfindet, einen Gegenstand, eine Verfahrensweise, einen neuen Gedanken o. Ä. als Erster hervorbringt

Wissenschaft

(ein begründetes, geordnetes, für gesichert erachtetes) Wissen hervorbringende forschende Tätigkeit in einem bestimmten Bereich

Forschung, Lehre, Theorie

Industrie

Wirtschaftszweig, der die Gesamtheit aller mit der Massenherstellung von Konsum- u. Produktionsgütern beschäftigten Fabrikationsbetriebe eines Gebietes umfasst

industrieller Wirtschaftssektor/ Wirtschaftszweig, Massenfabrikation, Unternehmerschaft, Wirtschaft

Handel

Teilbereich der Wirtschaft, der sich dem Kauf u. Verkauf von Waren, Wirtschaftsgütern widmet; das Kaufen u. Verkaufen, Handeln mit Waren, Wirtschaftsgütern; Warenaustausch; Geschäftsverkehr

Business, Einzelhandel, Geschäftsleben, Geschäftswelt, Abgabe, Geschäft, Veräußerung, Verkauf, Vertrieb, Handelsfirma, Handelsgeschäft, [Handels-]unternehmen

Erbauer

jmd., der etw. erbaut

Baukünstler, Baukünstlerin, Baumeister, Baumeisterin, Architekt/in

produzieren

erzeugen, herstellen

anfertigen, erzeugen, fertigen, herstellen, machen, verfertigen, entstehen lassen, hervorbringen, machen, schaffen, verursachen

Logik

Lehre, Wissenschaft von der Struktur, den Formen u. Gesetzen des Denkens; Folgerichtigkeit des Denkens

Denklehre, Folgerichtigkeit, Konsequenz, Schlüssigkeit, Stringenz

konkret

als etw. sinnlich, anschaulich Gegebenes erfahrbar; auf einen infrage stehenden Einzelfall bezogen

dinghaft, dinglich, existent, faktisch, gegenständlich, greifbar, leibhaftig, materiell, sinnlich [wahrnehmbar], stofflich, tatsächlich, vorhanden, wirklich, bestimmt, deutlich, eindeutig, exakt, genau, klar, unmissverständlich, unzweideutig

Präzision

Eindeutigkeit, Klarheit, Genauigkeit

Akkuratesse, Eindeutigkeit, Exaktheit, Genauigkeit, Klarheit, Unmissverständlichkeit, Unzweideutigkeit, Trennschärfe

---

Kritisch

Misstrauen

kritische, das Selbstverständliche bezweifelnde Einstellung gegenüber einem Sachverhalt, das Zweifeln an der Vertrauenswürdigkeit einer Person; Argwohn, Skepsis

Bedenken haben, dem Frieden nicht trauen, infrage stellen, kein Vertrauen haben, misstrauisch sein, nicht glauben, nicht [über den Weg] trauen, skeptisch sein, zweifeln, Argwohn hegen/schöpfen, argwöhnisch sein, beargwöhnen, das Vertrauen versagen, mit Misstrauen begegnen, Verdacht schöpfen, spanisch vorkommen

Zweifel

Bedenken, schwankende Ungewissheit, ob jmdm./ jmds. Äußerung zu glauben ist, ob ein Vorgehen, eine Handlung richtig u. gut ist, ob etw. gelingen kann o. Ä.

Hin- und Herschwanken, innerer Widerstreit, Skepsis, Skrupel, Unentschiedenheit, Ungewissheit, Unklarheit, Unschlüssigkeit, Unsicherheit, Vagheit, Verlegenheit, Zaudern, Zerrissenheit, Zögern, Zwiespalt, Fragezeichen

Fehler

etw., was falsch ist, vom Richtigen abweicht; Unrichtigkeit; irrtümliche Entscheidung, Maßnahme; Fehlgriff; schlechte Eigenschaft, Mangel

Inkorrektheit, Unrichtigkeit, Fehlgriff, Irrtum, Missgeschick, Missgriff, Panne, Ungeschicklichkeit, Versehen, Fauxpas, Lapsus, Beschädigung, Defekt, Fabrikationsfehler, Lädierung, Macke, Schaden

Angst

mit Beklemmung, Bedrückung, Erregung einhergehender Gefühlzustand [angesichts einer Gefahr]; undeutliches Gefühl des Bedrohtseins

Angstgefühl, Ängstlichkeit, Angstzustand, Bangigkeit, Beklemmung, Furcht, Furchtsamkeit, Panik, Bangnis, Herzensangst

Leere

das Leersein

luftleerer Raum, Nichts, Vakuum, Einfallslosigkeit, Gehaltlosigkeit, Geistlosigkeit, Ideenlosigkeit, Inhaltslosigkeit, Oberflächlichkeit, Banalität, Fadheit, Gemeinplatz, Hohlheit, Plattheit, Seichtheit

Gefahr

Möglichkeit, dass jmdm. etw. zustößt, dass ein Schaden eintritt; drohendes Unheil

Bedrohung, drohendes Unheil, Gefährdung, Risiko, Unsicherheit; (dichter.): Fährde, Fährnis

Aufstand

Empörung, Aufruhr, Erhebung

Auflehnung, Aufruhr, Empörung, Erhebung, Krawall, Meuterei, Putsch, Rebellion, Revolte, Revolution, Unruhen, Volksaufstand, Volkserhebung

Schrei

unartikuliert ausgestoßener, oft schriller Laut eines Lebewesens; (beim Menschen) oft durch eine Emotion ausgelöster, meist sehr lauter Ausruf

Aufschrei, Hilferuf, Jammerlaut, Ruf

kritisieren

fachlich beurteilen, besprechen; mit einer Person od. Sache nicht einverstanden sein, weil sie bestimmten Maßstäben nicht entspricht, u. dies in tadelnden Worten zum Ausdruck bringen

begutachten, besprechen, beurteilen, bewerten, eine Besprechung/Kritik/Rezension schreiben, [kritisch] würdigen, rezensieren, urteilen, verreißen, attackieren, beanstanden, bemängeln, auszusetzen geben/haben, Kritik üben, missbilligen, monieren, nicht akzeptieren, nicht durchgehen lassen, nicht hinnehmen, rügen, tadeln

hartnäckig

eigensinnig an etw. festhaltend, auf seiner Meinung beharrend, unnachgiebig; beharrlich ausdauernd; nicht bereit, auf- od. nachzugeben

eigensinnig, starr, störrisch, unnachgiebig, dickköpfig, halsstarrig, rechthaberisch, starrköpfig, verstockt, stur, ausdauernd, beharrlich, standhaft, unbeirrbar, unbeirrt, unentwegt, unermüdlich, unerschütterlich, unverdrossen, verbissen, zäh, insistent

Dominant

beherrschen

über jmdn./etw. (bes. über ein unterworfenes, unterdrücktes Volk, Land) Macht ausüben; als Herrscher regieren

die Herrschaft ausüben, dominieren, führen, herrschen, knebeln, kontrollieren, leiten, lenken, Macht ausüben, regieren, unterdrücken, verwalten, walten, gebieten, unter der Fuchtel haben, tyrannisieren, knechten

befehlen

den Befehl, den Auftrag geben, etw. zu tun; etw. gebieten, zu einem bestimmten Zweck an einen bestimmten Ort kommen lassen, beordern, die Befehlsgewalt haben

anordnen, anweisen, auferlegen, aufgeben, auftragen, beauftragen, bestimmen, Befehl geben/erteilen, festlegen, heißen, erlassen, sagen, veranlassen, verfügen, verordnen, verschreiben, vorschreiben, gebieten, diktieren, administrieren

Macht

Gesamtheit der Mittel und Kräfte, die jmdm. od. einer Sache anderen gegenüber zur Verfügung stehen; mit dem Besitz einer politischen, gesellschaftlichen, öffentlichen Stellung u. Funktion verbundene Befugnis, Möglichkeit od. Freiheit, über Menschen u. Verhältnisse zu bestimmen, Herrschaft auszuüben

Ansehen, Autorität, Einfluss, Geltung, Gewicht, Machtstellung, Stärke, Vermögen, Prestige, Machtposition

strafen

jmdm. eine Strafe auferlegen; eine Strafe an jmdm./an jmds. Eigentum wirksam werden lassen

abstrafen, bestrafen, einen Denkzettel erteilen/geben/verpassen, eine Strafe auferlegen, maßregeln, mit jmdm. ins Gericht gehen, vergelten, zur Rechenschaft ziehen, zur Verantwortung ziehen, ahnden, züchtigen, pönalisieren, mit Sanktionen belegen, sanktionieren, eine Strafe aufbrummen

verbieten

etw. für nicht erlaubt erklären; etw. zu unterlassen gebieten; untersagen, (eine Sache) durch ein Gesetz o. Ä. für unzulässig erklären, auf etw. verzichten, von etw. absehen, es sich versagen, nicht zugestehen, nicht in Betracht kommen; ausgeschlossen sein

abstellen, auf den Index setzen, nicht gewähren, unterbinden, untersagen, verwehren, verweigern, zurechtweisen, zurückweisen, zur Ordnung rufen, Einhalt gebieten/tun, verweisen, zu Fall bringen, abbiegen, umbiegen

List

Mittel, mit dessen Hilfe man andere täuschend etw. zu errichten sucht, was man auf norma-
lem Wege nicht erreichen könnte

falsches Spiel, Intrige, Kniff, Schachzug, Schliche, Täuschung, Trick, Tücke, Winkelzug,
Schläue, Gerissenheit, Durchtriebenheit, Verschlagenheit

gehorchen

sich dem Willen einer höhergestellten Person oder Autorität unterordnen und das tun, was sie
bestimmt oder befiehlt

sich beugen, folgen, sich fügen, gehorsam sein, hören auf, sich richten nach, sich unterordnen, sich unterwerfen, Folge leisten, spuren

Maske

vor dem Gesicht getragene, das Gesicht einer bestimmten Figur, einen bestimmten Ge-
sichtsausdruck darstellende [steife] Form aus Pappe, Leder, Holz o. Ä. als Requisit des Thea-
ters, Tanzes, der Magie, mit Hilfe eines Gipsabdrucks hergestellte Nachbildung eines Ge-
sichts; Gipsmaske; Totenmaske

[Fastnachts-]gesicht, Gesichtsmaske

erobern

(ein fremdes Land, Gebiet o. Ä.) durch eine militärische Aktion an sich bringen, durch eigene
Anstrengung, Bemühung oft gegen Widerstände erlangen, erhalten, gewinnen

besetzen, Besitz ergreifen, einnehmen, erstürmen, in Besitz nehmen, okkupieren, annektieren,
kapern, kaschen, sich unter den Nagel reißen, stürmen, erfechten, erhalten, erkämpfen, erlangen, erringen, erstreiten, ergattern

eigenwillig

sich im Verhalten u. Gestalten stark vom Eigenwillen leiten lassend; den eigen [Gestaltungs-
]willen nachdrücklich zur Geltung bringend

abenteuerlich, aus dem Rahmen fallend, ausgefallen, außergewöhnlich, bizarr, exotisch, extravagant, kapriziös, kühn, nicht alltäglich, originell, speziell, ungewöhnlich, ungewohnt,
unnachahmlich, skurril, unkonventionell, unorthodox

Kämpferisch

Soldat

Angehöriger der Streitkräfte eines Landes

Armeeangehöriger, Kämpfer, Legionar, Legionär, Wehrdienstleistender, Krieger, Kriegs-
knecht

Gewehr

Schusswaffe mit langem Lauf u. Kolben, die im Allgemeinen an der Schulter in Anschlag gebracht wird

Büchse, Flinte, Karabiner, Schrotflinte, Schusswaffe, Knaller, Knarre

Krieg

mit Waffengewalt ausgetragener Konflikt zwischen Staaten, Völkern; größere militärische Auseinandersetzung, die sich über einen längeren Zeitraum erstreckt

bewaffneter Konflikt, Fehde, Gefecht, Kampfhandlungen, kriegerische/militärische Auseinandersetzung, militärischer Konflikt, Schlacht, Feldzug

Rüstung

den Körperformen eines Kriegers angepasster Schutz [aus Metall] gegen Verwundungen, der ähnlich wie eine Uniform getragen wird, das Rüsten, Gesamtheit aller militärischen Maßnahmen u. Mittel zur Verteidigung eines Landes od. zur Vorbereitung eines kriegerischen Angriffs

Aufrüstung, Bewaffnung, Bewehrung, Hochrüstung, Mobilisierung

Jagd

das Aufspüren, Verfolgen, Erlegen od. Fangen von Wild; Verfolgung, um jmdn. zu ergreifen od. etw. zu erlangen

Jägerei, Jagdgebiet, Jagdrevier, Revier, Fahndung, Hatz, Suche, Verfolgung, Nachstellung

angreifen

in feindlicher Absicht den Kampf gegen jmdn., etw., beginnen, heftig kritisieren, zu widerlegen suchen, attackieren

anfallen, angehen, anstürmen, attackieren, bestürmen, das Feuer/die Feindseligkeiten eröffnen, den Kampf beginnen, eine Offensive einleiten/starten, herfallen, offensiv werden, sich stürzen, überfallen, sich werfen, zum Angriff/zur Offensive übergehen, stürmen, bekämpfen, entgegentreten, Front machen, hart/scharf ins Gericht gehen mit, kämpfen, Kritik üben, kritisieren

Mauer

Wand aus Steinen [u. Mörtel]

Mauerwerk, Steinwand, Wall, Wand

Elite

eine Auslese darstellende Gruppe von Menschen mit besonderer Befähigung, besonderen Qualitäten; die Besten, Führenden; Führungsschicht

Auslese, Auswahl, die Besten, Eliteschicht, Establishment, vornehme Gesellschaft, Kader

Sieg

Erfolg, der darin besteht, sich in einer Auseinandersetzung, im Kampf, im Wettstreit o. Ä. gegen einen Gegner, Gegenspieler o. Ä. durchgesetzt zu haben, ihn überwunden, besiegt zu haben

Anerkennung, Durchbruch, Erfolg, Errungenschaft, Gewinn, [großer] Wurf, Triumph

metallisch

aus Metall bestehend; die Eigenschaften eines Metalls besitzend

---

Pflichtbewusst

Schule

Lehranstalt, in der Kindern u. Jugendlichen durch planmäßigen Unterricht Wissen u. Bildung vermittelt werden; Schulgebäude; Ausbildung, durch die jmds. Fähigkeiten auf einem bestimmten Gebiet zu voller Entfaltung kommen, gekommen sind

Bildungsstätte, Bildungsanstalt, Lehranstalt, Ausbildungsstätte, Schulgebäude, Schulhaus, Schulstunde, Unterricht, Ausbildung, Lehre, Schulung, Unterweisung

sparen

Geld nicht ausgeben, sondern [für einen bestimmten Zweck] zurücklegen, auf ein Konto einzahlen; sparsam, haushälterisch sein; bestrebt sein, von etw. möglichst wenig zu verbrauchen

Geld auf die Seite legen/beiseite legen/zurücklegen, Rücklagen bilden, sein Geld zusammenhalten, bescheiden leben, sich beschränken, sich einschränken, geizen, haushalten, haushälterisch sein, kurz treten, rationieren, sich bescheiden, sich Entbehrungen auferlegen, einsparen, nicht aufwenden/ausgeben, nicht gebrauchen/verwenden

schreiben

Schriftzeichen, Buchstaben, Ziffern, Noten o. Ä. in einer bestimmten lesbaren Folge mit einem Schreibgerät auf einer Unterlage, meist Papier, [auf-]zeichnen; komponieren u. niederschreiben

kritzeln, abfassen, anfertigen, aufschreiben, aufsetzen, formulieren, in Worte fassen/kleiden, niederschreiben, verfassen, zum Ausdruck bringen, zu Papier bringen

unterrichten

(als Lehrperson) Kenntnisse (auf einem bestimmten Gebiet) vermitteln; als Lehrperson tätig sein; Unterricht halten; ein bestimmtes Fach lehren; jmdm. Unterricht geben, erteilen

anleiten, beibringen, dozieren, einarbeiten, lehren, lesen, Unterricht, erteilen/geben/halten, Vorlesungen halten, Wissen vermitteln, aufklären, benachrichtigen, einweisen, erklären, erläutern, informieren, in Kenntnis setzen, ins Bild setzen

Disziplin

das Einhalten von bestimmten Vorschriften, vorgeschriebenen Verhaltensregeln o. Ä.; das Sicheinfügen in die Ordnung einer Gruppe, einer Gemeinschaft; das Beherrschen des eigenen Willens, der eigenen Gefühle u. Neigungen, um etw. zu erreichen

Ordnung, Beherrschtheit, Beherrschung, Kontrolle, Selbstbeherrschung, Selbstdisziplin, Selbstkontrolle

tüchtig

seine Aufgabe mit Können u. Fleiß erfüllend; als Leistung von guter Qualität; im Hinblick auf etw. sehr brauchbar; hinreichend in Menge, Ausmaß, Intensität

beflissen, betriebsam, fleißig, geschäftig, eifrig, emsig, fest zupackend, rührig, schaffensfreudig, unermüdlich

Arbeit

Tätigkeit mit einzelnen Verrichtungen, Ausführung eines Auftrags o. Ä.; das Arbeiten, Schaffen, Tätigsein; das Beschäftigtsein mit etwas

Beschäftigung, Betätigung, Hantierung, Tätigkeit, Tun, Verrichtung, Anstellung, Arbeitsplatz, Arbeitsstelle, Arbeitsverhältnis, Beruf, Berufsausübung, Berufstätigkeit, Beschäftigung, Broterwerb, Erwerbstätigkeit, Posten, Stelle, Stellung

Gesetz

vom Staat festgesetzte, rechtlich bindende Vorschrift; einer Sache innewohnendes Ordnungsprinzip; unveränderlicher Zusammenhang zwischen bestimmten Dingen u. Erscheinungen in der Natur; feste Regel, Richtlinie, Richtschnur

Bestimmung, Dekret, Diktat, Erlass, Gebot, Statut, Verordnung, Vorschrift, Weisung, Gesetzmäßigkeit, Grundsatz, Naturgesetz, Prinzip, Regelmäßigkeit, Leitfaden, Norm, Ordnung, Prinzip, Regel, Richtlinie, Richtschnur, Standard

Regel

aus bestimmten Gesetzmäßigkeiten abgeleitete, aus Erfahrungen und Erkenntnissen gewonnene, in Übereinkunft festgelegte, für einen jeweiligen Bereich als verbindlich geltende Richtlinie

Bestimmung, Faustregel, Festlegung, Gesetz, Grundsatz, Konvention, Leitfaden, Leitlinie, Maßstab, Norm, Ordnung, Prinzip, Regelung

Vernunft

Geistiges Vermögen des Menschen, Einsichten zu gewinnen, Zusammenhänge zu erkennen, sich ein Urteil zu bilden und sich in seinem Handeln danach zu richten

Denkfähigkeit, Erkenntnisvermögen, Geist, Geistesgaben, Geisteskraft, Intellekt, Intelligenz, Umsicht, Verstand

---

Traditionsverbunden

Vaterland

Land, aus dem man stammt, zu dessen Volk, Nation man gehört, dem man sich zugehörig fühlt; Land als Heimat eines Volkes

Geburtsland, Heimat[-land]

Tradition

etwas, was im Hinblick auf Verhaltensweisen, Ideen, Kultur o. Ä. in der Geschichte, von Generation zu Generation [innerhalb einer bestimmten Gruppe] entwickelt u. weitergegeben wurde [u. weiterhin Bestand hat]

Brauch, Brauchtum [feste] Gewohnheit, Herkommen, Konvention, Ritus, Sitte, Überlieferung, Usus

Ehre

Ansehen auf Grund offenbaren od. vorausgesetzten (bes. sittlichen) Wertes; Wertschätzung durch andere Menschen; Zeichen od. Bezeigung der Wertschätzung

Achtung, Anerkennung, Ansehen, Autorität, Bedeutung, Ehrfurcht, Geltung, [guter] Ruf, Hochachtung, Hochschätzung, hohe Einschätzung/Meinung, Image, Leumund, Respekt, Würde, Auszeichnung, Beifall, Belobigung, Belohnung, Bewunderung, Ehrung, Anstand, Ehrgefühl, Selbstachtung, Stolz, Wertgefühl, Würde

Moral

Gesamtheit von ethisch-sittlichen Normen, Grundsätzen, Werten, die das zwischenmenschliche Verhalten einer Gesellschaft regulieren, die von ihr als verbindlich akzeptiert werden; sittliches Empfinden, Verhalten eines Einzelnen, einer Gruppe; Sittlichkeit

ethische/moralische Gesinnung, Sitte, sittliche Ordnung, Sittlichkeit, Wertmaßstäbe, Wertvorstellungen, sittliche Einstellung/Haltung, sittliches Empfinden/Verhalten

Gerechtigkeit

das Gerechtsein; Prinzip eines staatlichen od. gesellschaftlichen Verhaltens, das jedem gleichermaßen sein Recht gewährt

Fairness, Objektivität, Unbestechlichkeit, Unparteilichkeit, Unvoreingenommenheit, Vorurteilslosigkeit

Vorsicht

aufmerksames, besorgtes Verhalten in Bezug auf die Verhütung eines möglichen Schadens

Achtung, Behutsamkeit, Besonnenheit, Fingerspitzengefühl, Geduld, Respekt, Rücksicht[nahme], Sorgfalt, Überlegtheit, Umsicht, Vernunft, Vorsichtigkeit, Zartgefühl

gehorchen

sich dem Willen einer [höher gestellten] Person od. Autorität unterordnen u. das tun, was sie bestimmt od. befiehlt; jmdm., einer Sache folgen; sich von jmdm., von etw. leiten lassen

sich beugen, folgen, sich fügen, Folge/Gehorsam leisten, gehorsam sein, jmds. Anordnungen entsprechen/nachkommen, hören auf, nach jmds. Pfeife tanzen, parieren, sich richten nach, sich unterordnen, sich unterwerfen, Folge leisten

Standhaftigkeit

standhaftes Wesen, Verhalten

Ausdauer, Beharrlichkeit, Beharrungsvermögen, Durchhaltevermögen, Festigkeit, Hartnäckigkeit, Konsequenz, Standfestigkeit, Stehvermögen, Unbeirrbarkeit, Unbeirrtheit, Unerschütterlichkeit, Unnachgiebigkeit, Verbissenheit, Willensstärke, Zähigkeit

Vollkommenheit

das vollkommen sein, ohne Fehler, unübertrefflich

Makellosigkeit, Meistergültigkeit, meisterhaftes Können, Perfektion, Vollendung, Vorbildlichkeit

Respekt

auf Anerkennung, Bewunderung beruhende Achtung

Achtung, Anerkennung, Bewunderung, Hochachtung, Hochschätzung, Wertschätzung, Reverenz

Literaturverzeichnis

AVENARIUS, H.: Public Relations. Die Grundformen der gesellschaftlichen Kommunikation. Darmstadt, 2000

BAZIL, V.: Impression Management – Man ist, wofür man gilt. Fallbeispiel Earth First! und ACT UP. In: Bentele/Piwinger/Schönborn (Hrsg.): Kommunikationsmanagement. Strategien, Wissen, Lösungen. Köln, 2001ff. Art.-Nr. 6.08

BAZIL, V.: Impression Management. Sprachliche Strategien für Reden und Vorträge. Wiesbaden, 2005

BAZIL, V.: Sprache schafft Mehrwert. In: kommunikationsmanager, III 2006, S. 75-77

BAZIL, V./WÖLLER, R.: Wirtschaftsrhetorik – Perspektiven und Bausteine. In: Bentele/Piwinger/Schönborn (Hrsg.): Kommunikationsmanagement. Strategien, Wissen, Lösungen. Köln, 2001ff. Art.-Nr. 5.26

BAZIL, V./PIWINGER, M.: Labeling als Instrument des Impression Management. In: Bentele/Piwinger/Schönborn (Hrsg.): Kommunikationsmanagement. Strategien, Wissen, Lösungen. Köln, 2001ff. Art.-Nr. 1.36

BAZIL, V./PETRAS, A: Verschleierte Marken-Botschaften. In: absatzwirtschaft – Marken 2007, Düsseldorf, S. 160-162

BAZIL, V./PETRAS, A: Worte und Werte – Der semiometrische Ansatz im Redemanagement. In: Bazil, V./Wöller, R.: Wirtschaftsrhetorik – Die Rede als Führungsinstrument, Wiesbaden, 2008

BROMELY, D. B.: Reputation, Image and Impression Management. Chichester, 1993

BUNDESINSTITUT FÜR BERUFSBILDUNG: www.bibb.de/de/15327.htm

BUß, E./FINK-HEUBERGER, U.: Image Management. Wie Sie Ihr Image-Kapital erhöhen! Erfolgsregeln für das öffentliche Ansehen von Unternehmen, Parteien und Organisationen. Frankfurt am Main, 2000

CIALDINI, R.B.: Die Psychologie des Überzeugens. Bern/Göttingen/Toronto/Seattle, 1997

CRISTAFULLI, E.: Igiene verbale. Il politicamente corretto e la libertà linguistica. Firenze, 2004

DEUTSCH, E.: Sémiomètrie: une nouvelle approche de positionnement et de segmentation. In: Revue Française du Marketing, 125 (5), 1989, S. 5-16

DOMKE, U.: Semiometrie – Messen in Worten. In: Vierteljahreshefte für Werbewissen., 2002

DOMKE, U./PETRAS, A.: Psychografische Zielgruppenanalysen mit Semiometrie. In: Duttenhöfer, Stephan/Keller, Bernhard/Braun, Uwe/Rossa, Henning (Hrsg.): Handbuch Kommunikationsmanagement. Frankfurt a.M., 2005, S. 71-81

DRIESEBERG, T.-J.: Lebensstil-Forschung. Theoretische Grundlagen und praktische An-
wendungen. Heidelberg, 1995

DURGEE, J. F./O'CONNOR, G.-C./VERYZER, R.-W.: Observations: Translating values into
product wants. In: Journal of Advertising Research, 36, 1996, S. 90-99

ECO, U.: Einführung in die Semiotik. München, 1972

ECO, U.: Semiotik. Entwurf einer Theorie der Zeichen. München, 1976

EBERT, H.: Handbuch Bürgerkommunikation. Moderne Schreibkultur in der Verwaltung
– der Arnsberger Weg. Unter Mitarbeit von Katrin Henneke. Berlin, 2006.

EBERT, H.: Der Beitrag der Unternehmenssprache (corporate language) für das Identi-
tätsmanagement von Unternehmen. In: Bentele/Piwinger/Schönborn (Hrsg.): Kommunikationsmanagement. Köln, 2001ff. Art.-Nr. 2.24

ENGELKAMP, J.: Die Repräsentation der Wortbedeutung. In: Schwarze, C./Wunderlich,
D. (Hrsg.), Handbuch der Lexikologie, S. 292-313. Königstein, 1985

FÖRSTER, H.-P.: Texten wie ein Profi. Frankfurt a.M., 2000

FORGAS, J.P.: Soziale Interaktion und Kommunikation. Eine Einführung in die Sozialpsychologie. Weinheim, 1999

FRENZEL, K./MÜLLER, M./SOTTONG, H.: Storytelling. Das Harun-al-Raschid-Prinzip. Die
Kraft des Erzählens fürs Unternehmen nutzen. München, 2004

FRENZEL, K./MÜLLER, M./SOTTONG, H.: Storytelling. Das Harun-al-Raschid-Prinzip. Die
Kraft des Erzählens fürs Unternehmen nutzen. München, 2004

FRENZEL, K./MÜLLER, M./SOTTONG, H.: Storytelling. Das Harun-al-Raschid-Prinzip. Die
Kraft des Erzählens fürs Unternehmen nutzen. München, 2004

FREUD, S.: Abriß der Psychoanalyse. Einführende Darstellungen. Frankfurt am Main,
1994 [Original erschienen 1940]

GIACALONE, R. A./ROSENFELD, P. (ED): Applied Impression Management. How Image-
Making Affects Managerial Decisions. London, 1991

GIERL, H.: Der Einfluß von Werten und Wertorientierungen auf das Konsumentenverhalten. In: Der Markt, 31, 1992, S. 161-171

GIERL, H.: Werte und Wertorientierungen. In: Marketing. Stuttgart, 1996, S. 322-393

GOFFMAN, E.: The Presentation of Self in Everyday Life. New York, 1959

GOTTA, M.: Namen und Notierungen. Die Bedeutung des Unternehmensnamens beim
Börsengang, PR-Guide April 2000 (online-Beitrag).

GOTTA, M.: Die Bedeutung des Namens für ein Unternehmen. In: Kirchhoff, K.
R./Piwinger, M. (Hrsg.): Die Praxis der Investor Relations. Effiziente Kommunikation
zwischen Unternehmen und Kapitalmarkt. Zweite, überarbeitete und wesentlich er-
weiterte Auflage. Neuwied/Kriftel, 2001

HERRMANN, A.: Wertorientierte Produkt- und Werbegestaltung. In: Marketing ZfP, 18
(3), 1996, S. 153-163

HOMBACH, B.: Semantik und Politik, in Begriffe besetzen. In: Liedtke/Wengeler/Böke
(Hrsg.): Strategien des Sprachgebrauchs in der Politik. Opladen, 1991

HROCH, N.: Metaphern von Unternehmen. In: Geideck, S./Liebert, W.-A. (Hrsg.): Sinnformeln. Linguistische und soziologische Analysen von Leitbildern, Metaphern und
anderen kollektiven Orientierungsmustern. Berlin, 2003, S. 125-153

INFORMATIONSDIENST WISSENSCHAFT (IDW): Das Firmenimage von heute ist der Umsatz von morgen. 6. Mai 2004

INGLEHART, R.: Wertewandel in den westlichen Gesellschaften: Politische Konsequenzen von materialistischen und postmaterialistischen Prioritäten. In: Klages, H./Kmieciak, P. (Hrsg.): Wertewandel und gesellschaftlicher Wandel. Frankfurt a. M., 1984, S. 279-316

JANICH, N.: Werbesprache. Ein Arbeitsbuch, 2. Auflage. Tübingen, 2001

Jung, H./von Matt, J.-R.: Momentum. Die Kraft, die Werbung heute braucht. Berlin, 2002

KAHLE, F.: Der Mißbrauch von Titeln. Marburg, 1995.

KARMASIN, H.: Produkte als Botschaften.Wien, 1993

KLAGES, H.: Werte und Wertewandel. In: Schäfers, B / Zapf, W (Hrsg.): Handwörterbuch zur Gesellschaft Deutschlands. Opladen, 1998

KLEIN, J.: Metapherntheorie und Frametheorie. In: Pohl, I. (Hrsg.): Prozesse der Bedeutungskonstruktion. Frankfurt/M., 2002

KLUCKHOHN, C.: Values and Value-Orientations in the Theory of Actions: An Exploration in Definition and Classification. In: Parsons, Talcott & Edward A. Shils (Hrsg.), Toward a General Theory of Action, New York, 1951, S. 388-433

KMIECIAK, P.: Wertstrukturen und Wertwandel in der Bundesrepublik Deutschland. Göttingen, 1976

KOTHE, P.: Von der mikrogeographischen Marktsegmentierung zum Mikromarketing. In: DDV Deutscher Direktmarketing Verband e.V (Hrsg.): Jahrbuch Dialogmarketing. Wiesbaden, 2006

KOTHE, P.: Mess- und planbare Erfolge erzielen per Data Mining. In: Dallmer, Heinz (Hrsg.): Das Handbuch Direct Marketing & More. Wiesbaden, 2002

KREWERTH, A./TSCHÖPE, T./ULRICH, J.G.: Berufsbezeichnungen und ihr Einfluss auf die Berufswahl von Jugendlichen. Theoretische Überlegungen u. empirische Ergebnisse Berichte zur beruflichen Bildung. Heft 270, 2004

KROEBER-RIEL, W.: Konsumentenverhalten. München, 1992

LAKOFF, G./JOHNSON, M.: Metaphors We Live By. Chicago, 1980

LAPLANCHE, J./PONTALIS, J.-B.: Das Vokabular der Psychoanalyse. Frankfurt am Main, 1998

LAUX, L./SCHÜTZ, A.: Wir, die wir gut sind. Die Selbstdarstellung von Politikern zwischen Glorifizierung und Glaubwürdigkeit. München, 1996

LIEBERT, W.-A.: Wissenskonstruktion als poetisches Verfahren. Wie Organisationen mit Metaphern Produkte und Identitäten finden. In: Geideck, S./Liebert, W.-A. (Hrsg.): Sinnformeln. Linguistische und soziologische Analysen von Leitbildern, Metaphern und anderen kollektiven Orientierungsmustern. Berlin u. a., 2003, S. 83-103

MAAG, G.: Gesellschaftliche Werte. Opladen, 1991

MAZZOLENI, C./FACIOLI, F.: Che cos'è l'impression management. Roma, 2006

MEFFERT, H./WINDHORST, K.-G.: Sieben "Werttypen" auf der Spur. In: Absatzwirtschaft, 27 (9), 1984, S. 116-124.

MORGAN, G.: Bilder der Organisation, Stuttgart 1997

MÜLLER, W. G.: Semiotik und Werbeforschung. In: Zeitschrift für Semiotik, 21 (2), 199, S. 141-152.

MUMMENDEY, H. D.: Psychologie der Selbstdarstellung. Göttingen, 1995

MUMMENDEY, H. D.: Selbstdarstellungstheorie – ein Überblick. Bielefelder Arbeiten zur Sozialpsychologie. Nr. 191. Bielefeld, 1999

NIESCHLAG, R./DICHTL, E./HÖRSCHGEN, H.: Marketing. Berlin, 1991

PAIVIO, A. D.: A factor analytic study of word attributes and verbal learning. In: Journal of Verbal Learning and Verbal Behavior, 7, 1968, S. 41-49

PIWINGER, M./EBERT, H.: Impression Management – Wie aus Niemand Jemand wird. In: Bentele/Piwinger/Schönborn (Hrsg): Kommunikationsmanagement. Strategien, Wissen, Lösungen. Köln, 2001ff. Art.-Nr. 1.06

PÖRKSEN, U.: Plastikwörter. Die Sprache einer internationalen Diktatur. Stuttgart, 1992

PETRAS, A./SAMLAND, W.: Soziodemografie und Psychografie: Der ganzheitliche Blick auf die Zielgruppe. In: Planung & Analyse 4/2001, S. 22-27

PETRAS, A./GRIESE, U.: Markenführung mit dem semiometrischen Ansatz. In: Planung & Analyse 4/1999, S. 62-65

PETRAS, A./KLÖVEKORN, N.: Boulevard-Magazine im Fokus. In: Planung & Analyse 5/2002, S. 22-28

PETRAS, A.: Kundenortung per Wertesteckbrief. In: Kundenmanager 06/2005. München, S. 5

PETRAS, A.: Werteorientiertes Finanzmarketing in der Best Ager-Zielgruppe. In: Gerstner, Reinhard/Hunke, Guido (Hrsg.): 55plus Marketing. Stuttgart, 2006, S. 67-81

PETRAS, A.: Werteorientierte Vermarktungsstrategien in der Best Ager-Zielgruppe. In: Planung & Analyse 2/2006, S. 68-72

PETRAS, A.: Die Befindlichkeit der Konsumenten erforschen. In: Kalka, Jochen/Allgayer, Florian (Hrsg.): Zielgruppen. Landsberg am Lech, 2006, S. 90-91

POSNER, E./POSNER-LANDSCH, M.: Unternehmenskommunikation. In: Held, Barbara/Russ-Mohl, Stephan (Hrsg.): Qualität durch Kommunikation sichern. Vom Qualitätsmanagement zur Qualitätskultur. Erfahrungsberichte aus Industrie, Dienstleistung und Medienwirtschaft. Frankfurt am Main, 2000, S. 291-302

RAFFÉE, H./WIEDMANN, K.-P.: Dialoge 2: Konsequenzen für das Marketing. In: Schriftenreihe „Die Stern Bibliothek", Hamburg, 1987

REINS, A.: Corporate Language. Wie Sprache über Erfolg oder Misserfolg von Marken und Unternehmen entscheidet. Mainz, 2006

RIEHL, VAN CEES B. M.: Principles of Corporate Communication. London, 1995

ROKEACH, M.: Beliefs, Attitudes and Values. A Theory of Organization and Cahnge. San Francisco, 1969

ROKEACH, M.: The nature of human values. New York, 1973

SALCHER, E.-F.: Psychologische Marktforschung. Berlin, 1978

SCHMIDT, F.: Zeichen und Wirklichkeit. Stuttgart, 1968

SCHLEE, A./KIESER, A.: Die Konstruktion von Organisationen mithilfe von Metaphern. In: Stahl, H.K./Hejl, P.M. (Hrsg.): Management und Wirklichkeit. Das Konstruieren von Unternehmen, Märkten und Zukünften. Heidelberg, 2000, S. 159-183

SCHÜTZ, A.: Selbstdarstellung von Politikern. Analyse von Wahlkampfauftritten. Weinheim, 1992

SCHUPPE, M.: Im Spiegel der Medien: Wertewandel in der Bundesrepublik Deutschland. Eine empirische Analyse anhand von STERN, ZDF MAGAZIN und MONITOR im Zeitraum 1965 bis 1983. Frankfurt a. M., 1988

SCHWARTZ, S. H./SAGIV, L.: Identifying culture-specifics in the content and structure of values. In: Journal of Cross-Cultural Psychology, 1, 1995, S. 92-116

SCHWIBBE, M./RÄDER, K./SCHWIBBE, G./BORCHARDT, M./GEIKEN-POPHANKEN, G.: Zum emotionalen Gehalt von Substantiven, Adjektiven und Verben. In: Zeitschrift für experimentelle und angewandte Psychologie, 28 (3), 1981, S. 486-501

SEVENONE MEDIA: Semiometrie – Der Zielgruppe auf der Spur. München, 2004

SILBERER, G.: Werteforschung und Werteorientierung im Unternehmen. Stuttgart, 1991

STEINER, J.-F.: La Sémiométrie: vers une sémantique quantitative, unveröffentlichter Beitrag zum Sofres-Kolloquium, Paris, 1992

STEINER, J.-F.: Cinq couples de demandes antagonistes qui structurent les systemes de valeurs des individus, unveröffentlichte Dokumentation, Paris/Bielefeld, o.J

STEINER, J.-F./LUDOVIC, L./PIRON, M.: La Sémiométrie, Paris, 2003

STÖTZEL, G./EITZ, T.: Zeitgeschichtliches Wörterbuch der deutschen Gegenwartssprache. Hildesheim, 2003

TEDESCHI, J. T.: Impression Management. Theory and Social Psychological Research. New York, 1981

TEICHMANN, J./PETRAS, A.: Vom Weltbild zum Konsumverhalten. In: Marketingjournal 7-8/2004, S. 18-19

TROMMSDORFF, V.: Konsumentenverhalten. Stuttgart, Berlin, Köln, 1989

VINSON, D. E./SCOTT, J. E./LAMONT, L. M.: The Role of personal values in marketing and consumer behavior. In: Journal of Marketing, 41 (2), 1977, S. 44-50

WEINSTEIN, A.: Market segmentation: using demographics, psychographics and other niche marketing techniques to predict and model customer behavior. Chicago, 1994

ZETTERBERG, H.: Valuescope: A Three Dimentional Value System. In: European Advances in Consumer Research, 2, 1995, S. 163-192

Die Autoren

André Petras,
Jahrgang 1966, ist Diplom-Kaufmann und seit 1998
Leiter des Semiometrie Centers bei TNS Infratest.
Semiometrie ist ein psychografisches Positionierungs-
verfahren, das schwerpunktmäßig zur strategischen
Zielgruppenplanung sowie für die Markenführung
eingesetzt wird. André Petras hat in den letzten Jahren
eine Vielzahl von Forschungs- und Beratungsprojekten
in einem breiten Spektrum von Branchen betreut.

Daneben hat er in diversen Zeitschriften und Publikationen Artikel zur psychografischen
Zielgruppenforschung veröffentlicht und eine Vielzahl von Fachvorträgen gehalten. Weitere
Forschungsschwerpunkte sind die Verknüpfung von Marktforschung und Direktmarketing
sowie das Best Ager-Marketing.

Kontakt:
andre.petras@tns-infratest.com

Dr. Vazrik Bazil,
Jahrgang 1966, ist Kommunikationsberater, Publizist,
Dozent und Trainer. Er berät Unternehmen, Agenturen
und politische Organisationen. Seine Schwerpunkte
sind: Sprachmanagement, Imageberatung, Impression
Management. Er studierte Philosophie, Psychologie,
Germanistik und Public Relations in Rom und
München. Von 2003 bis 2005 Referent im Deutschen
Bundestag. Er ist Mitbegründer der DPRG-Landes-
gruppe Sachsen-Anhalt und Vorstandsmitglied des

Verbandes der Redenschreiber deutscher Sprache (VRdS). Dr. Bazil ist Autor zahlreicher Bei-
träge und des Buches „Impression Management. Sprachliche Strategien für Reden und Vorträge", das ebenfalls bei Gabler erschienen ist.

Kontakt:
bazil@t-online.de

Marketing für erfolgreiche Unternehmen

McDonald's - ein Paradebeispiel für erfolgreiches Marketing

McDonald's gilt als Paradebeispiel für erfolgreiches Marketing-Management. Der Autor erläutert - auch für Nicht-Ökonomen verständlich - die Marketing-Strategie von McDonald's sowie deren Hintergründe und Ziele.

Willy Schneider
McMarketing
Einblicke in die Marketing-Strategie von McDonald's
2007. 261 S.
Geb. EUR 39,90
ISBN 978-3-8349-0160-6

7 Schlüssel zur Verbesserung der Marketing Performance

In „Marketing Excellence" beschreibt das bewährte Autorenteam gängige Ansätze und neueste Akzente im Marketing an ausgewählten Fallbeispielen und präsentiert sieben Stellschrauben, die für eine gelungene Marketing Performance exakt justiert sein müssen. Dazu gehören eine funktionierende interne Kommunikation, richtig verstandenes Innovationsmanagement und echte Nähe zum Kunden ebenso wie eine glaubwürdige Positionierung.

Ralf T. Kreutzer | Holger Kuhfuß | Wolfgang Hartmann
Marketing Excellence
7 Schlüssel zur Profilierung Ihrer Marketing Performance
2007. 212 S.
Geb. EUR 36,90
ISBN 978-3-8349-0390-7

Systematisch und kreativ zur Alleinstellung

Gerade im heutigen Verdrängungswettbewerb ist es für Unternehmen wichtig, sich nicht nur über den Preis zu differenzieren, sondern vielmehr in ein optimal positioniertes Produkt oder eine Marke zu investieren. In diesem Buch erfährt der Leser, was eine Positionierung ist, wie er eine Positionierung von Anfang an plant und konzipiert, ein überzeugendes Verkaufsversprechen (USP) erarbeitet und eine geeignete Werbestrategie entwickelt. Praxiserprobte Arbeitsblätter, Checklisten, Übungen und Fallbeispiele helfen bei der Umsetzung.

Rainer H.G. Großklaus
Positionierung und USP
Wie Sie eine Alleinstellung für Ihre Produkte finden und umsetzen
2006. 288 S.
Geb. EUR 48,00
ISBN 978-3-8349-0073-9

Änderungen vorbehalten. Stand: Januar 2007.
Erhältlich im Buchhandel oder beim Verlag.

Gabler Verlag . Abraham-Lincoln-Str. 46 . 65189 Wiesbaden . www.gabler.de

GABLER